U0179827

Oracle 21c
Database
原理 与 实战

赵渝强◎编著

中国水利水电出版社
www.waterpub.com.cn
· 北京 ·

内 容 提 要

《Oracle Database 21c 原理与实战》是一本 Oracle 数据库的实战宝典。全书共 4 篇，分别为 Oracle 数据库入门、Oracle 数据库管理、Oracle 数据库备份与恢复、Oracle 数据库性能诊断与优化。内容共 17 章，分别介绍了 Oracle 数据库基础、Oracle 数据库体系架构、Oracle 数据库应用开发、配置 Oracle 数据库的网络环境、管理用户和权限、Oracle 数据库的审计、Oracle 数据库的事务与锁、多租户容器数据库、备份与恢复基础、使用闪回技术恢复数据、用户管理的备份与恢复、RMAN 的备份与恢复、Oracle 数据库性能诊断与优化基础、基本的性能诊断与优化工具、Oracle 数据库性能报告、优化 Oracle 数据库的内存、影响 Oracle 数据库的优化器。

本书语言通俗易懂，案例丰富，实践性强，特别适合 Oracle 数据库开发、管理、运维人员阅读。另外，本书也适合作为相关培训机构以及高等院校的教材使用。

图书在版编目（CIP）数据

Oracle Database 21c 原理与实战 / 赵渝强编著

. -- 北京：中国水利水电出版社，2022.10

ISBN 978-7-5226-0931-7

I. ①O... II. ①赵... III. ①关系数据库系统—教材

IV. ①TP311.138

中国版本图书馆CIP数据核字(2022)第157338号

书　　名	Oracle Database 21c 原理与实战 Oracle Database 21c YUANLI YU SHIZHAN
作　　者	赵渝强　编著
出版发行	中国水利水电出版社 （北京市海淀区玉渊潭南路 1 号 D 座　100038） 网址：www.waterpub.com.cn E-mail：zhiboshangshu@163.com 电话：（010）62572966-2205/2266/2201（营销中心）
经　　售	北京科水图书销售有限公司 电话：（010）68545874、63202643 全国各地新华书店和相关出版物销售网点
排　　版	北京智博尚书文化传媒有限公司
印　　刷	河北鲁汇荣彩印刷有限公司
规　　格	190mm×235mm　16 开本　25 印张　655 千字
版　　次	2022 年 10 月第 1 版　2022 年 10 月第 1 次印刷
印　　数	0001—3000 册
定　　价	79.90 元

前　言

1. 编写背景

随着信息技术的不断发展以及互联网行业的成长，Oracle 数据库作为数据库领域的代表，得到了广泛的应用和发展。目前 Oracle 已成为关系型数据库领域中非常重要的一员。本书正是在这样的背景下编写的。

作者拥有多年的教学与实践经验，并在实际的运维和开发工作中积累了大量的经验，因此想系统编写一本 Oracle 数据库方面的书籍，力求能够系统地介绍 Oracle 数据库的相关知识。通过本书，一方面总结作者在 Oracle 数据库方面的经验，另一方面也希望对相关从业方向的从业者和学习者有所帮助，同时希望给 Oracle 数据库在国内的发展贡献一份力量。相信通过本书的介绍，能够让读者全面并系统地掌握 Oracle 数据库，并能够在实际工作中灵活地运用。

2. 内容结构

本书基于作者多年的教学与实践经验进行编写，重点介绍 Oracle 数据库的核心原理与体系架构，内容涉及开发、运维、管理与架构。本书的知识结构和主要内容如下。

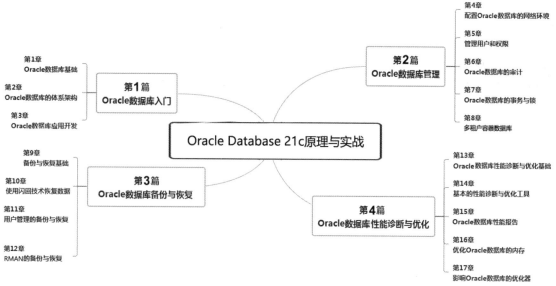

本书基于 Oracle Database 21c 编写，适合对 Oracle 数据库技术感兴趣的平台架构师、运维管理人员和项目开发人员。无论读者是否接触过数据库技术，只要具备基础的 Linux 知识和基本的 SQL 基础，都能够通过本书快速掌握 Oracle 数据库并提升实战经验。本书中的实验步骤也可以帮助读者在实际的项目生产环境中快速应用并实施 Oracle 数据库。注意：实验步骤中，带分号的是操作语句，如 SQL> alter system set service_names='orcldemo';；不带分号的是命令，

如 SQL> show parameter service_names 。

3. 作者简介

赵渝强，拥有 20 年以上的 IT 行业从业经历，清华大学计算机软件工程专业毕业，京东大学大数据学院院长，Oracle 中国有限公司高级技术顾问，华为认证讲师。曾在 BEA、甲骨文、摩托罗拉等世界 500 强企业担任高级软件架构师或咨询顾问等要职，精通大数据、数据库、中间件技术和 Java 技术，并已出版《大数据原理与实战》等书籍。

4. 本书特色

本书聚焦 Oracle 数据库并基于 Oracle Database 21c 编写，对 Oracle 数据库的相关知识进行全面深入的讲解，并辅以实战。本书特色如下。

1）一线技术，系统全面

本书全面并系统地介绍了目前关系型数据库领域中最重要的技术代表 Oracle 数据库，包含了 Oracle 数据库中涉及的方方面面。力求用一本书覆盖 Oracle 数据库的核心内容。

2）精雕细琢，阅读性强

全书采用通俗易懂的语言，并经过多次打磨，力求精确；同时注重前后章节的承上启下，让从未有过数据库方面经验的读者也可以很轻松地读懂本书。

3）从零开始，循序渐进

全书从最基础的内容开始讲解并逐步深入，最后能够让初级、中级、高级技术人员都可以从书中学到干货。先介绍 Oracle 数据库的体系架构，再介绍 Oracle 数据库的管理，进而深入 Oracle 数据库的备份恢复与性能优化。全面深入 Oracle 数据库体系，从而真正做到帮助读者从基础入门向高手的迈进。

4）深入原理，言简意赅

本书深入并全面介绍了 Oracle 数据库的底层原理和机制，并力求采用言简意赅的语言，以帮助读者提高效率，同时尽可能帮助读者缩短阅读本书的时间。

5）由易到难，重点解析

本书编排由易到难，内容覆盖了 Oracle 数据库的各方面。同时，对重点和难点进行重点讲解，对易错点和注意点进行了提示说明，帮助读者克服学习过程中的困难。

6）突出实战，注重效果

全书采用理论讲解+动手实操的方式，让读者在学习完成后能够有一个动手实操的体验。书中的所有实验步骤都经过了作者的亲测。

7）实践方案，指导生产

本书以实践为主，所有的示例拿来即可运行。并且，书中提供的大量的技术解决方案可以为技术人员在实际的生产环境中提供相应的指导。

5. 阅读本书，您能学到什么

➢ 掌握 Oracle 数据库的基础及安装配置方法
➢ 掌握 Oracle InnoDB 的体系架构与应用开发技能

> 掌握 Oracle 数据库网络环境的配置方法
> 掌握 Oracle 数据库的用户与权限管理方法
> 掌握 Oracle 数据库的备份与恢复方法
> 掌握 Oracle 数据库的性能优化方法

6. 读者对象

本书既适合 Oracle 数据库的初学者，也适合想进一步提升的中高级技术人员。相信不同级别的技术从业者都能从本书中学到干货。本书读者对象如下：

> 初学数据库技术的自学者
> 数据库管理员
> 中、高级技术人员
> 开发工程师
> Oracle 数据库爱好者
> 高等院校的老师和学生
> 培训机构的老师和学员
> 测试工程师
> 技术运维管理人员

7. 附带资源及在线服务

尽管作者在本书写作过程中尽可能地追求严谨，但书中仍难免存在纰漏之处，欢迎读者前来探讨。本书提供资源下载及售后疑难解答服务，有以下两种方式：

（1）扫描下方二维码（左），关注微信公众号"IT 阅读会"，在后台输入"Oracle Database 21c"获取本书相关学习资源；也可以在后台直接发送学习问题，与本书作者交流、探讨。

（2）扫描下方二维码（右），加入"本书专属读者交流圈"，关注圈子置顶动态，获取本书相关学习资源；也可以与本书其他读者一起，分享读书心得、提出对本书的建议，以及咨询本书作者问题等。

IT 阅读会　　　　　本书专属读者交流圈

赵渝强

2022 年 8 月

目 录

第1篇 Oracle数据库入门

第 2 篇　Oracle 数据库管理

第3篇 Oracle 数据库备份与恢复

第 4 篇　Oracle 数据库性能诊断与优化

第1篇
Oracle 数据库入门

本篇着重介绍 Oracle 数据库的必备基础知识，包括 Oracle 数据库基础、Oracle 数据库体系架构和 Oracle 数据库应用开发，以第 2 章 Oracle 数据库体系架构为重点。

本篇的知识结构和详细内容如下：

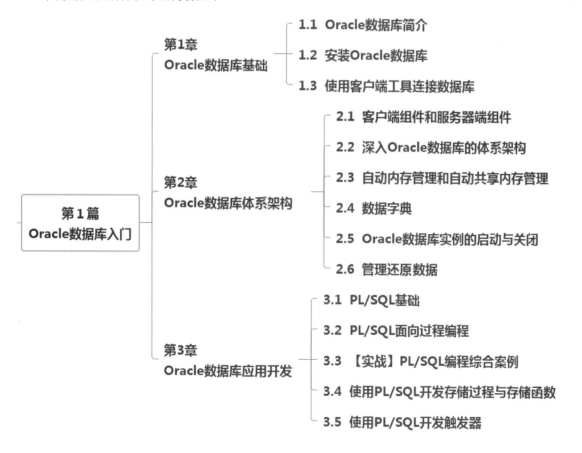

第 **1** 章

Oracle 数据库基础

本章重点与目标：

（1）掌握 Oracle 数据库的安装方法。

（2）掌握 Oracle 数据库的创建方法。

（3）掌握使用不同客户端工具连接 Oracle 数据库的技能。

Oracle 数据库是关系型数据库中非常重要的一员,无论在哪个行业中,都具有举足轻重的作用,这也很好地促进了它的发展。目前 Oracle 数据库的版本已经发展到了 21c,如图 1-1 所示。

图 1-1　Oracle 数据库 21c 启动界面

1.1　Oracle 数据库简介

扫一扫,看视频

Oracle 数据库又名 Oracle RDBMS,简称 Oracle。它是甲骨文公司开发的一款关系型数据库管理系统,在数据库产品中一直处于领先地位。可以说,Oracle 数据库系统是目前世界上流行的关系型数据库管理系统,系统可移植性好,使用方便,功能强,适用于各类大、中、小型计算机以及微机环境。它是一种高效率、可靠性好的适应高吞吐量的数据库解决方案。

Oracle 数据库在过去的几十年中经历了几个比较重要的发展阶段。

（1）2001 年发布 Oracle 9i,开始支持 Real Application Clusters,从此 Oracle 数据库有了集群的特性。

（2）2003 年发布 Oracle 10g,其中 g 代表 grid,即网格。这一版本的最大特性是加入了网格计算的功能。

（3）2007 年发布 Oracle 11g,在功能上大大加强。Oracle 11g 是甲骨文公司几十年来发布的最重要的数据库版本。

（4）2013 年发布 Oracle 12c,引入了 CDB 与 PDB 的新特性,并支持多租户环境。

　　本书基于 Oracle Database 21c 编写,使用的版本信息为 LINUX.X64_213000_db_home.zip。

1.2　安装 Oracle 数据库

了解了基本内容后,下面通过具体的步骤演示如何安装 Oracle 数据库。这里使用的 Oracle 版本是 21.3,操作系统是 64 位的 CentOS 7.0 版本。

1.2.1 【实战】配置 CentOS 的操作系统

要部署 Oracle 数据库 21c，首先需要安装操作系统。表 1-1 列举了所使用的 CentOS 虚拟机的配置信息。

表 1-1　虚拟机配置信息

配 置 选 项	选择参数值
CentOS 版本	CentOS-7-x86_64-Everything-1708.iso
VMWare Workstations 版本	VMWare Workstations 12
虚拟机内存	4GB
虚拟机硬盘	60GB
虚拟机网卡	NAT
虚拟机主机名	oraclevm

（1）执行 Linux 命令关闭 CentOS 的防火墙。

```
systemctl stop firewalld.service
systemctl disable firewalld.service
```

关闭防火墙时，stop 命令用于关闭防火墙；而 disable 命令用于禁止开机启动防火墙。

（2）修改/etc/selinux/config 文件，关闭 SELINUX 设置。

```
SELINUX=disabled
```

（3）执行 Linux 命令安装所需的 RPM 包。

```
yum install -y \
bc binutils compat-libcap1 compat-libstdc++-33 \
gcc gcc-c++ glibc glibc-devel ksh libaio libaio-devel \
libgcc libstdc++ libstdc++-devel make sysstat \
elfutils-libelf elfutils-libelf-devel fontconfig-devel \
libxcb smartmontools libX11 libXau libXtst libXrender \
libXrender-devel kmod kmod-libs
```

（4）执行 Linux 命令创建 Oracle 组和用户。

```
groupadd dba
groupadd asmdba
groupadd backupdba
groupadd dgdba
groupadd kmdba
groupadd racdba
groupadd oper
groupadd oinstall
useradd -g oinstall -G dba,asmdba,backupdba,dgdba,kmdba,racdba,oper -m oracle
```

（5）修改/etc/hosts 文件，增加配置主机名解析。

```
127.0.0.1 oraclevm
```

（6）修改/etc/sysctl.conf 文件，增加配置系统内核参数。

```
fs.aio-max-nr = 1048576
fs.file-max = 6815744
kernel.shmall = 16451328
kernel.shmmax = 33692319744
kernel.shmmni = 4096
kernel.sem = 250 32000 100 128
net.ipv4.ip_local_port_range = 9000 65500
net.core.rmem_default = 262144
net.core.rmem_max = 4194304
net.core.wmem_default = 262144
net.core.wmem_max = 1048576
```

（7）执行 Linux 命令生效配置系统的内核参数。

```
sysctl -p
```

（8）切换到 Oracle 用户，修改/home/oracle/.bash_profile 文件，增加 Oracle 用户环境变量。输入以下内容。

```
export ORACLE_BASE=/u01/app/oracle
export ORACLE_HOME=/u01/app/oracle/product/21.3.0/dbhome_1
export PATH=$PATH:$ORACLE_HOME/bin:/usr/local/bin
export ORACLE_HOSTNAME=myvm
export ORACLE_SID=orcl
export
LD_LIBRARY_PATH=$ORACLE_HOME/lib:$ORACLE_HOME/rdbms/lib:$ORACLE_HOME/network/
lib:/lib:/usr/lib
export
CLASSPATH=$ORACLE_HOME/jlib:$ORACLE_HOME/rdbms/jlib:$ORACLE_HOME/ network/jlib
```

（9）执行 Linux 命令生效 Oracle 用户环境变量。

```
source /home/oracle/.bash_profile
```

（10）使用 root 用户执行 Linux 命令创建安装目录。

```
mkdir -p /u01/app/oracle
mkdir -p /u01/app/oracle/product/21.3.0/dbhome_1
mkdir -p /u01/app/oraInventory
chown oracle:oinstall /u01/app -R
```

（11）修改/etc/security/limits.conf 文件，增加参数设置如下。

```
# Set Oracle Database Server
@oinstall soft nofile 2048
@oinstall hard nofile 65536
@oinstall soft nproc 16384
@oinstall soft stack 10240
```

其中，soft nofile 表示用户可以打开的最大的文件描述符数；hard nofile 表示 soft nofile 的上限值；soft nproc 表示用户可以打开的最大进程数。

1.2.2 【实战】安装数据库软件

推荐大家下载 Oracle Database 21c 的 Linux 通用版本，这样便于管理数据库的安装位置。本书使用的安装包是 LINUX.X64_213000_db_home.zip。图 1-2 所示为 Oracle Database 21c 官方下载页面（https://www.oracle.com/database/technologies/oracle-database-software-downloads.html）。

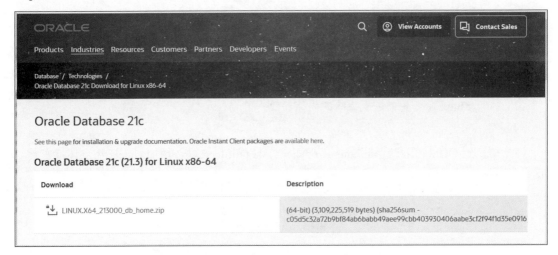

图 1-2　Oracle Database 21c 下载页面

下面是安装数据库软件的具体步骤。

（1）执行 Linux 命令将压缩包解压至$ORACLE_HOME 目录下。

```
unzip LINUX.X64_213000_db_home.zip -d /u01/app/oracle/product/21.3.0/dbhome_1
```

（2）执行 Linux 命令运行 Oracle Database 21c 的安装程序。

```
cd /u01/app/oracle/product/21.3.0/dbhome_1
./runInstaller
```

（3）在 Select Configuration Option 界面上选择 Set up Software Only，如图 1-3 所示。

这里只安装 Oracle Database 21c 软件本身。安装成功后，可以使用 Oracle Database 21c 提供的数据库配置助手 DBCA 创建 Oracle 数据库。

（4）单击 Next 按钮，在 Select Database Installation Option 界面上选择 Single instance database installation，如图 1-4 所示。

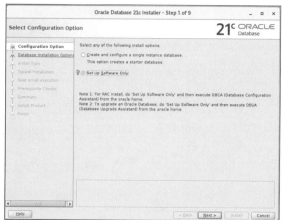 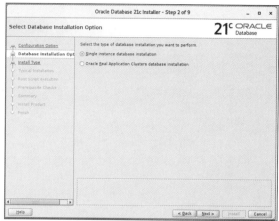

图 1-3　Select Configuration Option 界面　　　　图 1-4　Select Database Installation Option 界面

　　　Single instance database installation 表示 Oracle 单实例环境。关于数据库的实例，将在第 2 章中进行介绍。

（5）单击 Next 按钮，在 Select Database Edition 界面上选择数据库版本为 Enterprise Edition（企业版），如图 1-5 所示。

（6）单击 Next 按钮，在 Specify Installation Location 界面上选择数据库安装目录，这里保持默认值即可，如图 1-6 所示。

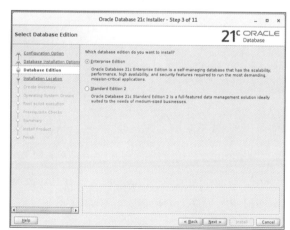 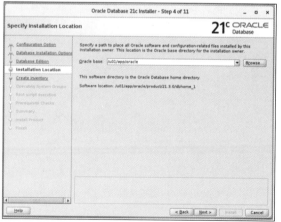

图 1-5　Select Database Edition 界面　　　　图 1-6　Specify Installation Location 界面

（7）单击 Next 按钮，在 Create Inventory 界面上选择数据库元数据存储的路径，这里保持默认值，在 oraInventory Group Name 下拉列表中选择 dba，如图 1-7 所示。

（8）单击 Next 按钮，在 Privileged Operating System groups 界面上配置数据库组对应的操作系统组信息。为了方便，可以都选择 dba，如图 1-8 所示。

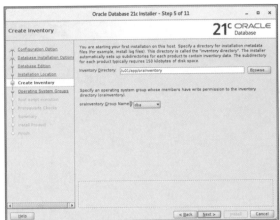

图 1-7　Create Inventory 界面

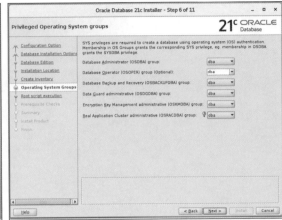

图 1-8　Privileged Operating System groups 界面

所有组都选择了操作系统的 dba 组，表示只要是属于操作系统 dba 组的用户，就可以执行相应的数据库操作。

（9）单击 Next 按钮，在 Root script execution configuration 界面上直接单击 Next 按钮，如图 1-9 所示。此时，Oracle 安装程序会自动检查数据库安装的先决条件，如图 1-10 和图 1-11 所示。

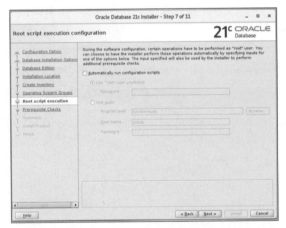

图 1-9　Root script execution configuration 界面　　　图 1-10　Perform Prerequisite Checks 界面（1）

（10）在 Summary 界面上确定安装信息，单击 Install 按钮开始安装，如图 1-12 所示。

（11）安装 Oracle 数据库，其过程如图 1-13 所示。

（12）安装完成后，需要使用 root 用户执行数据库脚本，并单击 OK 按钮，如图 1-14 所示。

脚本的路径如下：

```
/u01/app/oraInventory/orainstRoot.sh
/u01/app/oracle/product/21.3.0/dbhome_1/root.sh
```

（13）在 Finish 界面上单击 Close 按钮完成 Oracle Database 21c 的安装，如图 1-15 所示。

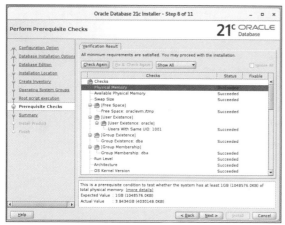

图 1-11　Perform Prerequisite Checks 界面（2）

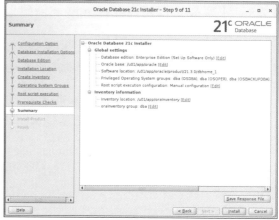

图 1-12　Summary 界面

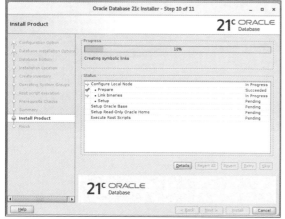

图 1-13　Install Product 界面

图 1-14　Execute Configuration Scripts 界面

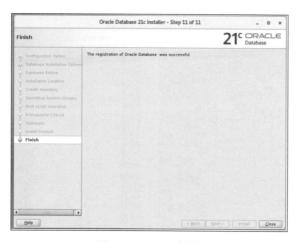

图 1-15　Finish 界面

1.2.3 【实战】使用 NetManager 创建监听器

数据库软件安装成功后，需要先使用 NetManager 创建监听器，然后才可以创建 Oracle 数据库并启动数据库的实例。下面是创建数据库监听器的具体操作步骤。

 NetManager 是 Oracle 数据库的网络管理器，使用 NetManager 可以配置 Oracle 数据库的监听器与服务。关于 Oracle 数据库的监听器与服务会在第 4 章中进行介绍。

（1）在 Linux 的命令行中输入 netmgr 命令，启动 NetManager，如图 1-16 所示。

（2）选择 Listeners 节点，并单击左侧的 ➕ 号添加一个新的监听器。输入监听器的名称并单击 OK 按钮，如图 1-17 所示。

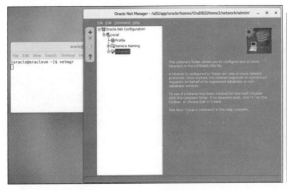

图 1-16 Oracle NetManager 界面

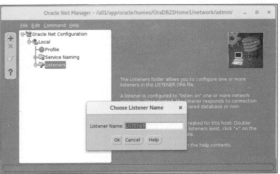

图 1-17 添加监听器界面

（3）单击 Add Address 按钮，为该监听器添加监听地址，如图 1-18 所示。

（4）输入监听器监听的地址和端口。这里配置的监听器，监听的地址就是本机的 1521 端口，如图 1-19 所示。

图 1-18 添加监听地址界面

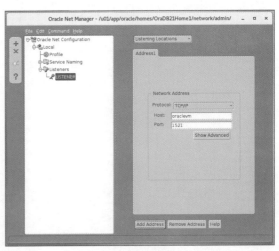

图 1-19 配置地址和端口界面

（5）在下拉列表中选择 Database Service，为该监听器添加数据库服务，单击 Add Database 按钮，如图 1-20 和图 1-21 所示。

（6）设置 Global Database Name、Oracle Home Directory 和 SID，如图 1-22 所示。

（7）在 File 菜单中选择 Save Network Configuration 保存监听器配置。

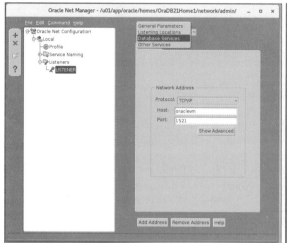

图 1-20　添加数据库服务界面

图 1-21　添加新数据库界面

图 1-22　设置参数界面

（8）执行 Linux 命令启动监听器。

```
lsnrctl start
```

（9）执行 Linux 命令查看监听器的状态。

```
lsnrctl status
```

输出信息如下。

```
LSNRCTL for Linux: Version 21.0.0.0.0 - Production on 19-MAR-2022 11:21:08
Copyright (c) 1991, 2021, Oracle.  All rights reserved.
Connecting to (DESCRIPTION=(ADDRESS=(PROTOCOL=TCP)(HOST=oraclevm)(PORT=1521)))
STATUS of the LISTENER
------------------------
Alias                     LISTENER
Version                   TNSLSNR for Linux: Version 21.0.0.0.0 - Production
Start Date                06-DEC-2021 10:19:41
Uptime                    103 days 1 hr. 1 min. 26 sec
Trace Level               off
Security                  ON: Local OS Authentication
SNMP                      OFF
Listener Parameter File
/u01/app/oracle/homes/OraDB21Home1/network/admin/listener.ora
 Listener Log File        /u01/app/oracle/diag/tnslsnr/oraclevm/listener/
alert/log.xml
Listening Endpoints Summary...
  (DESCRIPTION=(ADDRESS=(PROTOCOL=tcp)(HOST=oraclevm)(PORT=1521)))
  (DESCRIPTION=(ADDRESS=(PROTOCOL=tcps)(HOST=oraclevm)(PORT=5500)))
            (Security=(my_wallet_directory=/u01/app/oracle/admin/
orcl/xdb_wallet))
            (Presentation=HTTP)(Session=RAW))
Services Summary...
Service "Oracle8" has 1 instance(s).
  Instance "ORCL", status UNKNOWN, has 1 handler(s) for this service...
The command completed successfully
```

1.2.4 【实战】使用 DBCA 创建数据库

在成功配置了 Oracle 数据库的监听器后，就可以使用 Oracle 提供的数据库配置助手 DBCA 创建 Oracle 数据库。

 DBCA 的全称是 Oracle Database Configuration Assistant，它的运行模式有图形界面操作和静默执行两种方式。通过 DBCA 可以非常方便地创建、配置和删除 Oracle 数据库。

下面是使用 DBCA 创建 Oracle 数据库的具体步骤。

（1）在 Linux 命令行中输入 dbca 命令，启动 DBCA 工具。

（2）在 Select Database Operation 界面上选择 Create a database，如图 1-23 所示。

（3）单击 Next 按钮，在 Select Database Creation Mode 界面上选择 Advanced configuration，如图 1-24 所示。

（4）单击 Next 按钮，在 Select Database Deployment Type 界面上选择 General Purpose or

Transaction Processing，如图 1-25 所示。

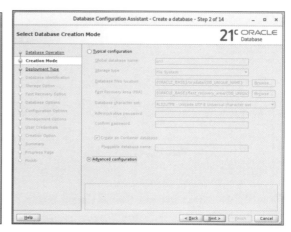

图 1-23　Select Database Operation 界面　　图 1-24　Select Database Creation Mode 界面

（5）单击 Next 按钮，在 Specify Database Identification Details 界面上选择 Create an empty Container database，其他保持默认，如图 1-26 所示。

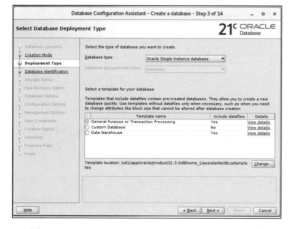

图 1-25　Select Database Deployment Type 界面　　图 1-26　Specify Database Identification Details 界面

（6）单击 Next 按钮，在 Select Database Storage Option 界面上选择 Use template file for database storage attributes，如图 1-27 所示。

（7）单击 Next 按钮，在 Select Fast Recovery Option 界面上选择 Specify Fast Recovery Area，如图 1-28 所示。

（8）单击 Next 按钮，在 Specify Network Configuration Details 界面上选择之前创建好的监听器，如图 1-29 所示。

（9）单击 Next 按钮，在 Select Oracle Data Vault Config Option 界面上保持默认配置，如图 1-30 所示。

图 1-27　Select Database Storage Option 界面

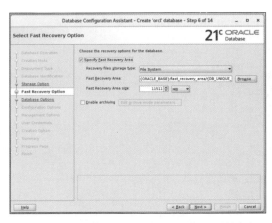

图 1-28　Select Fast Recovery Option 界面

图 1-29　Specify Network Configuration Details 界面

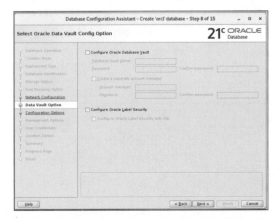

图 1-30　Select Oracle Data Vault Config Option 界面

（10）单击 Next 按钮，在 Specify Configuration Options 界面上保持默认配置，如图 1-31 所示。

（11）单击 Next 按钮，在 Specify Management Options 界面上保持默认配置，如图 1-32 所示。

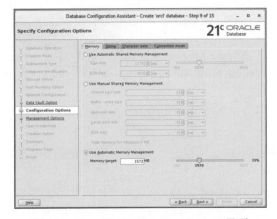

图 1-31　Specify Configuration Options 界面

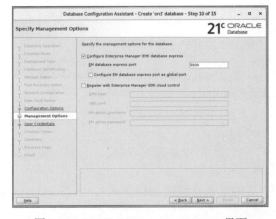

图 1-32　Specify Management Options 界面

（12）单击 Next 按钮，在 Specify Database User Credentials 界面上选择 Use the same administrative password for all accounts，并输入密码，如图 1-33 所示。

图 1-33 所示操作为创建的数据库中的所有管理用户都设置了相同的密码，主要是为了方便进行管理和操作。但在生产环境中，应该为不同的用户设置不同的密码。

（13）单击 Next 按钮，在弹出的 Database Configuration Assistant 窗口上单击 Yes 按钮，如图 1-34 所示。

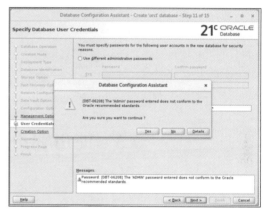

图 1-33　Specify Database User Credentials 界面　　　　图 1-34　Database Configuration Assistant 界面

图 1-34 所示窗口警告的是设置的密码过于简单。

（14）在 Select Database Creation Option 界面上保持默认配置，如图 1-35 所示。

（15）单击 Next 按钮，在 Summary 界面上单击 Finish 按钮，开始创建 Oracle 数据库，如图 1-36 和图 1-37 所示。

至此，数据库创建完成，如图 1-38 所示。

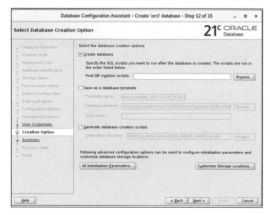

图 1-35　Select Database Creation Option 界面　　　　　图 1-36　Summary 界面

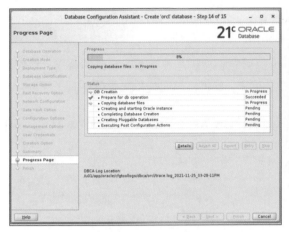 

图 1-37　Progress Page 界面　　　　　　　　图 1-38　Finish 界面

1.3　使用客户端工具连接数据库

安装并成功创建 Oracle 数据库后，便可以使用客户端工具连接 Oracle 数据库。Oracle 官方提供的客户端工具有 SQL*Plus、Oracle Enterprise Manager Database Express 和 Oracle SQL Developer。

1.3.1　【实战】使用命令行工具 SQL*Plus

在 Oracle 数据库系统中，用户对数据库的操作主要是通过 SQL*Plus 完成的。SQL*Plus 作为 Oracle 数据库的客户端命令行工具，既可以建立位于数据库服务器上的数据库连接，也可以建立位于网络中的数据库连接。

查看 SQL*Plus 的帮助信息的 Linux 命令如下。

```
sqlplus -h
```

下面演示 SQL*Plus 的基本用法。

（1）执行 Linux 命令，使用 SQL*Plus 登录 Oracle 数据库。

```
sqlplus / as sysdba
```

 步骤（1）的命令中没有指定登录的用户，将使用 Oracle 数据库的管理员用户 sys 进行登录。关于 Oracle 数据库的用户和权限，将在第 5 章进行介绍。

（2）使用 sys 用户创建 c##scott 用户，并给 c##scott 用户授予使用 USERS 表空间的权限。

```
SQL> create user c##scott identified by tiger default tablespace users;
SQL> grant connect,resource to c##scott;
SQL> alter user c##scott quota unlimited on users;
```

由于从 Oracle Database 12c 开始引入了多租户容器数据库的概念，因此这里创建的 scott 用户前加了一个前缀 c##。关于容器数据库的内容，将在第 8 章进行介绍。

（3）切换到 c##scott 用户。

```
SQL> conn c##scott/tiger
```

（4）执行下面的 SQL 语句，将创建部门表 dept 和员工表 emp。

```
SQL> create table dept
(deptno number(2) constraint pk_dept primary key,
 dname varchar2(14) ,
 loc varchar2(13) ) ;

SQL> create table emp
(empno number(4) constraint pk_emp primary key,
 ename varchar2(10),
 job varchar2(9),
 mgr number(4),
 hiredate date,
 sal number(7,2),
 comm number(7,2),
 deptno number(2) constraint fk_deptno references dept);
```

（5）向部门表 dept 和员工表 emp 中插入数据。

```
SQL> insert into dept values(10,'accounting','new york');
SQL> insert into dept values(20,'research','dallas');
SQL> insert into dept values(30,'sales','chicago');
SQL> insert into dept values(40,'operations','boston');

SQL> insert into emp
values(7369,'smith','clerk',7902,to_date('17-12-1980','dd-mm-yyyy'),800,null,20);
SQL> insert into emp
values(7499,'allen','salesman',7698,to_date('20-2-1981','dd-mm-yyyy'),1600,300,30);
SQL> insert into emp
values(7521,'ward','salesman',7698,to_date('22-2-1981','dd-mm-yyyy'),1250,500,30);
SQL> insert into emp
values(7566,'jones','manager',7839,to_date('2-4-1981','dd-mm-yyyy'),2975,null,20);
SQL> insert into emp
values(7654,'martin','salesman',7698,to_date('28-9-1981','dd-mm-yyyy'),1250,1400,30);
SQL> insert into emp
values(7698,'blake','manager',7839,to_date('1-5-1981','dd-mm-yyyy'),2850,null,30);
SQL> insert into emp
values(7782,'clark','manager',7839,to_date('9-6-1981','dd-mm-yyyy'),2450,null,10);
SQL> insert into emp
values(7788,'scott','analyst',7566,to_date('13-jul-87')-85,3000,null,20);
SQL> insert into emp
values(7839,'king','president',null,to_date('17-11-1981','dd-mm-yyyy'),5000,null,10);
SQL> insert into emp
```

```
values(7844,'turner','salesman',7698,to_date('8-9-1981','dd-mm-yyyy'),1500,0,30);
SQL> insert into emp
values(7876,'adams','clerk',7788,to_date('13-jul-87')-51,1100,null,20);
SQL> insert into emp
values(7900,'james','clerk',7698,to_date('3-12-1981','dd-mm-yyyy'),950,null,30);
SQL> insert into emp
values(7902,'ford','analyst',7566,to_date('3-12-1981','dd-mm-yyyy'),3000,null,20);
SQL> insert into emp
values(7934,'miller','clerk',7782,to_date('23-1-1982','dd-mm-yyyy'),1300,null,10);
SQL> commit;
```

（6）查询员工表 emp 的数据。

```
SQL> set linesize 200
SQL> set pagesize 20
SQL> select * from emp;
```

输出结果如图 1-39 所示。

EMPNO	ENAME	JOB	MGR	HIREDATE	SAL	COMM	DEPTNO
7369	SMITH	CLERK	7902	17-DEC-80	800		20
7499	ALLEN	SALESMAN	7698	20-FEB-81	1600	300	30
7521	WARD	SALESMAN	7698	22-FEB-81	1250	500	30
7566	JONES	MANAGER	7839	02-APR-81	2975		20
7654	MARTIN	SALESMAN	7698	28-SEP-81	1250	1400	30
7698	BLAKE	MANAGER	7839	01-MAY-81	2850		30
7782	CLARK	MANAGER	7839	09-JUN-81	2450		10
7788	SCOTT	ANALYST	7566	19-APR-87	3000		20
7839	KING	PRESIDENT		17-NOV-81	5000		10
7844	TURNER	SALESMAN	7698	08-SEP-81	1500	0	30
7876	ADAMS	CLERK	7788	23-MAY-87	1100		20
7900	JAMES	CLERK	7698	03-DEC-81	950		30
7902	FORD	ANALYST	7566	03-DEC-81	3000		20
7934	MILLER	CLERK	7782	23-JAN-82	1300		10

图 1-39　员工表 emp 的数据

set linesize 和 set pagesize 语句用于设置每页查询结果的行宽和行数。

（7）查询部门表 dept 的数据。

```
SQL> select * from dept;
```

1.3.2　【实战】使用 Oracle Enterprise Manager Database Express

Oracle Enterprise Manager Database Express 简称 EM，是一个基于 Web 界面的 Oracle 管理工具。通过使用该工具，可以非常方便地监控与管理 Oracle 数据库。同时，该工具提供了数据库调优的功能。

下面演示如何使用 EM。

（1）打开浏览器，使用 https 访问 Oracle 数据库宿主机的 5500 端口，网址是 https://192.168.79.219:5500/em，如图 1-40 所示。

（2）输入用户名 sys，密码为使用 DBCA 创建数据库时指定的密码。

（3）单击 Log in 按钮，进入 EM 主界面，如图 1-41 所示。

（4）单击"存储"下拉菜单中的"表空间"便可以监控数据库中表空间的状态，如图 1-42 所示。

图 1-40　EM 登录界面

图 1-41　EM 主界面

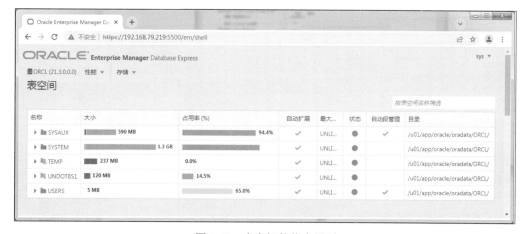

图 1-42　表空间的状态界面

1.3.3　【实战】使用 Oracle SQL Developer

Oracle SQL Developer 是 Oracle 官方出品的免费图形化开发工具，基于 Java 语言开发。由于采用了图形化界面，Oracle SQL Developer 操作非常简单，输出结果十分美观。目前，Oracle SQL Developer 最新版本是 21.4.3.063.0100。

下面演示如何使用 Oracle SQL Developer。

（1）登录 Oracle 官方网站下载 SQL Developer（下载地址为 https://www.oracle.com/tools/downloads/sqldev-downloads.html），如图 1-43 所示。

（2）解压 SQL Developer 压缩包 sqldeveloper-21.4.3.063.0100-x64.zip。

（3）双击 sqldeveloper.exe 文件，启动该工具，Oracle SQL Developer 的启动界面和主界面如图 1-44 和图 1-45 所示。

图 1-43　SQL Developer 下载界面

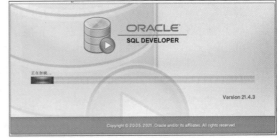

图 1-44　SQL Developer 启动界面

（4）单击左上角"连接"窗口中的 ➕ 按钮，新建一个数据库连接。

（5）在"新建/选择数据库连接"对话框中配置数据库的连接信息，如图 1-46 所示。

图 1-45　SQL Developer 主界面

图 1-46　"新建/选择数据库连接"对话框

（6）单击"连接"按钮就可以登录 Oracle 数据库，执行一个简单的查询语句，如图 1-47 所示。

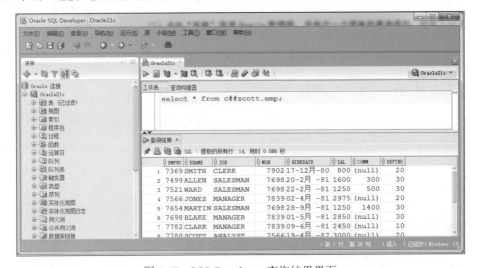

图 1-47　SQL Developer 查询结果界面

1.4 本章思考题

1. 简述安装 Oracle Database 21c 的主要步骤。
2. 简述安装 Oracle 数据库主要的客户端工具及其特点。

第 2 章

Oracle 数据库体系架构

　　Oracle 数据库中最重要的部分就是它的体系架构，它是进行数据库管理、数据库备份恢复、数据库性能诊断和优化的基础。只有掌握 Oracle 数据库的体系架构，才能很好地应用 Oracle 数据库。同时，由于关系型数据库是相通的，掌握 Oracle 数据库的体系架构对于进一步学习其他数据库有非常大的帮助。

本章重点与目标：

（1）掌握 Oracle 数据库的客户端与服务器组件知识。
（2）掌握 Oracle 数据库和数据库实例的关系。
（3）掌握 Oracle 数据库的体系架构，包括存储结构、内存结构、进程结构。
（4）掌握如何关闭和启动 Oracle 数据库。
（5）掌握如何还原数据。

2.1　客户端组件和服务器端组件

在第 1 章已经成功安装了 Oracle 数据库软件，并使用 DBCA 创建了 Oracle 数据库。从整体上看，Oracle 数据库的组件分为两部分，即客户端组件和服务器端组件。因此，Oracle 数据库是一种 Client-Server 结构。Oracle 数据库的整体结构如图 2-1 所示。

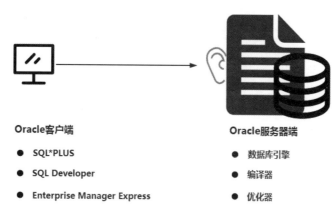

图 2-1　Oracle 数据库的整体结构

2.2　深入 Oracle 数据库的体系架构

Oracle 数据库中有数据库和数据库实例这两个基本概念，从体系架构的组成上看，Oracle 数据库又分为存储结构、进程结构和内存结构。因此，要掌握 Oracle 的体系架构，就需要先从数据库与数据库实例入手，然后深入其核心的组成结构。

2.2.1　数据库与数据库实例

扫一扫，看视频

Oracle 数据库的英文名称叫作 Oracle Database。这里所说的数据库是一个物理上的概念，即指物理操作系统的文件或磁盘的集合。换句话说，Oracle 数据库由物理硬盘上许多的文件组成。这些文件包含了数据文件、控制文件、重做日志文件等。数据库的配置信息、日志信息以及表中的数据最终都存储在这些文件中。

Oracle 数据库的实例的英文名称叫作 Oracle Database Instance。它是一个逻辑上的概念，由操作系统的内存和操作系统中的进程组成。这些内存由同一个宿主机上运行的进程共享。即使没有磁盘存储的数据库文件，数据库实例也能存在，但是这样的数据库实例没有实际的意义。对于一个正常运行的 Oracle 数据库实例，可以把它看作 Oracle 数据库文件在内存中的镜像。客户端需要通过操作系统中的进程访问内存中的这些镜像，最终读/写 Oracle 数据库的数据。

在不考虑 Oracle 数据库集群的情况下，一般一个 Oracle 数据库服务只包括一个 Oracle 数据库和一个 Oracle 数据库的实例。一个实例对应一个数据库，它们之间的对应关系如图 2-2 所示。

但是在 Oracle 数据库集群环境（Oracle Real Application，Oracle RAC）下，一个数据库有可能对应多个实例。图 2-3 展示了一个典型的 Oracle 数据库集群架构。

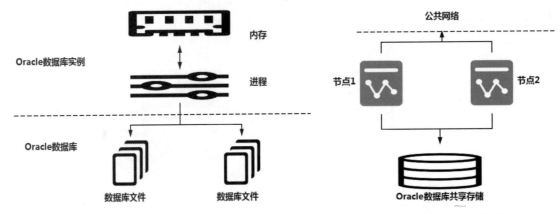

图 2-2 数据库与数据库实例的关系　　　　图 2-3 Oracle 数据库集群架构

2.2.2 存储结构

扫一扫，看视频

Oracle 数据库由硬盘上的文件组成，而要读/写数据需要通过 Oracle 数据库实例完成。那么，Oracle 数据库是如何存储数据的呢？要搞清楚这个问题，就需要理解什么是 Oracle 数据库的存储结构。Oracle 数据库的存储结构由逻辑存储结构和物理存储结构组成。一般来说，无论是关系型数据库还是 NoSQL 数据库，在存储结构上都是通过逻辑存储结构管理物理存储结构。下面分别介绍这两部分。

1．Oracle 数据库的逻辑存储结构

从逻辑组成来看，一个 Oracle 数据库是由一个或多个表空间等组成；一个表空间（tablespace）由一组段组成；一个段（segment）由一组区组成；一个区（extent）由一批数据库块组成；一个数据库块（block）对应一个或多个物理块，如图 2-4 所示。

下面分别对这些逻辑单元进行介绍。

1）database（数据库）

database 是 Oracle 数据库中最大的逻辑单元，它是按照数据结构组织、存储和管理数据的仓库。所有的表、索引、存储过程、触发器等都包含在 Oracle 数据库的 database 中。

2）tablespace（表空间）

tablespace 是数据库的逻辑划分，一个表空间只能属于一个数据库。表空间对应一个或多个数据文件，通常由相关的段组成。表空间的大小是它所对应的数据文件大小的总和,所有的数据库对象都存放在指定的表空间中。但主要存放的对象是表，所以称作表空间。

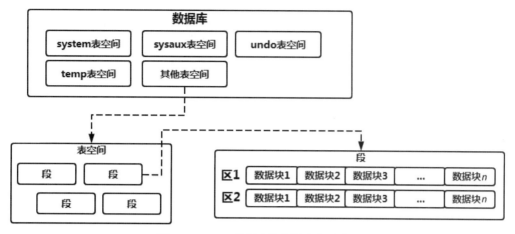

图 2-4　Oracle 数据库的逻辑存储结构

执行以下语句，可以查看 Oracle 数据库中的表空间信息。

```
SQL> select tablespace_name from dba_tablespaces;
```

输出信息如下。

```
TABLESPACE_NAME
------------------------------
SYSTEM
SYSAUX
UNDOTBS1
TEMP
USERS
```

在 Oracle 数据库中，有些表空间必须存在，而有些表空间可以没有。

表 2-1 列举了 Oracle 数据库中的表空间信息以及它们各自的作用。

表 2-1　Oracle 数据库的表空间

表空间的名称	是否必须存在	表空间的作用
SYSTEM	是	系统表空间用于存储整个数据库的数据字典信息。所有的 PL/SQL 程序结构，如存储过程、存储函数、触发器等，都被保存在 SYSTEM 表空间中。因此，如果数据库中用户定义的程序结构很多，就必须保证 SYSTEM 表空间能够提供足够的空间
SYSAUX	是	系统辅助表空间。从 Oracle Database 10g 开始引入了 SYSAUX 表空间，它的主要作用是减轻 SYSTEM 表空间的压力，将一些 Oracle 数据库中的程序与工具信息存储在这里。另外，Oracle 数据库元信息也存储在 SYSAUX 表空间中，如 AWR 快照信息库、统计信息、审计信息等
UNDOTBS1	是	回滚表空间，也可以叫作还原表空间。在 Oracle 数据库中，当某个事务对数据进行修改时，Oracle 会首先将数据的原始值保存到一个回滚段中。一个事务只能将它的回滚信息保存到一个回滚段中，而多个并行事物可以使用同一个回滚段。当撤销事物操作时，可以从回滚段中将原来的数据复制回来，从而恢复数据

续表

表空间的名称	是否必须存在	表空间的作用
TEMP	是	临时表空间，主要用于管理数据库排序操作以及用于存储临时表、中间排序结果等临时对象。Oracle 数据库会自动清理临时表空间中的临时对象和数据。另外，临时表空间不会存储永久类型的对象，因此，当执行数据库备份时，一般不会备份临时表空间中的数据。而且，对临时数据文件的操作不产生 Oracle 数据库的重做日志（redo log），也不会生成回滚日志（undo log）
USERS	否	用户表空间，一般用于存储用户的业务数据。在 Oracle 数据库中，当一个普通用户创建表时，如果没有指定表空间，默认情况下，都是创建在 USERS 表空间中

3）segments（段）

段是分配空间时的一个逻辑结构，该逻辑结构可能是表、索引或其他对象存储的一个区域，它是数据库对象使用的空间集合。段可以有表段、索引段、回滚段、临时段和高速缓存段等，最常用的段就是表段和索引段。

执行以下语句将查询 Oracle 数据库中段的信息。

```
SQL> select owner,segment_name,segment_type
    from dba_segments where rownum<10;
```

输出的信息如下。

```
OWNER           SEGMENT_NAME                SEGMENT_TYPE
--------------- --------------------------- -------------------
......
SYS     PROXY_DATA$     TABLE
SYS     OBJ$            TABLE
......
SYS     I_TS1           INDEX
SYS     I_ICOL1         INDEX
......
```

这里只显示了 Oracle 数据库中部分段的信息。

4）extents（区）

区是数据库存储空间分配的一个逻辑单位，它由连续数据块组成。每个段由一个或多个区组成。当一个段中的区空间已使用完时，Oracle 数据库会为该段重新分配一个新的范围，即分配一组新的区存储段中的数据。

5）data block（数据块）

数据块是 Oracle 数据库管理的最小逻辑存储单位，也是数据库使用的 I/O 最小单位，即一次 I/O 的数据量大小。数据块的大小由 db_block_size 参数确定。数据块是处理 Oracle 数据库更新、查询或插入数据时的最小单位。当用户从表中读取数据时，I/O 操作将从数据库文件中以数据块为单位读取或写入数据，Oracle 数据库默认的数据块的大小为 8KB，即使只想检索 4KB 的数据，也需要读取 8KB 的数据量。

通过以下语句查看当前数据块设置的大小。

```
SQL> show parameter db_block_size
```

输出信息如下。

```
NAME                   TYPE          VALUE
---------------        -----------   ---------------------
db_block_size          integer       8192
```

2. Oracle 数据库的物理存储结构

Oracle 数据库的物理存储结构是指 Oracle 数据库在硬盘上存储的各种文件，包括数据文件、联机重做日志文件、控制文件、归档日志文件、参数文件、告警日志文件、跟踪文件和备份文件等。下面分别介绍这些文件及其作用。

1）数据文件

一个数据库由多个表空间组成，而表空间可以由多个数据文件（Data File）组成，数据文件是真正存放数据库数据的文件。一个数据文件就是一个硬盘上的文件。表和索引中的数据在物理上是存放在数据文件中的。当查询表中数据时，如果内存中没有该表的数据，那么 Oracle 数据库的服务器进程将读取该表所在的数据文件，然后把数据存放到内存中。通过以下语句可以查看当前数据库中存在的数据文件和对应的表空间。

```
SQL> select file_name,tablespace_name from dba_data_files;
```

输出信息如图 2-5 所示。

FILE_NAME	TABLESPACE_NAME
/u01/app/oracle/oradata/ORCL/system01.dbf	SYSTEM
/u01/app/oracle/oradata/ORCL/sysaux01.dbf	SYSAUX
/u01/app/oracle/oradata/ORCL/undotbs01.dbf	UNDOTBS1
/u01/app/oracle/oradata/ORCL/users01.dbf	USERS

图 2-5　数据文件与表空间（1）

当表空间中的数据文件写满时，可以向表空间中添加新的数据文件。例如，向 USERS 表空间中添加一个 10MB 大小的数据文件，语句如下。

```
SQL> alter tablespace users add datafile '/u01/app/oracle/oradata/ORCL/
users02.dbf' size 10M;
```

执行以下语句，重新查看 Oracle 数据库的数据文件信息。

```
SQL> select FILE_NAME,TABLESPACE_NAME,BYTES from dba_data_files;
```

输出信息如图 2-6 所示。

FILE_NAME	TABLESPACE_NAME	BYTES
/u01/app/oracle/oradata/ORCL/system01.dbf	SYSTEM	1394606080
/u01/app/oracle/oradata/ORCL/sysaux01.dbf	SYSAUX	639631360
/u01/app/oracle/oradata/ORCL/undotbs01.dbf	UNDOTBS1	125829120
/u01/app/oracle/oradata/ORCL/users01.dbf	USERS	5242880
/u01/app/oracle/oradata/ORCL/users02.dbf	USERS	10485760

图 2-6　数据文件与表空间（2）

2）联机重做日志文件

一个数据库可以有多个联机重做日志文件（Online Redo Log File），它记录了数据库的变化。例如，当 Oracle 数据库发生异常时，就会导致对数据的改变没有及时写入数据文件中。这时 Oracle 数据库就会根据联机重做日志文件中的信息获得数据库的变化信息，并根据这些信息把这些改变写到数据文件中。换句话说，联机重做日志文件中记录的重做日志可以用来进行数据库实例的恢复。可以通过以下语句查看当前 Oracle 数据库中存在的联机重做日志文件和对应的日志组信息。

```
SQL> select member,group# from v$logfile;
```

输出信息如下。

```
MEMBER                                                           GROUP#
---------------------------------------------------------------- ----------
/u01/app/oracle/oradata/ORCL/redo03.log                          3
/u01/app/oracle/oradata/ORCL/redo02.log                          2
/u01/app/oracle/oradata/ORCL/redo01.log                          1
```

 在 Oracle 数据库中，采用日志组的方式管理联机重做日志文件。在默认情况下，Oracle 数据库有 3 个重做日志组。Oracle 数据库推荐每组中至少存在两个成员。

图 2-7 展示了 Oracle 数据库写入数据的过程。

图 2-7　数据的写入过程

扫一扫，看视频

 从图 2-7 可以看出，当前客户端成功提交事务时，数据有可能还没有写到数据文件上。如果此时数据库实例发生了崩溃，写入的数据是会丢失的。当重新启动数据库实例时，Oracle 数据库会利用成功写入的重做日志恢复实例在内存中的数据，这个过程叫作实例恢复，由 Oracle 数据库的 SMON 进程自动完成。

3）控制文件

一个数据库至少要有一个控制文件（Control File），控制文件中存放了 Oracle 数据库的物理结构信息。这些物理结构信息包括：

（1）数据库的名字。

（2）数据文件和联机日志文件的名字及位置。

（3）创建数据库时的时间戳。

（4）RMAN 备份的元信息。

Oracle 数据库在启动过程中，会根据控制文件中记录的数据文件和联机重做日志文件的位置信息打开数据库。由于控制文件非常重要，为了更好地保护数据库，通常在执行数据库备份时需要备份控制文件。

可以通过以下语句查看当前存在的控制文件。

```
SQL> select name from v$controlfile;
```

输出信息如下。

```
NAME
------------------------------------------------------------------------
/u01/app/oracle/oradata/ORCL/control01.ctl
/u01/app/oracle/fast_recovery_area/ORCL/control02.ctl
```

可以看到，在默认情况下，Oracle 数据库有两个控制文件，这两个控制文件的内容是一样的。这样的方式称为控制文件的多路复用。即使其中一个控制文件出现了问题，Oracle 数据库也可以使用另一个控制文件，这样也不会因为数据库的损坏造成数据的丢失。

4）归档日志文件

归档日志文件是联机重做日志文件的副本，记录了对数据库改变的历史。执行以下语句，查看当前数据库的日志模式。

```
SQL> archive log list;
```

输出信息如下。

```
Database log mode              No Archive Mode
Automatic archival            Disabled
Archive destination           USE_DB_RECOVERY_FILE_DEST
Oldest online log sequence    1
Current log sequence          3
```

Oracle 数据库默认是非归档模式。在非归档模式下，Oracle 数据库只能执行数据库的离线备份，或者叫作数据库的冷备份。关于 Oracle 数据库备份与恢复的内容，将在第 3 篇中进行介绍。

通过执行以下语句可以切换 Oracle 数据库的日志模式。

```
SQL> shutdown immediate
SQL> startup mount
SQL> alter database archivelog;
SQL> alter database open;
```

5）参数文件

参数文件在通常情况下是指初始化参数文件（Initialization Parameter File)。参数文件中包括了初始化参数文件和服务器端参数文件。在 Oracle 数据库启动时就会读取参数文件，然后根据参数文件中的参数值分配内存、启动一系列的后台进程。

Oracle 数据库的参数文件有两种不同的类型。在 Oracle Database 9i 版本之前，Oracle 数据库采用 PFile 类型的参数文件，该文件是一个文本类型的文件；在 Oracle Database 9i 版本之后，采用了 SPFile 类型的参数文件，该文件是一个二进制类型的文件。可以通过执行以下语句查看当前的参数文件信息。

```
SQL> show parameter pfile
```

输出信息如下。

```
NAME     TYPE     VALUE
-----    ------   ---------------------------------------
spfile   string   /u01/app/oracle/dbs/spfileorcl.ora
```

执行以下语句将 SPFile 类型的参数文件转换为 PFile 类型的参数文件。

```
SQL> create pfile='/home/oracle/pfile.ora' from spfile;
```

查看/home/oracle/pfile.ora 文件，内容如下。

```
orcl.__data_transfer_cache_size=0
orcl.__db_cache_size=553648128
orcl.__inmemory_ext_roarea=0
orcl.__inmemory_ext_rwarea=0
orcl.__java_pool_size=16777216
orcl.__large_pool_size=16777216
orcl.__oracle_base='/u01/app/oracle'#ORACLE_BASE set from environment
orcl.__pga_aggregate_target=671088640
orcl.__sga_target=989855744
orcl.__shared_io_pool_size=50331648
orcl.__shared_pool_size=335544320
orcl.__streams_pool_size=0
orcl.__unified_pga_pool_size=0
*.audit_file_dest='/u01/app/oracle/admin/orcl/adump'
*.audit_trail='db'
*.compatible='21.0.0'
*.control_files='/u01/app/oracle/oradata/ORCL/control01.ctl','/u01/app/oracle/fast_recovery_area/ORCL/control02.ctl'
*.db_block_size=8192
*.db_name='orcl'
*.db_recovery_file_dest='/u01/app/oracle/fast_recovery_area'
*.db_recovery_file_dest_size=11511m
*.diagnostic_dest='/u01/app/oracle'
*.dispatchers='(PROTOCOL=TCP) (SERVICE=orclXDB)'
*.enable_pluggable_database=true
*.local_listener='LISTENER_ORCL'
*.memory_target=1572m
*.nls_language='AMERICAN'
```

```
*.nls_territory='AMERICA'
*.open_cursors=300
*.processes=300
*.remote_login_passwordfile='EXCLUSIVE'
*.undo_tablespace='UNDOTBS1'
```

　　　　从 **PFile** 的文件内容中可以看出，参数文件中记录了控制文件的位置。而控制文件又记录了数据文件和联机重做日志的位置。通过这样的关系，当启动时，Oracle 数据库就可以找到所有需要的文件了。

6）告警日志文件

告警日志文件按照时间的先后顺序，记录了数据库的重大活动和所发生的错误信息以及警告信息。因此，当 Oracle 数据库出现任何问题时，首先就应当检查告警日志文件。文件名字的格式为 alert_SID.log。文件的位置可以通过查询数据字典 v$diag_info 得到，例如：

```
SQL> select name,value from v$diag_info;
```

输出信息如图 2-8 所示。

NAME	VALUE
Diag Enabled	TRUE
ADR Base	/u01/app/oracle
ADR Home	/u01/app/oracle/diag/rdbms/orcl/orcl
Diag Trace	/u01/app/oracle/diag/rdbms/orcl/orcl/trace
Diag Alert	/u01/app/oracle/diag/rdbms/orcl/orcl/alert
Diag Incident	/u01/app/oracle/diag/rdbms/orcl/orcl/incident
Diag Cdump	/u01/app/oracle/diag/rdbms/orcl/orcl/cdump
Health Monitor	/u01/app/oracle/diag/rdbms/orcl/orcl/hm
Default Trace File	/u01/app/oracle/diag/rdbms/orcl/orcl/trace/orcl_ora_98660.trc
Active Problem Count	0
Active Incident Count	0
ORACLE_HOME	/u01/app/oracle/product/21.3.0/dbhome_1
Attention Log	/u01/app/oracle/diag/rdbms/orcl/orcl/trace/attention_orcl.log

图 2-8　告警日志文件目录

在 Diag Trace 参数所对应的目录/u01/app/oracle/diag/rdbms/orcl/orcl/trace 下就可以找到当前数据库所对应的告警日志文件，例如：

```
[oracle@oraclevm trace]$ pwd
/u01/app/oracle/diag/rdbms/orcl/orcl/trace
[oracle@oraclevm trace]$ ll alert_orcl.log
-rw-r-----. 1 oracle oinstall 113659 Mar 19 21:16 alert_orcl.log
[oracle@oraclevm trace]$
```

下面展示了告警日志文件中记录的部分信息。可以看出，在告警日志文件中记录了数据库的启动和关闭信息。

```
...
Starting background process PMON
2021-12-06T10:20:36.785883+08:00
PMON started with pid=2, OS id=67342
Starting background process CLMN
```

```
2021-12-06T10:20:36.806788+08:00
CLMN started with pid=3, OS id=67346
Starting background process PSP0
2021-12-06T10:20:36.826823+08:00
PSP0 started with pid=4, OS id=67350
Starting background process VKTM
...
Shutdown is initiated by sqlplus@oraclevm (TNS V1-V3).
Stopping background process SMCO
Shutting down instance: further logons disabled
Stopping background process MMNL
Stopping background process MMON
...
```

告警日志文件中还记录了数据库的结构变化、强制审计的信息和死锁的信息。例如，之前在 USERS 表空间中添加的 user02 数据文件也被记录到了告警日志文件中。记录的信息如下。

```
2022-03-19T21:16:25.760425+08:00
 alter tablespace users add datafile '/u01/app/oracle/oradata/
ORCL/users02.dbf' size 10M
 Completed: alter tablespace users add datafile '/u01/app/oracle/
oradata/ORCL/users02.dbf' size 10M
```

7）跟踪文件

跟踪文件是每个 Oracle 数据库服务器进程都有的日志文件。如果数据库在运行中出现问题，则通过查看跟踪文件中的内容可以帮助诊断 Oracle 数据库的问题。因为每个服务器进程都会将错误信息写到跟踪文件中。因此，数据库管理员 DBA 就可以根据跟踪文件的信息查看进程中所发生的错误。在默认情况下，Oracle 数据库的跟踪文件与告警日志文件在同一个目录下，例如：

```
[oracle@oraclevm trace]$ pwd
/u01/app/oracle/diag/rdbms/orcl/orcl/trace
[oracle@oraclevm trace]$ ls *.trc
orcl_d000_69512.trc          orcl_s000_69521.trc  orcl_s003_72483.trc
orcl_vktm_69428.trc
 orcl_dbrm_69459.trc          orcl_s001_72472.trc  orcl_s004_72485.trc
orcl_w001_69525.trc
 orcl_dia0_69470_base_1.trc   orcl_s002_72481.trc  orcl_s005_72487.trc
orcl_w004_69741.trc
[oracle@oraclevm trace]$
```

关于跟踪文件的详细使用方法和诊断方法，会在第 14 章中进行介绍。

8）备份文件

备份文件就是在数据库发生介质损坏时用来还原（Restore）数据库并执行恢复（Recover）数据的文件。

2.2.3 进程结构

通过执行 Linux 命令 ps -ef | grep ora_，可以查看 Oracle 数据库所有的后台进程。下面列举了这些进程的信息。

```
oracle     69415     1  0 13:07 ?        00:00:01 ora_pmon_orcl
oracle     69420     1  0 13:07 ?        00:00:00 ora_clmn_orcl
oracle     69424     1  0 13:07 ?        00:00:05 ora_psp0_orcl
oracle     69428     1  1 13:07 ?        00:05:43 ora_vktm_orcl
oracle     69434     1  0 13:07 ?        00:00:02 ora_gen0_orcl
oracle     69438     1  0 13:07 ?        00:00:01 ora_mman_orcl
oracle     69444     1  0 13:07 ?        00:00:06 ora_gen1_orcl
oracle     69446     1  0 13:07 ?        00:00:00 ora_gen2_orcl
oracle     69449     1  0 13:07 ?        00:00:00 ora_vosd_orcl
oracle     69453     1  0 13:07 ?        00:00:00 ora_diag_orcl
oracle     69457     1  0 13:07 ?        00:00:00 ora_ofsd_orcl
oracle     69459     1  0 13:07 ?        00:00:13 ora_dbrm_orcl
oracle     69462     1  0 13:07 ?        00:00:00 ora_vkrm_orcl
oracle     69466     1  0 13:07 ?        00:00:01 ora_svcb_orcl
oracle     69468     1  0 13:07 ?        00:00:04 ora_pman_orcl
oracle     69470     1  0 13:07 ?        00:00:18 ora_dia0_orcl
oracle     69474     1  0 13:07 ?        00:00:02 ora_dbw0_orcl
oracle     69476     1  0 13:07 ?        00:00:05 ora_lgwr_orcl
oracle     69480     1  0 13:07 ?        00:00:08 ora_ckpt_orcl
oracle     69484     1  0 13:07 ?        00:00:00 ora_smon_orcl
oracle     69490     1  0 13:07 ?        00:00:02 ora_smco_orcl
oracle     69494     1  0 13:07 ?        00:00:00 ora_reco_orcl
oracle     69496     1  0 13:07 ?        00:00:01 ora_lreg_orcl
oracle     69498     1  0 13:07 ?        00:00:00 ora_pxmn_orcl
oracle     69504     1  0 13:07 ?        00:00:12 ora_mmon_orcl
...
```

下面介绍几个比较重要的 Oracle 数据库的后台进程。

1）系统监视器进程（SMON 进程）

SMON 进程即 ora_smon_orcl 进程。它负责 Oracle 数据库的启动，并在实例启动时执行恢复；同时，该进程还可以清除不使用的临时段。

SMON 进程是 Oracle 数据库最核心的进程。因此，关闭 Oracle 数据库实例的最快方式就是直接杀死 SMON 进程。

2）进程监视器进程（PMON 进程）

PMON 进程即 ora_pmon_orcl 进程。该进程负责在用户进程失败时执行进程的恢复操作；同时，还负责清除数据库缓冲区中的脏数据和释放该用户进程占用的资源。PMON 进程会定期检查服务器进程的状态，并重新启动任何已停止运行的应用程序进程。因此，PMON 进程是数据库的进程管家。

3）数据库写进程（DBWn 进程）

DBWn 进程的全称是 Database Writer 进程，即 ora_dbw0_orcl 进程，它负责将数据库缓冲区的数据写入磁盘。DBWn 进程的最大数量为 36。如果用户在启动过程中未指定该进程的数量，Oracle 数据库将根据 CPU 和处理器组的数量决定 DBWn 进程的数量。初始化参数 db_writer_processes 指定了 DBWn 进程的数量。

```
SQL> show parameter db_writer_process
```

输出信息如下。

```
NAME                      TYPE        VALUE
--------------------      ----------  --------------
db_writer_processes       integer     1
```

 在默认情况下，Oracle 数据库只有一个 DBWn 进程。如果要手动设置 DBWn 进程，则其个数一般不超过宿主机 CPU 的核数。

另外，DBWn 进程可以有多个子进程。默认情况下，只有一个数据库写进程由参数 db_writer_processes 决定。并且，可以同时开启多个 I/O 的子进程用于写数据。这样做的好处是多个数据库写进程可以增加写入吞吐量，对于大型系统非常有用。

要使用 DBWn 进程的子进程，可以通过以下几个参数进行设置。

```
SQL> show parameter db_writer_processes
NAME                      TYPE        VALUE
--------------------      ----------  ---------
db_writer_processes       integer     1

SQL> show parameter dbwr_io_slaves
NAME                      TYPE        VALUE
--------------------      ----------  ---------
DBWR_IO_SLAVES            integer     0

SQL> show parameter disk_asynch_io
NAME                      TYPE        VALUE
--------------------      ----------  ---------
DISK_ASYNCH_IO            boolean     TRUE
```

可以看出，在默认情况下，DBWn 进程启用了子进程的功能，只需要通过 dbwr_io_slaves 参数设置子进程的个数。

4）日志写进程（LGWR 进程）

LGWR 进程的全称是 Log Writer 进程，即 ora_lgwr_orcl 进程，它负责管理重做日志缓冲区，即将重做日志缓冲区条目写入磁盘上的重做日志文件中。Oracle 数据库必须保证时刻都有足够的空间写新的重做日志，因此日志写进程触发的频率非常高。以下情况都会触发 LGWR 进程进行写日志的操作。

（1）用户进程提交事务处理时，如执行 commit 命令后。

（2）重做日志缓冲区的 1/3 已满时。

（3）DBWn 进程将经过修改的缓冲区写入磁盘之前。

（4）每隔 3s。

5）检查点进程（CKPT 进程）

CKPT 进程是 Oracle 数据库检查点进程，即 ora_ckpt_orcl 进程，它负责唤醒 DBWn 进程并将缓冲区中的脏数据写入数据文件中。检查点是 Oracle 数据库的一种数据结构，它定义了数据库的联机重做日志文件中的系统改变号（SCN），这个系统改变号是恢复操作的关键元素。

6）归档进程（ARCn 进程）

当 Oracle 数据库处于归档模式时，数据库的联机重做日志文件一般都会很大。归档进程会将联机重做日志文件复制到指定的存储设备，从而保证 Oracle 数据库能够维护所有的联机重做日志文件信息，以便在执行数据库恢复时能够执行数据库的完全恢复。

7）恢复器进程（RECO 进程）

RECO 进程是一个用于分布式数据库配置的后台进程，它可以自动解决涉及分布式事务处理的故障。

图 2-9 展示了 Oracle 数据库进程的相互关系。

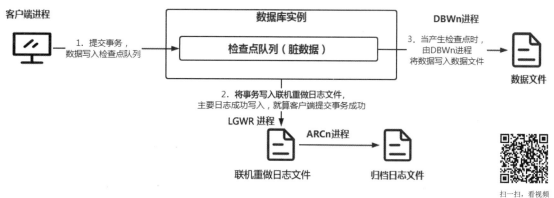

图 2-9　Oracle 数据库的进程

2.2.4　内存结构

Oracle 数据库的内存结构可以看作数据库文件的镜像，而每个 Oracle 数据库实例都有两个关联的内存结构：系统全局区（SGA）和程序全局区（PGA）。图 2-10 展示了 Oracle 数据库实例的内存结构。

1. 系统全局区

系统全局区由一组共享的内存结构组成，它被所有的 Oracle 数据库中所有的服务器进程共享。图 2-10 展示了系统全局区的内部结构，它的大小由 sga_target 参数决定。

```
SQL> show parameter sga_target
```

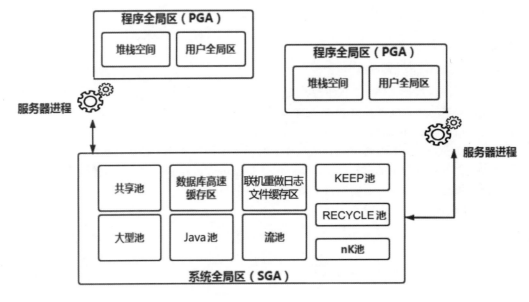

图 2-10　Oracle 数据库的内存结构

输出信息如下。

NAME	TYPE	VALUE
sga_target	big integer	0

sga_target 参数的默认值为 0，这里的 0 并不是表示内存实际的大小。从 Oracle Database 11g 开始引入了自动内存管理（AMM）的机制，SGA 的大小将由系统自动分配。关于自动内存管理，将在 2.3 节中进行介绍。

下面对 SGA 中几个比较重要的缓冲区进行介绍。

1）高速缓冲区（Buffer Cache）

Buffer Cache 用于缓存从数据库文件中查询的数据块。因此，Buffer Cache 可以降低磁盘的 I/O 速率，从而提高数据访问的效率。Buffer Cache 的大小由 db_cache_size 参数决定。

```
SQL> show parameter db_cache_size
```

输出信息如下。

NAME	TYPE	VALUE
db_cache_size	big integer	0

db_cache_size 参数的默认值为 0，这里的 0 并不是表示内存实际的大小。从 Oracle Database 10g 开始引入了自动共享内存管理（ASMM）的机制，Buffer Cache 的大小将由系统自动分配。关于自动共享内存管理，将在 2.3 节中进行介绍。

根据数据在 Buffer Cache 中生命周期和数据块大小的不同，可以将 Buffer Cache 划分为以下几种类型，见表 2-2。

表 2-2　Buffer Cache 的类型

Buffer Cache 的类型	说　　明
DEFAULT 缓冲区	Oracle 数据库会将从数据文件读入的数据默认存入 DEFAULT 缓冲区中
KEEP 缓冲区	KEEP 缓冲区中的数据生命周期最长，一般可以用于保存频繁使用或很少更新的数据
RECYCLE 缓冲区	RECYCLE 缓冲区中的数据生命周期最短，一般可以用于保存频繁更新的数据。当该数据不再被使用时，Oracle 数据库将从 RECYCLE 缓冲区中快速回收或删除这些数据
nK 缓冲区	nK 缓冲区用于存放大小不同于默认数据库块大小的数据块

下面的语句将查看 Buffer Cache 中各种类型的缓冲区及其大小。

```
SQL> show parameter _cache_size
```

输出信息如下。

```
NAME                          TYPE              VALUE
----------------------------- ----------------- ----------
client_result_cache_size      big integer       0
data_transfer_cache_size      big integer       0
db_16k_cache_size             big integer       0
db_2k_cache_size              big integer       0
db_32k_cache_size             big integer       0
db_4k_cache_size              big integer       0
db_8k_cache_size              big integer       0
db_cache_size                 big integer       0
db_flash_cache_size           big integer       0
db_keep_cache_size            big integer       0
db_recycle_cache_size         big integer       0
```

2）共享池（Shared Pool）

Shared Pool 用于缓存可以在用户间共享的结构，如表结构、存储过程和数据字典等。Shared Pool 也用于缓存 SQL 语句以及 SQL 语句的执行计划。Shared Pool 的大小由 shared_pool_size 参数决定。

```
SQL> show parameter shared_pool_size
```

输出信息如下。

```
NAME                TYPE              VALUE
------------------- ----------------- -----------------
shared_pool_size    big integer       0
```

shared_pool_size 参数的默认值也为 0，表示 Shared Pool 的大小也是由 Oracle 数据库的自动共享内存管理（ASMM）机制自动分配的。

3）重做日志缓冲区（Log Buffer）

Log Buffer 用于缓存 Oracle 数据库的重做日志，即 Redo Log。Log Buffer 的大小由 log_buffer 参

数决定。

```
SQL> show parameter log_buffer
```

输出信息如下。

NAME	TYPE	VALUE
log_buffer	big integer	6616K

4）大型池（Large Pool）

Large Pool 用于为某些大型操作，如备份与恢复操作、I/O 操作提供大型内存的分配。Large Pool 的大小由 large_pool 参数决定。

```
SQL> show parameter large_pool
```

输出信息如下。

NAME	TYPE	VALUE
large_pool	big integer	0

large_pool 参数的默认值也为 0，表示 Large Pool 的大小也是由 Oracle 数据库的自动共享内存管理（ASMM）机制自动分配的。

5）Java 池、流池（Java Pool、Streams Pool）

当应用程序在 Oracle 数据库中运行 Java 存储过程时使用 Java Pool，它的大小由 java_pool_size 参数决定。当 Oracle 数据库进行流处理操作时使用 Streams Pool，它的大小由 streams_pool_size 参数决定。

```
SQL> show parameter java_pool_size
```

输出信息如下。

NAME	TYPE	VALUE
java_pool_size	big integer	0

```
SQL> show parameter streams_pool_size
```

输出信息如下。

NAME	TYPE	VALUE
streams_pool_size	big integer	0

Java Pool 的大小和 Stream Pool 的大小也是由 Oracle 数据库的自动共享内存管理（ASMM）机制自动分配的。

2. 程序全局区

程序全局区是包含了某个 Oracle 数据库服务器进程的数据及其控制信息的内存区域。PGA 是 Oracle 数据库在启动时创建的非共享内存，因此每个服务器进程对 PGA 都是独占式的。换句话说，Oracle 数据库中的每个服务器进程都具有属于自己的 PGA。PGA 的大小由 pga_aggregate_target 参数决定。

```
SQL> show parameter pga_aggregate_target
```

输出信息如下。

```
NAME                    TYPE             VALUE
--------------------    -------------    ------------------
pga_aggregate_target    big integer      0
```

 pga_aggregate_target 参数的默认值也为 0，表示 PGA 的大小也是由 Oracle 数据库的自动内存管理（AMM）机制自动分配的。

2.3 自动内存管理和自动共享内存管理

扫一扫，看视频

Oracle 数据库从 11g 开始对内存管理逐步做了很大的简化，引入了自动内存管理（Automatic Memory Management，AMM）。对于数据库管理员（Database Administrator，DBA），当设置 Oracle 数据库实例内存大小时，只需要设置一个总的内存大小。Oracle 数据库会根据数据库的使用情况自动分配 SGA 和 PGA 的大小。自动内存管理是由以下两个参数决定的：

（1）MEMORY_TARGET：Oracle 数据库实例所能使用的最大内存值。

（2）MEMORY_MAX_TARGET：MEMORY_TARGET 所能设定的最大值。

执行以下语句，可以查看 MEMORY_TARGET 的值。

```
SQL> show parameter memory_target
```

输出信息如下。

```
NAME             TYPE               VALUE
---------------  -----------------  -------------
memory_target    big integer        1584M
```

执行以下语句，可以查看 MEMORY_MAX_TARGET 的值。

```
SQL> show parameter memory_max_target
```

输出信息如下。

```
NAME                TYPE            VALUE
---------------     -------------   ------------------------
memory_max_target   big integer     1584M
```

自动共享内存管理（Automatic Shared Memory Management，ASMM）是 Oracle Database 10g 引

入的内存管理方式，DBA 只需要将 SGA 中各缓冲区（除 Log Buffer）的大小设置为 0，Oracle 数据库会根据数据库的使用情况自动分配 SGA 中各缓冲区的大小。

2.4 数 据 字 典

Oracle 数据库通过读取数据字典来比较方便地获取有关用户、对象和存储结构等信息。在数据库执行了 DDL 语句后，Oracle 数据库会及时修改数据字典中的信息。普通用户只能以读的形式使用数据字典获取数据库信息，数据字典由 Oracle 数据库自动进行维护。

2.4.1 数据字典简介

数据字典用于存放与 Oracle 数据库有关的信息，几乎所有的数据库信息和对象信息都可以在数据字典中进行查询，它是随着数据库的建立而建立的。数据字典是 Oracle 数据库的信息核心，是一组提供与数据库信息有关的表和视图的集合。对于普通用户，这些表和视图是只读的。Oracle 数据库的管理员 sys 用户是数据字典的拥有者，数据字典的数据保存在 SYSTEM 系统表空间中。

Oracle 数据库的数据字典有 4 种不同的命名前缀，表 2-3 列举了这 4 种前缀以及它们的含义。

表2-3 数据字典的命名前缀及含义

前　缀	说　　明
user_	该数据字典只提供当前用户下的数据库对象信息。例如，执行以下语句，将查询当前用户所创建的数据库对象的名称和类型： SQL> select object_name, object_type from user_objects;
all_	该数据字典提供中的数据表示当前用户有关的对象信息。例如，执行以下语句，将查询当前用户可访问到的数据库对象的名称和对象的类型： SQL> select object_name, object_type from all_objects;
dba_	该数据字典中的数据是只有数据库管理员才可以读取的视图
v$	该数据字典是 Oracle 数据库的动态性能视图，用于记录当前 Oracle 数据库实例在运行过程中的状态信息。因此，动态性能视图对于诊断 Oracle 数据库的性能非常重要

2.4.2 【实战】查询 Oracle 数据库的数据字典中的信息

在了解了 Oracle 数据库的数据字典的基本信息后，下面通过几个具体的示例演示如何从数据字典中获取相关的信息。

（1）使用 c##scott 用户查看当前用户的默认表空间。

```
SQL> select username, default_tablespace from user_users;
```

输出信息如下。

```
USERNAME        DEFAULT_TABLESPACE
-----------     ------------------------------
C##SCOTT        USERS
```

（2）使用 c##scott 用户查看当前用户角色。

```
SQL> select * from user_role_privs;
```

输出信息如下。

USERNAME	GRANTED_ROLE	ADM	DEL	DEF	OS_COM	INH
C##SCOTT	CONNECT	NO	NO	YES	NO NO	NO
C##SCOTT	RESOURCE	NO	NO	YES	NO NO	NO

（3）使用 sys 用户查看表空间的信息。

```
SQL> select tablespace_name, sum(bytes), sum(blocks)
from dba_free_space group by tablespace_name;
```

输出信息如下。

TABLESPACE_NAME	SUM(BYTES)	SUM(BLOCKS)
SYSTEM	9306112	1136
SYSAUX	38338560	4680
UNDOTBS1	101318656	12368
USERS	11141120	1360

（4）使用 sys 用户查看 c##scott 用户创建表的信息。

```
SQL> select owner,object_name,object_type
    from dba_objects
    where object_type='TABLE' and OWNER='C##SCOTT';
```

输出信息如下。

OWNER	OBJECT_NAME	OBJECT_TYPE
C##SCOTT	MSG	TABLE
C##SCOTT	AUDIT_MESSAGE	TABLE
C##SCOTT	DEPT	TABLE
C##SCOTT	EMP	TABLE
C##SCOTT	BONUS	TABLE
C##SCOTT	SALGRADE	TABLE

2.5 Oracle 数据库实例的启动与关闭

在了解了 Oracle 数据库的体系架构后，就可以进一步讨论如何执行 Oracle 数据库实例的启动与关闭。

只有具备管理员权限的用户才能执行 Oracle 数据库实例的启动与关闭。

2.5.1 Oracle 数据库的启动过程

Oracle 启动过程涉及几个不同的阶段。Oracle 数据库启动的不同阶段将会读取不同的数据库文件，从而执行不同的操作。可以使用 startup 命令启动 Oracle 数据库，以下列举了该命令的帮助信息。

```
SQL> ? startup
```

输出信息如下。

```
STARTUP
-------
Starts an Oracle instance with several options, including mounting, and
opening a database.
STARTUP db_options | cdb_options | upgrade_options
...
```

Oracle 数据库的启动过程主要有三个阶段，分别是 NOMOUNT、MOUNT 和 OPEN。图.2-11 展示了 Oracle 数据库的启动过程。

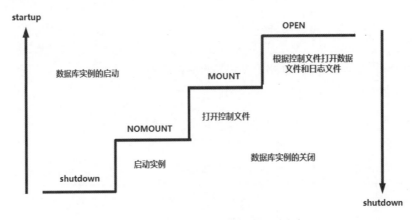

图 2-11　Oracle 数据库的启动过程

表 2-4 对图 2-11 所示的各阶段进行了解释。

表 2-4　数据库的启动过程说明

启动阶段	说　　明
NOMOUNT	处于 NOMOUNT 阶段的数据库实例将读取参数文件，但是不加载数据库
MOUNT	处于 MOUNT 阶段的数据库实例将通过参数文件找到控制文件，并进一步根据控制文件中记录的数据文件信息和日志文件信息找到对应的数据文件和日志文件，但是此时数据库仍然处于关闭状态
OPEN	处于 OPEN 阶段的数据库实例将读取相应的数据文件和日志文件，并且打开数据库

2.5.2 Oracle 数据库的关闭过程

与启动数据库顺序类似，关闭 Oracle 数据库也分为三个阶段。

（1）关闭数据库。这个阶段 Oracle 数据库将关闭数据文件。

（2）卸载数据库。这个阶段 Oracle 数据库将关闭控制文件。

（3）关闭 Oracle 数据库实例。

可以使用 shutdown 命令关闭 Oracle 数据库，下面列举该命令的帮助信息。

```
SQL> ? shutdown
```

输出信息如下。

```
SHUTDOWN
--------

Shuts down a currently running Oracle Database instance, optionally
closing and dismounting a database.

SHUTDOWN [ABORT|IMMEDIATE|NORMAL|TRANSACTIONAL [LOCAL]]
```

从这里的帮助信息可以看出，当关闭 Oracle 数据库时，有几种不同的关闭模式。表 2-5 列举了这些关闭模式以及它们的作用。

表 2-5　数据库的关闭模式

关 闭 行 为	关 闭 模 式			
	ABORT	IMMEDIATE	TRANSACTION	NORMAL
允许新的连接	否	否	否	否
需要等待当前会话结束	否	否	否	是
需要等待当前事务结束	否	否	是	是
执行检查点并关闭文件	否	是	是	是

2.6　管理还原数据

还原（undo）数据也可以叫作回滚数据，它保存的是 Oracle 数据库表中的历史记录。换句话说，当某个 SQL 语句更改了数据库中的数据时，Oracle 数据库会保存旧值，这个旧值就是还原数据。Oracle 数据库在保存还原数据时会按照数据修改前的原样存储数据。因此，通过使用还原数据可以回退未提交的数据。还原数据还可以支持读取一致性操作和闪回操作。

Oracle 数据库的闪回操作是一种数据恢复的方式。第 10 章将详细介绍 Oracle 数据库的闪回操作。

2.6.1　还原数据的作用

Oracle 数据库的还原数据都存储在还原表空间中，其作用主要体现在以下三方面。

首先，还原数据用于支持查询的一致性读取。为了保证在同一个事务中前后读取数据的一致性，原始信息必须作为还原数据存在。只要保留了还原数据，Oracle 数据库就能通过重建数据满足读取一致性查询的要求。

其次，闪回操作也是基于还原数据的。例如，闪回查询可以查找过去某个时间存在的某个版本的数据。只要在还原数据中过去那个时间点的还原信息仍存在，闪回查询就能成功完成。

最后，还原数据也可用于从失败的事务处理中进行恢复。

简单来说，还原数据就是历史数据，也叫作 undo 数据。在有些文档中也叫作撤销数据。

下面通过一个简单的例子说明什么是 Oracle 数据库的还原数据。

（1）使用 c##scott 用户登录数据库。

```
sqlplus c##scott/tiger
```

（2）查询员工号为 7839 的员工工资。

```
SQL> select sal from emp where empno=7839;
```

输出信息如下。

```
SAL
----------
5000
```

（3）将员工号为 7839 的工资更新为 6000 元。

```
SQL> update emp set sal=6000 where empno=7839;
```

由于 Oracle 数据库默认情况下是自动开启事务的，因此，这里执行的 update 语句将自动开启一个事务。关于 Oracle 数据库的事务，会在第 7 章中进行介绍。

（4）重新查询员工号为 7839 的员工工资。

```
SQL> select sal from emp where empno=7839;
```

输出信息如下。

```
SAL
----------
6000
```

（5）执行事务的回滚操作。

```
SQL> rollback;
```

（6）重新查询员工号为 7839 的员工工资。

```
SQL> select sal from emp where empno=7839;
```

输出信息如下。

```
SAL
```

5000

当步骤（5）执行完成后，员工工资又恢复回了 5000 元。因此，作为历史数据的 5000 元在步骤（3）的 update 语句之后，而在步骤（5）的 rollback 语句之前就保存在了还原表空间的数据文件中。

2.6.2 还原数据的工作原理

图 2-12 解释了还原数据的运行机制。可以看出，当会话 2 读取表中数据时，会发现数据已经被更改，但对应的事务还未提交。这时服务器进程就不会将表中新的数据返回给会话 2，而是从还原表空间中读取旧值，并将其返回给会话 2。

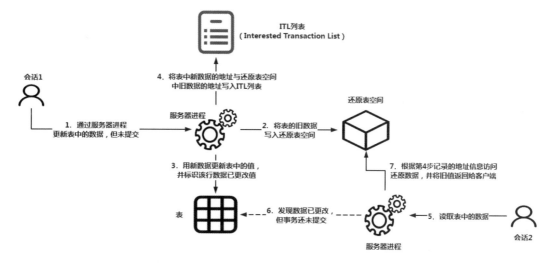

图 2-12　还原数据的运行机制

在 Oracle 数据库中，还原数据分为 3 种类型，见表 2-6。

表 2-6　还原数据的类型

还原数据的类型	说　明
未提交的还原数据	支持当前运行的事务处理，如果用户要回退或事务处理失败，需要用到这类信息。Oracle 数据库绝对不会覆盖未提交的还原信息
提交的还原数据	不再需要用来支持运行的事务处理，但是为了符合还原保留期，这类还原数据依然会被保留
过期的还原数据	不再需要用来支持运行的事务处理。活动事务处理需要空间时会覆盖过期的还原信息

2.6.3 还原数据与重做数据

与还原（undo）数据非常类似的一个概念叫作重做（redo）数据。表 2-7 对比了这两种类型的数据。

表 2-7　还原数据与重做数据

区　别	还原数据（undo）	重做数据（redo）
记录的数据类型	如何还原更改	如何重做更改
主要的功能作用	支持回滚和读一致性	支持数据的恢复
数据的存储位置	还原表空间	重做日志文件

　　还原数据和重做数据初看很相似，但是二者的作用却截然不同。简单来说，在需要还原更改的情况下就需要用到还原数据，而且，为了保持读取一致性和执行回滚，也需要还原数据；当因某种原因而丢失了数据时，如果需要恢复数据，就需要用到重做数据。

2.6.4　管理 Oracle 数据库的还原数据

　　Oracle 数据库将所有的还原数据都保存到了还原表空间中，通过执行以下语句，可以查看还原数据的相关参数信息。

```
SQL> show parameter undo
```

输出信息如下。

```
NAME                  TYPE        VALUE
--------------------  ----------  --------------
undo_management       string      AUTO
undo_retention        integer     900
undo_tablespace       string      UNDOTBS1
```

undo_management 参数表示还原数据的管理方式。Oracle 数据库强烈建议使用自动还原管理。
undo_retention 参数表示还原数据的还原保留期。
undo_tablespace 参数表示还原数据默认的表空间。

1.【实战】创建和使用还原表空间

　　在了解了还原表空间的作用后，下面通过具体的步骤演示如何创建并使用 Oracle 数据库的还原表空间。

　　（1）使用数据库管理员登录 Oracle 数据库。

```
SQL> conn / as sysdba
```

　　（2）创建一个新的还原表空间。

```
SQL> create undo tablespace myundotbs datafile
'/u01/app/oracle/oradata/ORCL/myundotbs_01.dbf' size 100M autoextend on next 20M
maxsize 500M;
```

　　这里的创建指令指定了还原表空间名称、对应数据文件、初始大小、是否自动扩展、每次扩展大小以及最大的大小。

　　（3）给新创建的还原表空间增加数据文件。

```
SQL> alter tablespace myundotbs add datafile
'/u01/app/oracle/oradata/ORCL/myundotbs_02.dbf'
     size 1024M autoextend on next 100M maxsize 2048M;
```

（4）设置数据库默认的还原表空间。

```
alter system set undo_tablespace = myundotbs;
```

（5）查看还原数据的相关参数信息。

```
SQL> show parameter undo
```

输出信息如下。

```
NAME                      TYPE          VALUE
------------------------- ----------    --------------
undo_management           string        AUTO
undo_retention            integer       900
undo_tablespace           string        MYUNDOTBS
```

2. 还原保留期

还原保留期通过 undo_retention 参数进行设置，它指定了还原保留期的最低阈值（秒数），Oracle 数据库会按照这个参数指定的时间保留还原数据。生命周期超过这个时间设置的还原数据会被清除，以保证还原表空间能有足够的空间存储新的还原数据。Oracle 数据库还支持还原表空间的自动扩展。在启用了还原表空间的自动扩展后，当还原表空间不足时，系统会自动扩展其空间大小，而不是清除生命周期超过 UNDO_RETENTION 设置的还原数据。

3. 确保还原保留期

当还原表空间没有足够大的存储空间时，默认情况下会覆盖提交的和过期的还原数据，即使这些还原数据还没有超过还原保留期设置的时间也会被覆盖，这样就会导致还原数据的丢失。为了保证还未超过还原保留期设置的还原数据一定不会被覆盖，可以启用确保还原保留期的机制。执行以下语句将启用这一机制。

```
SQL> alter tablespace undotbs1 retention guarantee;
```

 启用了确保还原保留期机制后，当还原表空间不足时，只能通过增加新的数据文件或扩展原有的数据文件大小保存更多的还原数据。

2.7　本章思考题

1. 什么是数据库？什么是数据库实例？
2. 简述 Oracle 数据库的存储结构及其组成部分。
3. 简述 Oracle 数据库的内存结构及其组成部分。

第 **3** 章

Oracle 数据库应用开发

Oracle 数据库在 SQL 的基础上提供了自己的编程语言 PL/SQL。使用 PL/SQL 可以开发功能强大的应用程序，并且能够进一步开发 Oracle 数据库的存储过程、存储函数和触发器。因此，Oracle 数据库应用开发的核心就是掌握 PL/SQL 编程语言，并使用该语言进行应用程序的开发。

本章重点与目标：

（1）掌握 PL/SQL 的语法。

（2）掌握如何编写 PL/SQL 程序。

（3）掌握存储过程、存储函数和触发器的概念与应用场景。

（4）掌握如何基于 PL/SQL 程序开发存储过程、存储函数和触发器。

3.1　PL/SQL 基础

百度百科中对 PL/SQL 作了如下说明：

PL/SQL 也是一种程序语言，叫作过程化 SQL 语言（Procedural Language/SQL）。PL/SQL 是 Oracle 数据库对 SQL 的扩展，在普通 SQL 语句的使用上增加了编程语言的特点，所以 PL/SQL 把数据操作和查询语句组织在 PL/SQL 代码的过程性单元中，通过逻辑判断、循环等操作实现复杂的功能或计算。

PL/SQL 程序的基本结构如下。

```
declare
  说明部分
begin
  程序体部分
exception
  例外处理部分
end;
/
```

其中，说明部分包括变量常量的说明、游标的声明和例外的声明；程序体部分包括 DML 语句序列、条件判断语句和循环语句等；例外处理部分包括如何处理程序体部分产生例外的语句序列。

3.1.1　【实战】开发第 1 个 PL/SQL 程序

在了解了 PL/SQL 的基本内容后，下面将开发第 1 个 Oracle 数据库的 PL/SQL 程序。该程序将在屏幕上输出 Hello World 字符串。

（1）使用 c##scott 用户登录数据库。

```
SQL> conn c##scott/tiger
```

（2）在 SQL*Plus 命令行中直接书写 PL/SQL 程序，打印 Hello World。程序代码如下。

```
SQL> declare
  --说明部分
  begin
   --程序体
  dbms_output.put_line('Hello World');
  end;
  /
```

按 Enter 键执行 PL/SQL 程序。输出信息如下。

```
PL/SQL procedure successfully completed.
```

在输出的信息中没有打印 Hello World。这是因为在默认情况下，Oracle 数据库服务器输出是关闭的，需要手动将其打开。

（3）打开 Oracle 服务器的输出开关。

```
SQL> set serveroutput on
```

（4）在 SQL*Plus 输入，重新执行步骤（1）中的 PL/SQL 程序。

```
SQL> /
```

输出信息如下。

```
Hello World

PL/SQL procedure successfully completed.
```

（5）在 SQL*Plus 命令行中可以开发并执行 PL/SQL 程序，但是使用起来并不方便。借助 Oracle SQL Developer 可以更好地开发、运行和调试 PL/SQL 程序。图 3-1 展示了在 Oracle SQL Developer 中运行 PL/SQL 程序的效果。

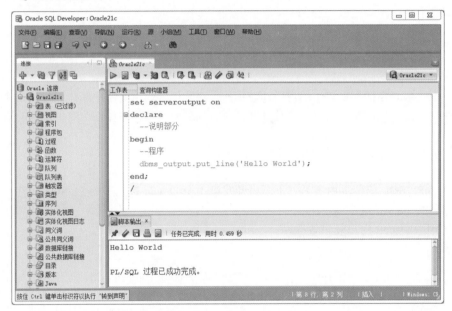

图 3-1　在 Oracle SQL Developer 中运行 PL/SQL 程序

3.1.2　【实战】PL/SQL 中的变量

PL/SQL 中的变量和常量的名称由字母、数字、下划线等符号组成，长度不能超过 30 个字符。默认情况下，变量名和常量名不区分大小写，且不能使用 PL/SQL 保留关键字作为变量名称。PL/SQL 允许使用各种数据类型定义变量和常量，如字符串、日期和数字等。例如：

```
var1       char(15);              -- 定义一个字符型的变量 var1
married    boolean := true;       -- 定义一个布尔类型的变量 married
psal       number(7,2);           -- 定义一个浮点类型的变量 psal，并保存两位小数
```

下面将开发一段 PL/SQL 程序介绍如何使用这些变量与常量。

（1）开发 PL/SQL 程序，查询员工号为 7839 的员工的姓名和工资。

```
SQL> set serveroutput on
SQL> declare
  --定义变量保存员工的姓名和工资
  pename varchar(10);          -- 定义一个字符串类型变量 pename
  psal   number(7,2);          -- 定义一个浮点类型变量 psalm，并保留两位小数
begin
  --执行查询，并将查询的结果赋值给变量
  select ename,sal into pename,psal from c##scott.emp where empno=7839;

  --打印查询的结果
  dbms_output.put_line(pename||' '||psal);
end;
/
```

（2）执行 PL/SQL 程序，输出结果如下。

```
KING  5000
```

3.1.3 【实战】PL/SQL 中的引用型变量和记录型变量

在 PL/SQL 程序中有两种特殊定义变量的方式：引用型变量和记录型变量。引用型变量是引用表中某列的类型作为变量的类型；而记录型变量是引用表中一行的类型作为变量的类型。

下面通过具体的示例演示如何使用它们。

（1）使用引用型变量改写 3.1.2 小节中的程序。改写后的代码如下。

```
SQL> set serveroutput on
SQL> declare
  --定义引用型变量保存员工姓名
  pename c##scott.emp.ename%type;
  --定义引用型变量保存员工工资
  psal   c##scott.emp.sal%type;
begin
  --执行查询，并将查询的结果赋值给变量
  select ename,sal into pename,psal from c##scott.emp where empno=7839;

  --打印查询的结果
  dbms_output.put_line(pename||' '||psal);
end;
/
```

可以看出，引用型变量是通过使用%type 来引用列的数据类型。例如，pename 变量引用了用户 c##scott 下的 emp 员工表中 ename 列的类型。

（2）执行 PL/SQL 程序，输出结果如下。

```
KING  5000
```

（3）使用记录型变量改写 3.1.2 小节中的程序。改写后的代码如下。

```
SQL> set serveroutput on
SQL> declare
  --定义记录型变量保存该员工的所有信息
  precord c##scott.emp%rowtype;
begin
  --执行查询，并将查询的结果赋值给变量
  select * into precord from c##scott.emp where empno=7839;

  --打印查询的结果
  dbms_output.put_line(precord.ename||' '||precord.sal);
end;
/
```

可以看出，记录型变量是通过使用%rowtype引用表中一行的类型。要引用该行中的每个列值，直接通过记录型变量指定列名即可。

3.2 PL/SQL 面向过程编程

PL/SQL 是 Oracle 对 SQL 语言的扩展，除了支持基本的变量和常量的定义以外，还支持面向过程的编程。这主要体现在 PL/SQL 编程语言中可以使用 IF 语句进行条件判断，也可以使用 LOOP 语句进行循环的控制。

3.2.1 【实战】在 PL/SQL 中使用条件判断

类似于其他的编程语言，在 PL/SQL 中可以使用 IF 语句进行条件的判断。它有以下三种形式。

第一种形式：	第二种形式：	第三种形式：
IF 条件 THEN	IF 条件 THEN	IF 条件 THEN
语句 1;	语句 1;	语句 1;
语句 2;	语句 2;	语句 2;
END IF;	ELSE	ELSIF
	语句 3;	语句 3;
	语句 4;	语句 4;
	END IF;	ELSE
		语句 5;
		语句 6;
		END IF;

注意第三种形式中 ELSIF 的写法，并且 PL/SQL 语句大小写不敏感。

下面通过一个具体的例子介绍如何使用 PL/SQL 的条件判断。该示例将从键盘接收一个数字，然后根据判断的结果输出相应的数字。

（1）在 Oracle SQL Developer 中输入以下 PL/SQL 程序代码。

```
SQL> set serveroutput on
SQL> accept num prompt '请输入一个数字';
SQL> declare
  --定义变量保存输入的数字
  pnum number := &num;
begin
  --判断输入数字的值
  if pnum = 0 then dbms_output.put_line('您输入的是 0');
    elsif pnum = 1 then dbms_output.put_line('您输入的是 1');
    elsif pnum = 2 then dbms_output.put_line('您输入的是 2');
    else dbms_output.put_line('其他数字');
  end if;
end;
/
```

（2）执行 PL/SQL 程序，在弹出的对话框中输入一个数字，如图 3-2 所示。

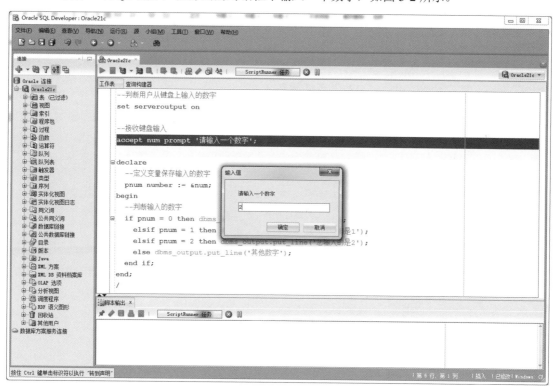

图 3-2　输入一个数字

（3）单击"确定"按钮，程序执行成功后输出的信息如图 3-3 所示。

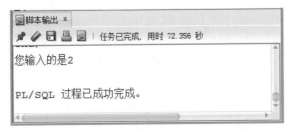

图 3-3　SQL Developer 中执行成功后的输出

3.2.2　【实战】在 PL/SQL 中使用循环

PL/SQL 除了支持 IF 语句的条件判断，还支持循环语句的使用。与 IF 语句类似，PL/SQL 程序中的循环也有以下三种形式。

第一种形式：	第二种形式：	第三种形式：
WHILE　循环条件	LOOP	FOR I IN 1..3
LOOP	EXIT [WHEN　退出条件]	LOOP
语句 1;	语句 1;	语句 1;
语句 2;	语句 2;	语句 2;
语句 3;	语句 3;	语句 3;
END LOOP;	END LOOP;	END LOOP;

第三种形式中的 FOR 循环将循环 3 次。

下面的程序代码将通过循环直接打印 1~10 的数字。

```
SQL> set serveroutput on
SQL> declare
  -- 定义循环变量，并设定初始值为1
  pnum number := 1;
begin
  -- 开始执行循环
  loop
    --退出条件
    exit when pnum > 10;
    -- 输出信号变量的值
    dbms_output.put_line(pnum);
    -- 循环变量加一
    pnum := pnum + 1;
  end loop;
end;
/
```

3.2.3 【实战】在 PL/SQL 中使用游标

游标本质是内存中的一块区域，由系统或用户以变量的形式定义。由于游标存储在内存中，因此通过游标访问数据可以提高效率。通过使用游标可以从一个结果集中每次提取一行记录，即游标提供了在逐行的基础上操作表中数据的方法。因此，从功能上看，游标类似 Java 中的迭代器。

游标的定义格式如下。

```
cursor 游标名称 [参数列表] is select 语句;
```

下面通过具体的示例演示如何使用游标获取表中的数据。

（1）开发下面的 PL/SQL 程序，查询员工的姓名和工资。

```
SQL> set serveroutput on
SQL> declare
  --定义游标查询员工表中的姓名和工资
  cursor cemp is select ename,sal from c##scott.emp;

  --定义两个引用型变量，代表员工的姓名和工资
  pename c##scott.emp.ename%type;
  psal   c##scott.emp.sal%type;
begin
  --游标使用前需要打开
  open cemp;
  loop
    --使用 fetch 关键字从游标中取一条记录
    fetch cemp into pename,psal;

    --通过使用游标的%notfound 属性判断是否读取到记录
    exit when cemp%notfound;

    --当从游标中读取到记录后，输出相应的数据
    dbms_output.put_line(pename||'的工资是'||psal);
  end loop;

  --游标使用完成后，需要关闭
  close cemp;
end;
/
```

（2）执行 PL/SQL 程序，输出结果如下。

```
SMITH 的工资是 800
ALLEN 的工资是 1600
WARD 的工资是 1250
JONES 的工资是 2975
MARTIN 的工资是 1250
BLAKE 的工资是 2850
CLARK 的工资是 2450
```

```
SCOTT 的工资是 3000
KING 的工资是 5000
TURNER 的工资是 1500
ADAMS 的工资是 1100
JAMES 的工资是 950
FORD 的工资是 3000
MILLER 的工资是 1300
```

（3）定义游标还可以指定参数，以下 PL/SQL 程序中的游标将查询指定部门的员工姓名。

```
SQL> set serveroutput on
SQL> declare
  --定义一个带参数的游标
  cursor cemp(dno number) is select ename from c##scott.emp where
deptno=dno;
  pename c##scott.emp.ename%type;
begin
  --打开游标时，传递一个参数值。查询 20 号部门的员工姓名
  open cemp(20);
  loop
    --使用 fetch 关键字从游标中取一条记录
    fetch cemp into pename;
    --通过使用游标的%notfound 属性判断是否读取到记录;
    exit when cemp%notfound;
    --当从游标中读取到记录后，输出相应的数据
    dbms_output.put_line(pename);
  -- 结束循环
  end loop;
  -- 关闭游标
  close cemp;
end;
/
```

（4）执行 PL/SQL 程序，输出结果如下。

```
SMITH
JONES
SCOTT
ADAMS
FORD
```

3.2.4　在 PL/SQL 中处理例外

例外（Exception）是程序设计语言提供的一种功能，用来增强程序的健壮性和容错性。PL/SQL 中的例外机制与 Java 语言类似，但是 PL/SQL 有自己的关键字捕获例外和处理例外。PL/SQL 中的例外分为两种不同的类型：系统预定义例外和用户自定义例外。

1.【实战】系统预定义例外

Oracle 数据库为开发人员预定义了一些常见的例外，这些例外可以直接使用。表 3-1 列举了部分常见的系统预定义例外和它们的含义。

表 3-1　系统预定义例外

系统预定义例外	例外的说明
no_data_found	没有找到数据
too_many_rows	select...into 语句匹配了多行
zero_divide	被零除
value_error	算术或转换错误
timeout_on_resource	在等待资源时，发生超时

下面的程序代码使用了 zero_divide 的系统预定义例外演示如何在 PL/SQL 程序中捕获例外，并且处理例外。

```
SQL> set serveroutput on
SQL> declare
  -- 定义一个浮点类型的变量
  pnum number;
begin
  -- 这里的零不能作为除数，将产生 zero_divide 的例外
  pnum := 1/0;

--通过关键字 exception 捕获程序中产生的例外
exception
  --通过关键字匹配具体的例外并处理
  when zero_divide then dbms_output.put_line('1:0 不能做除数');
                        dbms_output.put_line('请检查程序代码。');
  when value_error then dbms_output.put_line('算术或转换错误');
  when others then dbms_output.put_line('其他例外');
end;
/
```

执行程序，输出信息如下。

```
1:0 不能做除数
请检查程序代码。

PL/SQL 过程已成功完成。
```

2.【实战】用户自定义例外

在 PL/SQL 程序中，通过使用关键字 exception 自定义例外。自定义例外的捕获方式和处理方式与系统预定义例外相同。下面通过一个具体的代码示例演示如何在 PL/SQL 程序中使用用户自定义例外。

```
SQL> set serveroutput on
SQL> declare
```

```
    --定义游标查询 50 号部门员工姓名
    --由于员工表中不存在 50 号部门的员工，因此这个游标将不包含任何结果
    cursor cemp is select ename from c##scott.emp where deptno=50;
    pename c##scott.emp.ename%type;

    --自定义例外表示没有找到员工数据
    no_emp_found exception;
begin
    --打开游标
    open cemp;

    --从游标中取一条记录
    fetch cemp into pename;

    --由于游标中不存在记录，因此游标的%notfound 属性将返回 true
    if cemp%notfound then
      --抛出例外
      raise no_emp_found;
    end if;

    --关闭游标
    close cemp;

  --捕获异常并处理异常
  exception
    when no_emp_found then dbms_output.put_line('没有找到员工');
    when others then dbms_output.put_line('其他例外');
  end;
  /
```

执行程序，输出信息如下。

没有找到员工

PL/SQL 过程已成功完成。

3.3 【实战】PL/SQL 编程综合案例

在掌握了 PL/SQL 基本的语法以后，本节将通过一个综合案例强化读者的 PL/SQL 编程的能力。这里将基于 c##scott 用户下的 emp 员工表，实现按部门分工资段（6000 元以上、3000～6000元、3000 元以下）统计职工人数以及各部门的工资总额（工资总额中不包括奖金）。统计的结果如图 3-4 所示。

	部门号	小于3000元的人数	3000元~6000元的人数	大于6000元的人数	部门的工资总额
1	10	2	1	0	8750
2	20	3	2	0	10875
3	30	6	0	0	9400
4	40	0	0	0	0

图 3-4　PL/SQL 综合案例统计结果

下面是具体的步骤与程序代码。

（1）创建一张新的表，用于保存结果。

```
SQL> create table c##scott.msg
(deptno number,        -- 部门号
count1 number,         -- 工资小于 3000 元的人数
count2 number,         -- 工资在 3000~6000 元的人数
count3 number,         -- 工资大于 6000 元的人数
saltotal number);      -- 部门的工资总额
```

其中，deptno 代表部门的部门号；count1、count2 和 count3 分别代表每个工资段的人数；saltotal 代表该部门的工资总额。

（2）开发 PL/SQL 程序，完成各部门工资段人数的统计。

```
SQL> set serveroutput on
SQL> declare
  --定义游标保存所有的部门
  cursor cdept is select deptno from c##scott.dept;
  pdeptno c##scott.dept.deptno%type;

  --定义游标保存某个部门中员工的工资
  cursor cemp(dno number) is select sal from c##scott.emp where deptno=dno;
  psal c##scott.emp.sal%type;

  --每个段的人数
  count1 number; count2 number; count3 number;
  --部门的工资总额:
  saltotal number;
begin
  -- 打开游标
  open cdept;
  loop
    --取出一个部门
    fetch cdept into pdeptno;
    -- 通过使用游标的%notfound 属性判断是否读取到记录
    exit when cdept%notfound;

    --初始化
    count1:=0;count2:=0;count3:=0;
    --部门的工资总额
    select sum(sal) into saltotal from c##scott.emp where deptno=pdeptno;
```

```
    --取出该部门中员工的工资
    open cemp(pdeptno);
    loop
      --取一个员工的工资
      fetch cemp into psal;
      exit when cemp%notfound;

      --判断工资的范围区间
      if psal < 3000 then count1:=count1+1;
        elsif psal>=3000 and psal<6000 then count2:=count2+1;
        else count3:=count3+1;
      end if;

    end loop;
    close cemp;

    --保存当前部门的结果
    insert into c##scott.msg values(pdeptno,count1,count2,count3,nvl(saltotal,0));
  end loop;
  close cdept;
  -- 提交操作
  commit;

  dbms_output.put_line('完成');
end;
/
```

（3）查询结果表中的统计数据。

```
SQL> select deptno "部门号",
      count1 "小于 3000 元的人数",
      count2 "3000 元~6000 元的人数",
      count3 "大于 6000 元的人数",
      saltotal "部门的工资总额"
from c##scott.msg;
```

3.4 使用 PL/SQL 开发存储过程与存储函数

存储过程（Stored Procedure）和存储函数（Stored Function）是指存储在数据库中供所有用户调用的子程序，它们事先经过编译后存储在数据库系统中。因此，调用存储过程和存储函数完成业务逻辑是可以提高性能的。

3.4.1　存储过程与存储函数

存储过程和存储函数的结构类似，但是存储函数必须要有一个 return 子句，用于返回函数的值；而存储过程没有 return 子句。

　　　　尽管存储过程没有 return 子句，但却可以通过指定一个或多个 out 参数指定返回值。关于 out 参数的内容，会在 3.4.4 小节中进行介绍。

创建存储过程的语法格式如下。

```
create [or replace] procedure 存储过程名称(参数列表)
as
   PL/SQL 子程序体;
```

创建存储函数的语法格式如下。

```
create [or replace] function 存储函数名称(参数列表)
return 函数返回值类型
as
   PL/SQL 子程序体;
```

3.4.2　【实战】创建和使用存储过程

下面通过具体的步骤演示如何创建存储过程，以及如何在 Oracle 数据库中调用它。

（1）创建第一个存储过程 sayhelloworld()，输出 Hello World 字符串。

```
SQL> create or replace procedure c##scott.sayhelloworld
as
    --说明部分
begin
    dbms_output.put_line('Hello World');
end;
/
```

（2）存储过程创建成功后，可以在 PL/SQL 程序中调用它。例如，以下代码调用了两次存储过程 c##scott.sayhelloworld()。

```
SQL> begin
    c##scott.sayhelloworld();
    c##scott.sayhelloworld();
end;
/
```

输出信息如下。

```
Hello World
Hello World

PL/SQL procedure successfully completed.
```

（3）存储过程也可以由 exec 命令单独进行调用，例如：

```
SQL> exec c##scott.sayhelloworld();
```

（4）基于员工表（emp）创建存储过程 c##scott.raiseSalary()，为指定的员工涨 10% 的工资，并输出涨前和涨后的工资。

```
SQL> create or replace procedure c##scott.raiseSalary(eno in number)
as
  --定义变量，保存涨前的工资
  psal emp.sal%type;
begin
  --得到涨前的工资
  select sal into psal from c##scott.emp where empno=eno;

  --涨 100 元工资
  update c##scott.emp set sal=sal+100 where empno=eno;

  -- 输出查询到的结果
  dbms_output.put_line('Before:'||psal||'  After:'||(psal+100));
end;
/
```

存储过程 c##scott.raiseSalary 接收一个输入参数 eno，代表员工的员工号，这里的 in 表示输入参数。

（5）调用存储过程 c##scott.raiseSalary()。

```
SQL> call c##scott.raiseSalary(7839);
```

输出信息如下。

```
Before:5000   After:5100
```

3.4.3 【实战】创建和使用存储函数

存储函数与存储过程的最大区别就在于存储函数可以通过 return 子句返回函数的值，而存储过程没有 return 子句。下面将通过一个具体的示例演示如何使用存储函数，并且如何调用它。

（1）创建存储函数 c##scott.queryEmpTotalIncome()，查询指定员工的年收入。

```
SQL> create or replace function c##scott.queryEmpTotalIncome(eno in number)
return number
as
  --定义引用型变量保存月薪和奖金
  psal emp.sal%type;
  pcomm emp.comm%type;
begin
  -- 查询指定员工的工资和奖金，并赋值给变量
  select sal,comm into psal,pcomm from c##scott.emp where empno=eno;
```

```
    --返回年收入
    return psal*12+nvl(pcomm,0);
end;
/
```

（2）调用存储函数 c##scott.queryEmpTotalIncome()，查询员工号为 7839 的员工的年收入。

```
SQL> select c##scott.queryEmpTotalIncome(7839) from dual;
```

输出信息如下。

```
C##SCOTT.QUERYEMPTOTALINCOME(7839)
------------------------------------------------------------------
                                 60000
```

3.4.4 【实战】存储过程中的 out 参数

在存储过程中，除了 in 代表输入参数以外，还可以使用 out 参数，out 参数代表输出参数值。存储过程有了 out 参数后，也可以像存储函数那样返回值了。

下面通过具体的示例演示如何使用 out 参数。

（1）创建存储过程 c##scott.queryEmpInfo()，查询指定员工的姓名和工资。

```
SQL> create or replace procedure c##scott.queryempinfo(
                              eno     in number,
                              pename  out varchar2,
                              psal    out number,
                              pjob    out varchar2)
as
begin
   -- 查询指定员工的工资和奖金，并赋值给变量
  select ename,sal,job into pename,psal,pjob from c##scott.emp where empno=eno;
end;
/
```

 存储过程 c##scott.queryempinfo()一共接收 4 个参数，其中第 1 个是输入参数，后面 3 个都是输出参数。

（2）在 Oracle SQL Developer 中可以直接调用存储过程 c##scott.queryempinfo()，如图 3-5 所示。

（3）在"运行 PL/SQL"对话框中指定要查询的员工号并将代码的注释去掉。单击"确定"按钮，如图 3-6 所示。

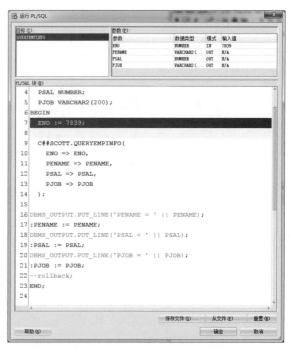

图 3-5　在 SQL Developer 中调用存储过程　　　　图 3-6　调用存储过程的测试代码

输出结果如图 3-7 所示。

图 3-7　调用存储过程后的输出结果

3.4.5　【实战】在 out 参数中使用游标

存储过程通过使用 out 参数可以返回相应的数据。但是，如果需要返回的数据太多，使用 out 参数一个一个返回就不是很方便。因此，out 参数也支持使用游标，这样就可以通过 out 参数返回一个集合。

如果要在 out 参数中使用游标，需要将存储过程定义在一个 package 包中。package 包由包头和包体两部分组成。

下面通过一个具体的示例演示如何在 out 参数中使用游标。这里将使用存储过程查询某个部门中的所有员工信息。

（1）创建 c##scott.mypackage 的包头。

```
SQL> create or replace package c##scott.mypackage as
  --自定义一个游标类型
  type empcursor is ref cursor;

  --定义存储过程查询某个部门中所有员工的所有信息，out 参数返回类型是自定义的游标类型
  procedure queryemplist(dno in number,empList out empcursor);

end mypackage;
/
```

（2）创建 c##scott.mypackage 的包体，并在包体中实现包体中声明的存储过程。

```
SQL> create or replace package body c##scott.mypackage as

  procedure queryemplist(dno in number,empList out empcursor) as
  begin
    -- 在包体中实现存储过程，执行打开游标
    open empList for select * from c##scott.emp where deptno=dno;

  end queryemplist;

end mypackage;
/
```

3.5 使用 PL/SQL 开发触发器

触发器是与表相关的数据库对象，当满足定义条件时会被触发，并自动执行触发器中定义的语句序列。触发器的这种特性可以协助应用在数据库端确保数据的完整性。因此，从功能特性上看，Oracle 数据库的触发器与 MySQL 的事件（Event）相似。但二者的区别在于触发器是基于条件的，而事件是基于时间的。

3.5.1 触发器的定义

创建 Oracle 数据库触发器的语法格式如下。

```
create [or replace] trigger 触发器名
{before|after}
{delete|insert|update [of 列名]}
on 表名
[for each row [when (条件)]]
PL/SQL 程序体
```

其中，before|after 表示操作之前被触发，还是操作之后被触发；delete|insert| update 表示执行的操作；for each row 表示触发器的类型，分为语句级触发器和行级触发器两种类型。

3.5.2　Oracle 数据库触发器的类型

Oracle 数据库触发器分为语句级触发器和行级触发器，这两种类型的触发器在定义时通过 for each row 进行区分。

扫一扫，看视频

1．语句级触发器

语句级触发器在指定的操作语句之前或之后执行一次，不管这个操作影响了多少行记录。换句话说，语句级触发器针对表。

2．行级触发器

行级触发器触发语句时每条记录都被触发。换句话说，行级触发器就是针对表中的每行。在行级触发器中可以使用:old 和:new 关键字表示同一行数据在操作之前和操作之后的值。以员工表 emp 为例，:old.sal 操作该行之前员工的工资，而:new.sal 操作该行之后员工的工资。

:old 和:new 表示表中的同一行。区别是:old 表示操作之前，而:new 表示操作之后。注意：这里的冒号不能少。

3.5.3　触发器应用案例

本小节将通过具体的示例演示如何在 Oracle 数据库中创建并使用触发器完成业务逻辑的检查。

1．【实战】利用触发器实现安全性检查

利用数据库的触发器可以实现安全性的检查。例如，禁止非工作时间向员工表中插入数据，即如果今天是非工作时间，就不允许在员工表上执行 insert 操作。

（1）创建语句级触发器 c##scott.securityemp，禁止在非工作时间向员工表中插入数据。

```
SQL> create or replace trigger c##scott.securityemp
before insert
on c##scott.emp
begin
 -- 判断当前时间是否是非工作时间
  if to_char(sysdate,'day') in ('saturday ','sunday ') or
    to_number(to_char(sysdate,'hh24')) not between 9 and 18 then
    --如果是在非工作时间，禁止 insert 操作，抛出异常
    raise_application_error(-20001,'Insert new Employee not allowed!');
  end if;
end;
 /
```

c##scott.securityemp 触发器中指定的非工作时间有两个：一个是周末；另一个是 9 点前和 18 点后。注意：'saturday '和'sunday '后面都有一个空格。

（2）星期六或星期日在员工表上执行 insert 操作。

```
SQL> insert into c##scott.emp(empno,ename,sal,deptno)
values(1234,'Tom',1234,10);
```

此时将抛出以下错误信息。

```
ERROR at line 1:
ORA-20001: Insert new Employee not allowed!
ORA-06512: at "C##SCOTT.SECURITYEMP", line 5
ORA-04088: error during execution of trigger 'C##SCOTT.SECURITYEMP'
```

（3）删除触发器。

```
SQL> drop trigger c##scott.securityemp;
```

2.【实战】利用触发器进行数据确认

利用数据库的触发器还可以在更新数据之前对数据进行确认。例如，员工涨后的工资不能比涨前的工资少。这样的需求就可以使用行级触发器来实现。

（1）创建触发器 checksalary，用于确定员工涨后的工资不能比涨前的工资少。

```
SQL> create or replace trigger c##scott.checksalary
before update          -- 在更新操作之前执行触发器
on c##scott.emp        -- 在员工表上定义触发器
for each row           -- 指定触发器为行级触发器
begin
  --如果涨后的工资小于涨前的工资，则抛出错误信息
  if :new.sal < :old.sal then
    raise_application_error(-20002,'Salary error. Before:'||:old.sal||
'After:'||:new.sal);
  end if;
end;
/
```

　　　　　c##scott.checksalary 触发器使用了:new.sal 和:old.sal 表示当使用 update 操作时同一个数据更新后和更新前的情况。若更新后的工资小于更新前的工资，则抛出错误代码'-20002'，并同时记录错误信息。

（2）执行 update 语句降低员工的工资。

```
SQL> update c##scott.emp set sal=sal-100;
```

此时将抛出以下错误信息。

```
ERROR at line 1:
ORA-20002: Salary error. Before:800  After:700
ORA-06512: at "C##SCOTT.CHECKSALARY", line 4
ORA-04088: error during execution of trigger 'C##SCOTT.CHECKSALARY'
```

（3）删除触发器。

```
SQL> drop trigger c##scott.checksalary;
```

3.【实战】利用触发器实现审计

数据库的触发器一旦满足触发的条件，就自动执行定义的语句序列。因此，可以使用触发器实现审计的功能。例如，招聘新员工入职时，审计部门人数超过 5 人的部门信息。

 Oracle 数据库本身提供了非常强大的审计功能，而利用触发器实现审计也是 Oracle 数据库审计的一种类型。关于 Oracle 数据库的审计，将在第 6 章中进行介绍。

（1）创建一张新表，用于保存审计的信息。

```
SQL> create table c##scott.audit_message(info varchar2(50));
```

（2）创建触发器完成审计的功能。

```
SQL> create or replace trigger c##scott.audit_emp_number
before insert            -- 在插入操作之前执行触发器
on c##scott.emp          -- 将触发器定义在员工表上
for each row             -- 指定触发器为行级触发器
declare
  empTotal number; -- 定义变量保存部门人数
begin
  empTotal := 0;

  -- 统计部门的人数
  select count(*) into empTotal from c##scott.emp where deptno=:new.deptno;

  -- 当部门人数大于 5 人时，执行审计操作
  if  empTotal > 5 then
    insert into c##scott.audit_message
          values('Department:' ||:new.deptno||' has already 5 employees');
  end if;
end;
/
```

（3）插入一个 10 号部门的员工。

```
SQL> insert into c##scott.emp(empno,ename,sal,deptno) values(1,'Tom',1000,10);
```

（4）查询 audit_message 中的审计信息，此时将没有任何的审计记录。

```
SQL> select * from c##scott.audit_message;
```

（5）再插入一个 30 号部门的员工。

```
insert into c##scott.emp(empno,ename,sal,deptno) values(2,'Mike',1000,30);
```

（6）再次查询 audit_message 中的审计信息。

```
SQL> select * from c##scott.audit_message;
```

输出信息如下。

```
INFO
--------------------------------------------------
Department:30 has already 5 employees
```

（7）删除触发器。

```
SQL> drop trigger c##scott.audit_emp_number;
```

3.6　本章思考题

1. 简述存储过程与存储函数的相同点和不同点。
2. 简述 Oracle 数据库中触发器的类型。

第2篇
Oracle 数据库管理

本篇着重为读者介绍 Oracle 数据库的必备管理知识，这也是 Oracle 数据库管理员所必备的技能，包括配置 Oracle 数据库的网络环境、管理用户和权限、Oracle 数据库的审计、Oracle 数据库的事务与锁，以及多租户容器数据库。

本篇的知识结构和详细内容如下：

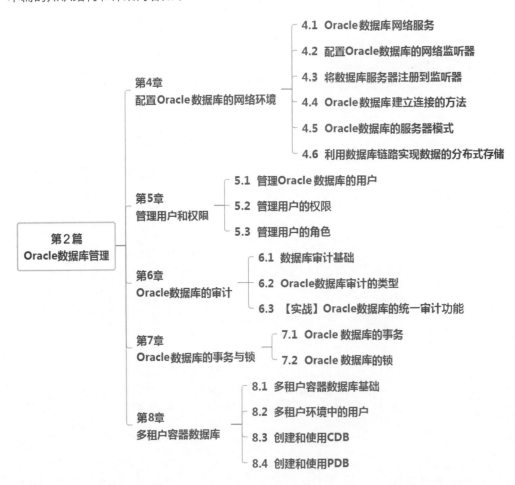

第4章

配置 Oracle 数据库的网络环境

在第 2 章 Oracle 数据库体系架构中提到，Oracle 数据库采用客户端-服务器端（Client-Server）的架构。Oracle 的客户端需要通过使用 Oracle 数据库提供的网络环境建立与服务器端的通信，从而实现正常的数据库访问。

本章重点与目标：

（1）理解 Oracle 数据库网络建立的过程。

（2）掌握如何配置 Oracle 数据库的监听器和数据库服务的注册。

（3）掌握 Oracle 数据库建立连接的方式。

（4）理解 Oracle 数据库的专有服务器模式。

（5）掌握如何基于数据库链路实现数据的分布式存储。

Oracle 数据库的网络环境如图 4-1 所示。

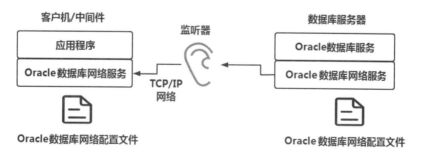

图 4-1　Oracle 数据库的网络环境

4.1　Oracle 数据库网络服务

从图 4-1 中可以看出，监听器在 Oracle 数据库网络服务的作用是非常重要的。监听器负责为客户端建立与数据库服务器之间的连接。Oracle 数据库提供了 lsnrctl 命令用于启动和关闭监听程序。

4.1.1　Oracle 数据库客户端与服务器端连接的建立

图 4-2 展示了 Oracle 数据库客户端是如何通过监听器与数据库服务器端建立连接的。

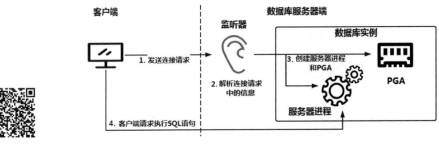

扫一扫，看视频

图 4-2　连接建立的过程

从图 4-2 可以看出，当客户端与数据库服务器端建立连接后，客户端执行的所有 SQL 语句将直接由 Oracle 数据库的服务器进程执行。因此，Oracle 数据库的监听器只会在建立连接时用到。

4.1.2　【实战】使用 lsnrctl 命令

对于数据库管理员，启动和关闭 Oracle 数据库监听器是很基础的任务。但是对于 Linux 系统管理员或程序员，有时也需要在开发数据库的过程中做一些基本的数据库管理操作，因此了解一些基本的管理操作也很重要。Oracle 数据库提供了 lsnrctl 命令用于管理监听器。该命令可以检查监听器的状态、启动监听器和关闭监听器。下面通过具体的步骤演示如何使用 lsnrctl 命令。

（1）查看 lsnrctl 命令的帮助信息。

```
lsnrctl help
```

输出信息如下。

```
LSNRCTL for Linux: Version 21.0.0.0.0 - Production on 20-MAR-2022 16:29:12

Copyright (c) 1991, 2021, Oracle.  All rights reserved.

The following operations are available
An asterisk (*) denotes a modifier or extended command:

start          stop          status        services
```

```
servacls              version      reload      save_config
trace        spawn        quit         exit
set*         show*
```

（2）查看监听的状态。

```
lsnrctl status
```

输出信息如下。

```
LSNRCTL for Linux: Version 21.0.0.0.0 - Production on 20-MAR-2022 16:30:29
Copyright (c) 1991, 2021, Oracle.  All rights reserved.
Connecting to
  (DESCRIPTION=(ADDRESS=(PROTOCOL=TCP)(HOST=oraclevm)(PORT=1521)))

STATUS of the LISTENER
------------------------
Alias                     LISTENER
Version                   TNSLSNR for Linux: Version 21.0.0.0.0 - Production
Start Date                06-DEC-2021 10:19:41
Uptime                    104 days 6 hr. 10 min. 48 sec
Trace Level               off
Security                  ON: Local OS Authentication
SNMP                      OFF
Listener Parameter File   /u01/app/oracle/homes/OraDB21Home1/network/admin/
listener.ora
Listener Log File         /u01/app/oracle/diag/tnslsnr/oraclevm/listener/
alert/log.xml
Listening Endpoints Summary...
  (DESCRIPTION=(ADDRESS=(PROTOCOL=tcp)(HOST=oraclevm)(PORT=1521)))
  (DESCRIPTION=(ADDRESS=(PROTOCOL=tcps)(HOST=oraclevm)(PORT=5500)))
            (Security=(my_wallet_directory=/u01/app/oracle/admin/orcl/
xdb_wallet))
            (Presentation=HTTP)(Session=RAW))
Services Summary...
Service "Oracle8" has 1 instance(s).
  Instance "ORCL", status UNKNOWN, has 1 handler(s) for this service...
Service "c8209f27c6b16005e053362ee80ae60e" has 1 instance(s).
  Instance "orcl", status READY, has 1 handler(s) for this service...
Service "orcl" has 1 instance(s).
  Instance "orcl", status READY, has 1 handler(s) for this service...
Service "orclXDB" has 1 instance(s).
  Instance "orcl", status READY, has 1 handler(s) for this service...
The command completed successfully
```

在输出的监听状态信息中，包含以下内容。

● 监听器的启动时间；

● 监听器的运行时间；

● 监听器参数文件 listener.ora 的位置；

● 监听器日志文件的位置。

4.2 配置 Oracle 数据库的网络监听器

1.2.3 小节使用 Net Manager 创建了一个监听器，该监听器监听的端口号是 1521，这也是 Oracle 数据库监听器的默认端口。除了使用 Net Manager 创建监听器外，Oracle 数据库还提供了 NetCA 创建和管理监听器；而所有监听器的配置信息最终将写到监听器的配置文件 listener.ora 中。

4.2.1 【实战】使用 NetCA 配置监听器

NetCA 是 Oracle Net Configuration Assistance 的简称，它的主要作用是配置监听器、配置命名方法、配置本地网络服务等。简单来说，NetCA 就是一个可以配置监听器的应用程序。下面通过具体的步骤演示如何使用 NetCA。

（1）在 CentOS 的命令行界面中输入以下命令启动 NetCA。NetCA 启动后的界面如图 4-3 所示。

```
netca
```

（2）选择 Listener configuration，并单击 Next 按钮。

（3）在 Listener Configuration,Listener 界面上选择 Add，并单击 Next 按钮，如图 4-4 所示。

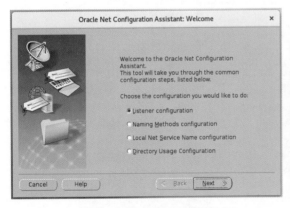

图 4-3 NetCA 的欢迎界面

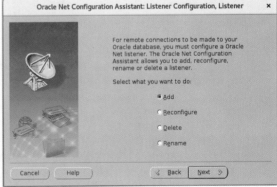

图 4-4 添加监听器

（4）输入监听器的名称，如 LISTENER1522，并单击 Next 按钮，如图 4-5 所示

（5）在 Listener Configuration,Select Protocols 界面上直接单击 Next 按钮，如图 4-6 所示。

（6）在 Listener Configuration,TCP/IP Protocols 界面上选择 Use another port number，并输入端口号，如 1522。单击 Next 按钮，如图 4-7 所示。

（7）在 Listener Configuration,More Listeners 界面上直接单击 Next 按钮，如图 4-8 所示。

图 4-5　输入监听器名称

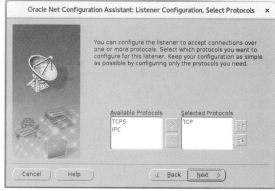

图 4-6　选择协议

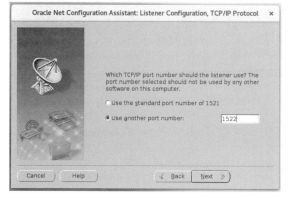

图 4-7　输入端口号

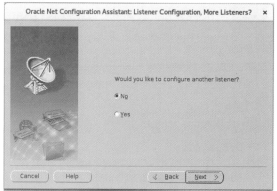

图 4-8　更多监听器

（8）在 Listener Configuration Done 界面上直接单击 Next 按钮完成监听器的配置，如图 4-9 所示。

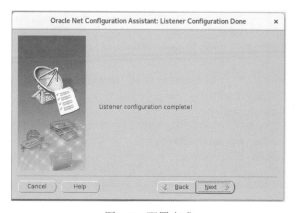

图 4-9　配置完成

（9）查看监听器配置文件 listener.ora。

```
cd /u01/app/oracle/homes/OraDB21Home1/network/admin/
cat listener.ora
```

输出信息如下。

```
...
LISTENER1522 =
  (DESCRIPTION_LIST =
    (DESCRIPTION =
      (ADDRESS = (PROTOCOL = TCP)(HOST = oraclevm)(PORT = 1522))
    )
  )
...
```

从这里可以看出，Net Manager 和 NetCA 都是将配置的监听器信息写入了 listener.ora 文件中。尽管 LISTENER1522 已经配置完成，但是该监听器上并没有监听任何的数据库服务。因此，还不能通过该监听器连接数据库的示例。

（10）启动监听器 LISTENER1522。

```
lsnrctl start LISTENER1522
```

输出信息如下。

```
...
Connecting
 to (DESCRIPTION=(ADDRESS=(PROTOCOL=TCP)(HOST=oraclevm)(PORT=1522)))
STATUS of the LISTENER
------------------------
Alias                     LISTENER1522
Version                   TNSLSNR for Linux: Version 21.0.0.0.0 - Production
Start Date                20-MAR-2022 17:12:51
Uptime                    0 days 0 hr. 0 min. 0 sec
Trace Level                off
Security                  ON: Local OS Authentication
SNMP                      OFF
Listener Parameter File   /u01/app/oracle/homes/OraDB21Home1/network/admin/
listener.ora
Listener Log File         /u01/app/oracle/diag/tnslsnr/oraclevm/listener1522/
alert/log.xml
Listening Endpoints Summary...
  (DESCRIPTION=(ADDRESS=(PROTOCOL=tcp)(HOST=oraclevm)(PORT=1522)))
The listener supports no services
The command completed successfully
```

从下面这一行输出信息中可以看出监听器 LISTENER1522 上还没有注册任何的数据库服务。

```
    The listener supports no services
```

4.2.2 【实战】修改 listener.ora 文件配置监听器

既然 listener.ora 文件中保存了监听器的配置信息，那么直接修改这个文件也可以进行监听器的配置。下面通过具体的步骤进行演示。

（1）进入/u01/app/oracle/homes/OraDB21Home1/network/admin/目录。

```
cd /u01/app/oracle/homes/OraDB21Home1/network/admin/
```

（2）修改 listener.ora 文件，在文件的最后输入以下内容。

```
LISTENER1523 =
  (DESCRIPTION_LIST =
    (DESCRIPTION =
      (ADDRESS = (PROTOCOL = TCP)(HOST = oraclevm)(PORT = 1523))
    )
  )
```

 这里配置了一个新的监听器 LISTENER1523，该监听器监听当前主机的 1523 端口。

（3）启动监听器 LISTENER1523。

```
lsnrctl start LISTENER1523
```

 监听器 LISTENER1523 和监听器 LISTENER1522 一样，此时都没有监听任何的数据库服务。

4.2.3 【实战】开启监听器的跟踪信息

当 Oracle 数据库的监听器出现问题时，客户端会话就无法连接到服务器端。在这种情况下，可以开启监听器的跟踪信息对监听器进行诊断。下面通过具体的步骤演示如何开启监听器的跟踪信息。

 这里将以 Oracle 数据库默认的监听器为例进行演示。

（1）使用 lsnrctl show 命令查看监听器的详细信息。

```
lsnrctl show
```

输出信息如下。

```
LSNRCTL for Linux: Version 21.0.0.0.0 - Production on 20-MAR-2022 17:26:22

Copyright (c) 1991, 2021, Oracle.  All rights reserved.

The following operations are available after show
```

```
An asterisk (*) denotes a modifier or extended command:

rawmode                        displaymode
rules                          trc_file
trc_directory                  trc_level
log_file                       log_directory
log_status                     current_listener
inbound_connect_timeout        startup_waittime
snmp_visible                   save_config_on_stop
dynamic_registration           enable_global_dynamic_endpoint
oracle_home                    pid
connection_rate_limit          valid_node_checking_registration
registration_invited_nodes     registration_excluded_nodes
remote_registration_address    allow_multiple_redirects
```

其中，与监听器跟踪信息有关的命令如下。

- trc_file：使用 trace 文件记录跟踪信息；
- trc_level：监听器跟踪的级别；
- log_directory：跟踪文件保存的目录。

（2）查看监听器的跟踪文件。

```
lsnrctl show trc_file
```

输出信息如下。

```
...
LISTENER parameter "trc_file" set to ora_66754_140717131962944.trc
...
```

（3）查看监听器跟踪文件保存的目录。

```
lsnrctl show log_directory
```

输出信息如下。

```
...
LISTENER parameter "log_directory" set to
/u01/app/oracle/diag/tnslsnr/oraclevm/listener/alert
...
```

 此时在该目录下并不存在 ora_66754_140717131962944.trc 文件，因为在默认情况下监听器的跟踪是关闭的。

（4）查看监听器的跟踪级别。

```
lsnrctl show trc_level
```

输出信息如下。

```
...
LISTENER parameter "trc_level" set to off
...
```

（5）查看监听器跟踪信息的级别。

```
lsnrctl help trace
```

输出信息如下。

```
trace OFF | USER | ADMIN | SUPPORT [<listener_name>] : set tracing to the
specified level
```

其中，OFF（也可以使用数字 0）表示关闭监听器的跟踪；USER（也可以使用数字 4）表示开启用户级别的跟踪；ADMIN（也可以使用数字 10）表示开启管理级别的跟踪；SUPPORT（也可以使用数字 16）表示开启 Oracle 数据库监听器所支持的跟踪信息。

一般情况下，可以将监听器的跟踪级别设置为 SUPPORT（或者 16），此时将记录监听器所有支持的跟踪信息。

（6）设置监听器跟踪信息的级别。

```
lsnrctl trace 16
```

输出信息如下。

```
Opened trace file:
 /u01/app/oracle/diag/tnslsnr/oraclevm/listener/trace/ora_66754_
140717131962944.trc
```

（7）查看监听器跟踪的信息。

```
cat  /u01/app/oracle/diag/tnslsnr/oraclevm/listener/trace/
ora_66754_140717131962944.trc
```

输出信息如下。

```
Trace file /u01/app/oracle/diag/tnslsnr/oraclevm/listener/trace/
ora_66754_140717131962944.trc
 2022-03-20 17:38:54.282 : nsglrespond:entry
 2022-03-20 17:38:54.283 : nsdo:entry
 2022-03-20 17:38:54.283 : nsdo:cid=6, opcode=67, *bl=143, *what=1,
uflgs=0x0, cflgs=0x3
 2022-03-20 17:38:54.283 : nsdo:rank=64, nsctxrnk=0
 2022-03-20 17:38:54.283 : nsdo:nsctx: state=8, flg=0x2100400c, mvd=0
 2022-03-20 17:38:54.283 : nsdo:gtn=263, gtc=263, ptn=10, ptc=8111
 2022-03-20 17:38:54.283 : nsdo:143 bytes to NS buffer
 2022-03-20 17:38:54.283 : nsdo:nsctxrnk=0
 ...
```

（8）关闭监听器跟踪的信息。

```
lsnrctl trace 0
```

4.3 将数据库服务器注册到监听器

新创建的监听器还不能连接数据库服务，只有将数据库服务注册到监听器上后，客户端会话才能通过监听器进行数据库的连接。将数据库服务注册到监听器有两种方式：静态注册和动态注册。

下面通过具体的步骤演示如何实现它们。

4.3.1 【实战】数据库服务的静态注册

数据库服务静态注册的实现方式是通过修改监听器的配置文件 listener.ora，将数据库服务注册到相应的监听器上。下面以 4.2.1 小节中创建的 LISTENER1522 监听器为例进行演示。

（1）进入监听器配置文件所在的目录，并修改 listener.ora 文件。

```
cd /u01/app/oracle/homes/OraDB21Home1/network/admin/
vi listener.ora
```

（2）在 listener.ora 文件中增加以下内容。

```
...
SID_LIST_LISTENER1522 =
  (SID_LIST =
   (SID_DESC =
    (GLOBAL_DBNAME = myorcl)
    (ORACLE_HOME = /u01/app/oracle/product/21.3.0/dbhome_1)
    (SID_NAME = orcl)
   )
  )
...
```

这里的配置是使用 myorcl 的服务名称将数据库 orcl 注册到了 1522 端口上。

（3）启动监听器 LISTENER1522。

```
lsnrctl start LISTENER1522
```

输出信息如下。

```
...
Listening Endpoints Summary...
  (DESCRIPTION=(ADDRESS=(PROTOCOL=tcp)(HOST=oraclevm)(PORT=1522)))
Services Summary...
Service "myorcl" has 1 instance(s).
  Instance "orcl", status UNKNOWN, has 1 handler(s) for this service...
The command completed successfully
```

从输出的信息可以看出，在 1522 端口上监听了一个数据库的服务，服务名称是 myorcl。

（4）通过 1522 端口连接 Oracle 数据库。

```
sqlplus c##scott/tiger@oraclevm:1522/myorcl
```

输出信息如下。

```
SQL*Plus: Release 21.0.0.0.0 - Production on Sun Mar 20 18:02:48 2022
Version 21.3.0.0.0

Copyright (c) 1982, 2021, Oracle.  All rights reserved.

Last Successful login time: Sun Mar 20 2022 17:59:18 +08:00

Connected to:
Oracle Database 21c Enterprise Edition Release 21.0.0.0.0 - Production
Version 21.3.0.0.0

SQL>
```

数据库服务的静态注册也可以通过使用 Net Manager 和 NetCA 完成。

4.3.2 【实战】数据库服务的动态注册

数据库服务动态注册的实现方式是通过 PMON 进程注册数据库服务。在默认情况下，数据库服务动态注册只能注册到 1521 端口。动态注册需要通过修改参数 service_names 实现。下面通过具体的步骤演示如何使用动态方式注册数据库的服务到监听器上。

（1）查看参数 service_names。

```
SQL> show parameter service_names
```

输出信息如下。

```
NAME                      TYPE       VALUE
------------------------  ---------- ----------------
service_names             string     orcl
```

（2）使用动态注册方式在 1521 端口上注册一个名叫 orcldemo 的数据库服务。

```
SQL> alter system set service_names='orcldemo';
```

（3）重新查看参数 service_names。

```
SQL> show parameter service_names
```

输出信息如下。

```
NAME                      TYPE       VALUE
```

```
------------------ ----------- ------------------------
service_names          string   orcldemo
```

（4）查看监听器的状态信息。

```
lsnrctl status
```

输出信息如下。

```
...
Service "orcldemo" has 1 instance(s).
  Instance "orcl", status READY, has 1 handler(s) for this service...
...
```

（5）通过新注册的数据库服务 orcldemo 连接数据库。

```
sqlplus c##scott/tiger@oraclevm:1521/orcldemo
```

4.4　Oracle 数据库建立连接的方法

当把数据库服务成功注册到监听器后，客户端会话就可以使用不同的方式与服务器端建立连接。Oracle 数据库支持以下几种解析连接信息的方法。

（1）简便连接命名法：使用 TCP/IP 连接字符串。

（2）本地命名法：使用本地配置文件。

（3）目录命名法：使用符合 LDAP 的集中式目录服务器。

（4）外部命名法：使用支持的非 Oracle 数据库命名服务。

　　由于目录命名法和外部命名法很少使用，这里重点介绍简便连接命名法和本地命名法。

4.4.1　简便连接命名法

到目前为止，通过 SQL*Plus 客户端会话连接 Oracle 数据库服务器端使用的都是简便连接命名法。这种方式不需要进行客户端配置，并且默认情况下已经启用。但这种方式仅支持无 SSL 的 TCP/IP 连接，并且不支持故障转移和负载均衡的功能。

例如，下面的示例使用的就是简便连接命名法。

```
sqlplus c##scott/tiger@oraclevm:1521/orcl
```

在有些客户端应用程序中，采用的也是使用简便连接命名法连接 Oracle 数据库的服务器端的方式，如 Java 的 JDBC。下面是 Java JDBC 中连接 Oracle 数据库的方式。

```
jdbc:oracle:thin:@oraclevm:1521/orcl
```

4.4.2 【实战】本地命名法

本地命名法需要配置客户端名称解析文件 tnsnames.ora。使用这种方式的好处是它支持所有的 Oracle Net 协议，并且当发生故障时也可以实现故障转移和负载均衡的功能。

下面通过 Net Manager 演示如何配置本地命名法。

（1）启动 Net Manager，并选择 Local 节点下的 Service Naming，如图 4-10 所示。

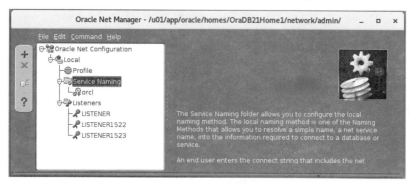

图 4-10　服务命名

（2）单击左侧的 ✚ 按钮添加一个服务命名，并在 Welcome 界面的 Net Service Name 文本框中输入本地服务名称，如 myservicedemo，如图 4-11 所示。单击 Next 按钮。

（3）在 Protocol 界面上直接单击 Next 按钮，如图 4-12 所示。

图 4-11　输入服务名称

图 4-12　Net Manager 的 Protocol 界面

（4）在 Protocol Settings 界面上输入远端数据库服务器的地址或主机名，如图 4-13 所示。

（5）在 Service 界面上输入远端数据库服务监听器上注册的数据库服务名称，如图 4-14 所示。

（6）在 Test 界面上单击 Test...按钮，测试本地命名是否可以正常工作，如图 4-15 所示。

（7）在 Connection Test 界面上可以看到连接失败了。单击 Change Login...按钮，修改登录的账号信息，如图 4-16 所示。

（8）在 Change Login 界面中输入正确的用户名和密码，单击 OK 按钮，如图 4-17 所示。

（9）在 Connection Test 界面上重新单击 Test 按钮，此时连接可以成功建立，如图 4-18 所示。

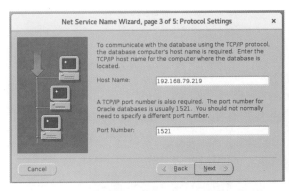

图 4-13　Net Manager 的 Protocol Settings 界面　　　图 4-14　Net Manager 的 Service 界面

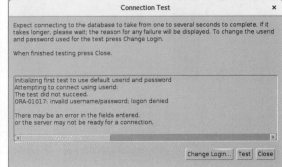

图 4-15　Net Manager 的 Test 界面　　　图 4-16　Net Manager 的 Connection Test 界面

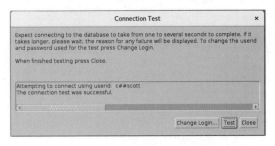

图 4-17　Net Manager 的 Change Login 界面　　　图 4-18　连接建立成功

（10）单击 Close 按钮，完成本地命名的配置。

（11）在 Oracle Net Manager 主界面上单击 File 下的 Save Network Configuration。

（12）查看 tnsnames.ora 文件的内容。

```
cd /u01/app/oracle/homes/OraDB21Home1/network/admin
cat tnsnames.ora
```

输出信息如下。

```
# tnsnames.ora Network Configuration File:
# /u01/app/oracle/homes/OraDB21Home1/network/admin/tnsnames.ora
```

```
# Generated by Oracle configuration tools.

MYSERVICEDEMO =
  (DESCRIPTION =
    (ADDRESS_LIST =
      (ADDRESS = (PROTOCOL = TCP)(HOST = 192.168.79.219)(PORT = 1521))
    )
    (CONNECT_DATA =
      (SERVICE_NAME = orcl)
    )
  )
...
```

（13）使用配置好的本地命名连接数据库服务器。

```
sqlplus c##scott/tiger@myservicedemo
```

4.5 Oracle 数据库的服务器模式

Oracle 数据库的服务器端对外提供数据库服务有两种不同的模式：专有服务器模式和共享服务器模式。在默认情况下，Oracle 数据库采用专有服务器模式，即一个客户端会话建立一个服务器进程。但在有些场景下，如为了提高资源的使用率，Oracle 数据库也可以配置为共享服务器模式，即多个客户端会话共享一个服务器进程。

4.5.1 【实战】专有服务器模式

顾名思义,专用服务器模式就是指 Oracle 数据库的服务器进程只提供给单个客户端会话使用,不同的客户端会话不共享 Oracle 数据库的服务器进程。由于在这种模式下，每个客户端使用服务器端进程采用的都是独占的方式，因此操作数据库的效率会很高。

通过下面简单的测试就可以验证 Oracle 数据库的专有服务器模式。

（1）使用 SQL*Plus 登录 Oracle 数据库。

```
sqlplus c##scott/tiger
```

（2）查看 Oracle 数据库的服务器进程信息。

```
ps -ef|grep oracleorcl
```

输出信息如下。

```
oracleorcl (DESCRIPTION=(LOCAL=YES)(ADDRESS=(PROTOCOL=beq)))
```

此时，Oracle 数据库启动了一个服务器进程处理客户端的操作请求。

（3）使用 SQL*Plus 再打开一个客户端登录 Oracle 数据库。

```
sqlplus c##scott/tiger
```

（4）查看 Oracle 数据库的服务器进程信息。

```
ps -ef|grep oracleorcl
```

输出信息如下。

```
oracleorcl (DESCRIPTION=(LOCAL=YES)(ADDRESS=(PROTOCOL=beq)))
oracleorcl (DESCRIPTION=(LOCAL=YES)(ADDRESS=(PROTOCOL=beq)))
```

此时，Oracle 数据库启动了两个服务器进程处理客户端的操作请求。

4.5.2 共享服务器模式

Oracle 数据库的共享服务器模式类似数据库的连接池。通过使用共享服务器模式，多个客户端会话可以共享服务器端的进程。通过资源调度来动态管理客户端会话与服务器端进程的连接，从而可以有效地减少资源负载，提高资源的使用率。

1. 共享服务器模式简介

图 4-19 展示了 Oracle 数据库共享服务器模式的架构。在客户端会话提出连接请求，监听器接收到连接请求后，会从可调度的分发器（Dispatcher）中选择一个，并将连接端口等信息返回给客户端会话。分发器此时便在相应的端口等待。当客户端会话与该分发器进行连接时，分发器会将客户端请求转入 SGA 的请求队列中，并等待有空闲的共享服务器进程处理这个请求。当服务器进程处理完成后，它会将结果放在响应队列中。分发器则会一直监听响应队列。一旦分发器发现响应队列中有服务器进程处理的结果，便会把结果传给客户端会话。

扫一扫，看视频

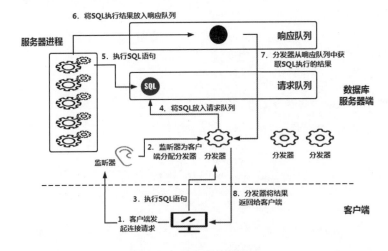

图 4-19　共享服务器模式

2.【实战】配置 Oracle 数据库共享服务器模式

配置 Oracle 数据库的共享服务器模式需要配置服务器进程的个数与分发器的个数。下面通过具体的步骤演示如何进行配置。

 这里的配置与图 4-19 保持一致,即配置 5 个服务器进程和 3 个分发器。

（1）查看服务器进程的个数。

```
SQL> show parameter shared_servers
```

输出信息如下。

```
NAME                     TYPE         VALUE
-------------------- ----------- ------------
max_shared_servers       integer
shared_servers           integer      1
```

 参数 shared_servers 的默认值为 1,表示没有共享的服务器进程。

（2）配置服务器进程的个数。

```
SQL> alter system set shared_servers=5;
```

（3）重新查看服务器进程的个数。

```
SQL> show parameter shared_servers
```

输出信息如下。

```
NAME                   TYPE         VALUE
-------------------- ---------- ------------------------------
max_shared_servers     integer
shared_servers         integer      5
```

（4）查看分发器的个数。

```
SQL> show parameter dispatchers
```

输出信息如下。

```
NAME                TYPE         VALUE
------------------ ----------- ------------------------------
dispatchers         string       (PROTOCOL=TCP) (SERVICE=orclXDB)
max_dispatchers     integer
```

（5）配置分发器的个数。

```
SQL> alter system set dispatchers='(PROTOCOL=TCP)(dispatchers=3)';
```

至此,Oracle 数据库的共享服务器模式配置完成。但需要注意的是,并不是所有的情况都可以使用共享服务器模式。

以下几种情况下不能使用共享服务器模式。

（1）数据库管理员登录数据库。

（2）执行数据库的管理与备份操作。

（3）对数据库进行批处理和批量加载操作。

（4）对数据库进行数据仓库操作。

4.6　利用数据库链路实现数据的分布式存储

数据的分布式存储是指数据物理上被存放在网络的多个节点上，但逻辑上是一个整体。在一个分布式环境中数据具有独立性。用户不必关心数据如何分割和存储，只需要关心需要的数据本身。

4.6.1　分布式存储与 RAC 的区别

RAC 是指 Oracle 数据库集群环境，图 2-3 展示了一个典型的 RAC 结构。数据的分布式存储与 RAC 都会存在多个节点，但是却有着本质上的区别。二者的区别主要体现在以下几方面。

（1）分布式存储本质是多个数据库的集合；而 RAC 只是一个数据库多个实例。

（2）分布式存储需要在多个数据库间协调事务，即需要实现分布式事务的功能；而 RAC 的本质是一个数据库，因此不存在分布式事务的问题。

（3）分布式存储是将数据分散存储在各个节点，这些节点一般都是廉价的设备；而 RAC 中的数据是共享存储的，每个节点都不存放数据。在 RAC 中节点可以出现问题，但不会影响数据。

（4）分布式存储支持的节点多，且性能会随着节点的增加而线性增加；而在 RAC 中节点个数不会很多，并且性能也不会随着节点的增加而线性增加。

（5）分布式存储采用的是 Shared Nothing 的架构，即节点之间不会共享任何数据，因而具有很好的扩展性；而 RAC 采用的是 Shared Everything 的架构，从而导致 I/O 处理能力和水平扩展能力的下降。

4.6.2　【实战】使用数据库链路实现分布式操作

Oracle 数据库通过使用数据库链路来实现在不同数据库之间进行访问，如图 4-20 所示。

从图 4-20 中可以看出数据库链路是单向的。

下面通过具体的步骤演示如何使用数据库链路操作远端的数据库。

（1）使用管理员用户给 c##scott 用户授予能够创建数据库链路的权限。

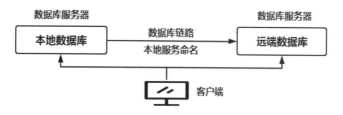

图 4-20　通过链路访问数据库

```
SQL> grant create database link to c##scott;
```

（2）使用 c##scott 用户创建一个数据库链路指向远端的数据库服务器。

```
SQL> create database link remoteorcl connect to c##scott
    identified by tiger using 'myservicedemo';
```

这里的 myservicedemo 是在 4.4.2 小节中创建的本地命名。创建的数据库链路名称是 remoteorcl。

（3）使用 c##scott 用户执行一个分布式查询。

```
SQL> select dname,ename
    from dept,emp@remoteorcl
    where dept.deptno=emp.deptno;
```

这里的 emp@remoteorcl 表示从远端数据库服务中读取的 emp 表。为了方便操作，可以为 emp@remoteorcl 创建一个同义词，例如：

```
create synonym remoteemp for emp@remoteorcl;
```

创建同义词需要有 create synonym 的权限。

输出结果如下。

```
DNAME          ENAME
------------   -------------
ACCOUNTING     CLARK
ACCOUNTING     KING
ACCOUNTING     MILLER
...
```

4.7　本章思考题

1. 简述 Oracle 数据库客户端与服务器端连接建立的过程。
2. 简述数据库服务器静态注册和动态注册的区别。
3. 简述 Oracle 数据库的服务器共享模式。

第 5 章

管理用户和权限

Oracle 数据库是一个多用户管理的数据库，可以为不同用户分配不同的权限。Oracle 数据库中有预定义用户和自定义用户，用户要访问数据库就必须具备相应的权限。Oracle 数据库是通过权限表实现用户对数据库的访问控制的。角色的引入方便了对用户权限的管理。

本章重点与目标：

（1）理解 Oracle 数据库用户、权限和角色之间的关系。

（2）掌握 Oracle 数据库如何完成用户的验证以及验证的方法。

（3）理解系统权限和对象权限。

（4）理解角色的作用以及如何保护 Oracle 数据库的角色。

5.1 管理 Oracle 数据库的用户

用户管理一直是数据库系统中不可缺少的一部分，不同用户对数据库的功能需求是不同的。出于安全等因素的考虑，数据库使用权限需要根据不同的用户需求而制定。关键的、重要的数据库功能需要限制部分用户才能使用。

5.1.1 Oracle 数据库中的用户

在 Oracle 数据库中可以创建不同用户进行数据库的操作。在生产环境下操作数据库时，绝对不可以使用管理员用户连接，而是要创建特定的普通用户，并且授予这个普通用户特定的操作权限，然后连接进行操作，主要的操作就是数据的增、删、改、查操作。

Oracle 数据库建议每个数据库用户都有自己的数据库账户和验证的方式，这样可以避免存在潜在的安全漏洞，为特定的审计活动提供有意义的数据。在极少数情况下，若干用户会共享一个公用数据库账户。此时，操作系统和应用程序必须为数据库提供足够的安全性。

Oracle 数据库中的每个用户账户都应具备以下特征。

（1）唯一的用户名。在 Oracle 数据库中创建用户时，用户名不能超过 30 字节，必须以字母开头并且不能包含特殊字符。

（2）验证用户的方法。最常见的验证用户的方法是密码验证。同时，Oracle 数据库支持其他验证方法，包括生物统计学验证、证书验证和标记验证。

（3）默认的表空间。

（4）临时表空间。临时表空间用于保存临时数据，用户可在其中创建临时对象，如执行排序和创建临时表。如果创建用户时没有指定临时表空间，默认将使用 TEMP 表空间。

（5）用户概要文件。概要文件是保护用户安全的一种机制，它可以为用户分配系统的资源和制定用户密码的规则。如果创建用户时没有用户概要文件，默认将使用 DEFAULT 概要文件。

用户的概要文件将在 5.1.5 小节中进行介绍。

（6）使用者组。用户的使用者组主要由 Oracle 数据库的资源管理器使用。资源管理器通过操作使用者组来管理用户能够使用的数据库资源。

（7）锁定状态。如果用户处于锁定状态，将不能执行正常的数据库操作。用户只可以访问未锁定账户。

5.1.2 预定义用户 sys 和 system

在成功创建数据库后，Oracle 数据库会自动创建一些预定用户。这里面比较重要的两个预定义用户是 sys 和 system。

sys 用户是 Oracle 数据库数据字典的拥有者，同时还具备 ADMIN OPTION 的所有权限。要连接到 sys 用户，客户端会话必须使用 AS SYSDBA 子句。用户要启动或关闭 Oracle 数据库实例，必须拥有 SYSDBA 或 SYSOPER 的权限。

默认情况下，system 用户拥有 DBA 的角色，而没有 SYSDBA 权限。换句话说，system 用户只是数据库的管理员，而不是数据库的所有者。

默认情况下，sys 用户和 system 用户都拥有 Oracle 数据库管理员（DBA）角色。并且 sys 用户和 system 用户是 Oracle 数据库中必须存在的用户，不能将其删除。

客户端应用程序不能使用 sys 用户和 system 用户进行日常的数据库操作，这两个用户只用于数据库管理。

Oracle 数据库的最佳实践建议：根据应用最少权限原则，如果需要使用数据库管理的权限，可以创建一个拥有 DBA 角色的独立账户。例如，Mike 有一个名为 mike 的低权限账户，可以执行日常的查询数据操作；Mike 还拥有一个名为 mike_dba 的管理员账户，可以执行数据库的管理。这样便应用了最少权限原则，不需要共享账户，而且方便进行数据库的审计。

图 5-1 所示为通过使用 SQL Developer 图形工具编辑 system 用户的详细信息。

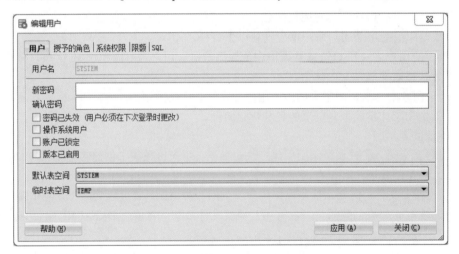

图 5-1　在 SQL Developer 上编辑用户

5.1.3　【实战】操作 Oracle 数据库的用户

在了解了 Oracle 数据库用户的基本知识后，下面通过具体的步骤演示如何在 Oracle 数据库中操作用户，包括如何创建用户、如何修改用户等。Oracle SQL Developer 中的图形工具可以完成用户的管理操作，这里将直接使用 SQL 语句。

（1）创建一个名为 c##testuser001 的用户，密码为 password。

```
SQL> create user    identified by password;
```

Oracle Database 12c 引入了容器数据库的概念，这里创建的用户使用了前缀 c## 或 C##，它表示创建的是 Oracle 数据库的公用用户。公用用户是在 Root 数据库中和所有的 PDB 数据库中都存在的用户，公用用户必须在根容器中创建，然后此用户会在所有的现存的 PDB 中自动创建。关于容器数据库的内容，将在第 8 章进行介绍。

（2）使用 c##testuser001 用户登录数据库。

```
sqlplus c##testuser001/password
```

将出现以下错误。

```
SQL*Plus: Release 21.0.0.0.0 - Production on Mon Mar 21 09:16:25 2022
Version 21.3.0.0.0

Copyright (c) 1982, 2021, Oracle.  All rights reserved.

ERROR:
ORA-01045: user C##TESTUSER001 lacks CREATE SESSION privilege; logon denied
```

尽管用户 c##testuser001 已经成功创建，但它还不具备任何的数据库权限，不能进行数据库的操作，甚至不能登录数据库。因此，在 Oracle 数据库中执行任何操作都需要有对应的权限。从输出的错误信息可以看出，登录 Oracle 数据库需要有 **CREATE SESSION** 的权限。

（3）修改 c##testuser001 用户的密码为 Welcome_1。

```
SQL> alter user c##testuser001 identified by Welcome_1;
```

（4）锁定 c##testuser001 用户。

```
SQL> alter user c##testuser001 account lock;
```

（5）从数据字典 dba_users 中查询 c##testuser001 用户的相关信息。

```
SQL> select username,account_status,profile
    from dba_users where username='C##TESTUSER001';
```

输出信息如下。

```
USERNAME          ACCOUNT_STATUS     PROFILE
---------------   ----------------   --------------
C##TESTUSER001    LOCKED             DEFAULT
```

5.1.4　数据库用户的验证

Oracle 数据库支持多种用户验证的方式，如密码验证、生物统计学验证、证书验证和标记验证，而在验证管理员用户和普通用户时又有一定区别。下面分别进行介绍。

1．验证数据库用户的方式

用户、设备或其他实体的身份要使用数据库中数据、资源或调用数据库的应用程序，需要进行身份的验证。通过对该身份进行验证可建立一种信任关系，从而可进一步执行交互式操作。通过验证可将访问和操作与特定的身份联系起来，从而实现操作的可靠性。完成验证后，验证流程可允许或限制该实体许可的访问和操作的级别。创建用户时，必须确定要使用的验证方法，以后可修改此方法。Oracle 数据库支持 3 种不同的用户验证方式：密码口令验证、全局验证和外部验证。

1）密码口令验证

密码口令验证方式又称为 Oracle 数据库验证，创建的每个用户都有一个关联密码口令。当用户尝试登录数据库时，必须提供这个密码口令。数据库管理员在设置用户密码口令时，可以使其立即失效。这样会强制用户在首次登录后更改密码口令。

密码口令验证是最常用的数据库用户验证方式。

2）全局验证

通过全局验证可以使用生物统计学、x509 证书、标记设备和 Oracle Internet Directory 识别用户。使用这种方式的验证，需要外部设备的支持。

3）外部验证

外部验证是通过使用宿主机的操作系统进行验证。当用户登录 Oracle 数据库时，可以不提供用户名和密码口令而直接连接到 Oracle 数据库。Oracle 数据库的 sys 用户采用的就是这样的验证方式。当使用外部验证时，数据库依赖宿主机的操作系统或网络提供的验证服务限制对数据库账户的访问。

要使用 Oracle 数据库的外部验证，需要设置 OS_AUTHENT_PREFIX 的初始化参数，此参数的默认值为 ops$。Oracle 数据库会在每个用户的操作系统账户名之前添加此前缀。当用户尝试建立连接时，Oracle 数据库会将带有该前缀的用户名与数据库中的 Oracle 数据库用户名进行比较。如果数据库中存在这样的一个对应用户，则 Oracle 数据库允许该用户建立连接。

下面通过一个具体的示例演示如何使用 Oracle 的外部验证登录数据库。

由于从 Oracle Database 12c 开始引入了容器数据库，建议使用 12c 以前的版本进行测试。这里将使用 Oracle Database 11gR2 的版本验证数据库用户的外部验证。

（1）查看当前 Cent OS 操作系统的用户。

```
whoami
```

输出信息如下。

```
oracle
```

（2）使用 sys 用户登录 Oracle 数据库，并查看初始化参数 os_authent_prefix。

```
SQL> show parameter os_authent_prefix

NAME                     TYPE        VALUE
------------------------ ----------- ------------------
```

```
os_authent_prefix                 string  ops$
```

（3）创建以 ops$ 前缀开头的本地用户。

```
SQL> create user ops$oracle identified by externally;
```

（4）给 ops$oracle 用户授权允许它登录并使用数据库。

```
SQL> grant connect,resource to ops$oracle;
```

（5）直接使用 sqlplus 登录数据库。

```
sqlplus /
```

（6）查看当前登录的用户信息。

```
SQL> show user
```

输出信息如下。

```
USER is "OPS$ORACLE"
```

2.【实战】数据库管理员的验证

默认情况下，在 UNIX 和 Linux 操作系统中 Oracle 数据库管理员属于 DBA 的操作系统组，该组中的用户具有创建和删除数据库文件所需的权限。如果当前操作系统的用户就是 Oracle 数据库管理员，那么登录数据库可以直接使用操作系统验证。此时，用户不需要提供用户名和密码，可以直接进行登录。

 操作系统验证优先于密码口令验证。特别是，如果用户是操作系统中 OSDBA 或 OSOPER 组的成员，而且以 SYSDBA 或 SYSOPER 身份进行连接，则会使用关联的管理权限为用户建立连接，不管指定的用户名和密码是什么。

下面通过具体的步骤验证数据库管理员的验证登录方式。

（1）查看当前操作系统的用户名。

```
whoami
```

输出信息如下。

```
oracle
```

（2）查看当前操作系统用户的组信息。

```
cat /etc/group | grep oracle
```

输出信息如下。

```
dba:x:1001:oracle
asmdba:x:1002:oracle
backupdba:x:1003:oracle
dgdba:x:1004:oracle
kmdba:x:1005:oracle
racdba:x:1006:oracle
oper:x:1007:oracle
```

（3）使用管理员登录数据库时，不提供用户名和密码。登录后查看当前登录的用户。

```
sqlplus / as sysdba
show user
```

输出信息如下。

```
USER is "SYS"
```

（4）使用管理员登录数据库时，提供正确的用户名，但密码是错误的。登录后查看当前登录的用户。

```
sqlplus sys/asjfklf as sysdba
show user
```

输出信息如下。

```
USER is "SYS"
```

（5）使用管理员登录数据库时，提供错误的用户名和密码。登录后查看当前登录的用户。

```
sqlplus afsalkj/fdsaflka as sysdba
show user
```

输出信息如下。

```
USER is "SYS"
```

（6）将用户 oracle 从操作系统的 dba 组中删除，即从/etc/group 文件中删除以下语句。

```
dba:x:1001:oracle
```

（7）重复步骤（3）～步骤（5）的操作，此时将发现无法登录 Oracle 数据库。

5.1.5 使用概要文件保护用户

概要文件是一组预定义的数据库使用策略。通过使用概要文件能够限制用户对数据库资源的使用，并且还可以管理用户的状态并建立用户口令的策略，如口令的长度、失效时间等。每个用户都有一个概要文件，如果没有指定概要文件，将使用默认的 DEFAULT 文件。在同一时间，一个用户只能属于一个概要文件。如果用户在更改用户概要文件时已经登录，那么所做更改只在用户下一次登录后才生效。

1. 使用概要文件控制系统资源

概要文件的一个作用就是可以限制用户所使用的系统资源。通过使用概要文件可以控制以下系统资源。

1）CPU

概要文件可以基于每个会话或每个调用限制用户对 CPU 资源的使用。例如，当 CPU/会话限制为 1000 时，表示当使用此概要文件的用户或会话占用了 10s 以上的 CPU 时间时，该用户或会话就会收到错误并被注销，并返回以下错误代码和错误信息。

```
ORA-02392: exceeded session limit on CPU usage, you are being logged off
```

针对每个调用的限制与针对用户或会话的限制是类似的。但是，它不是限制用户的整个会话，而是防止调用命令占用过多的 CPU 资源。如果 CPU 调用受到了概要文件的限制且该调用超出了设定的限制，Oracle 数据库就会立即终止该调用，并返回以下错误代码和错误信息。

```
ORA-02393: exceeded call limit on CPU usage
```

2）网络/内存

每个数据库的会话都会占用系统内存资源和网络资源，通过使用概要文件可以指定以下参数。

（1）连接时间：表示用户在自动注销前可以保持连接的分钟数。

（2）闲置时间：表示用户会话在自动注销前可以保持闲置的服务器进程分钟数。

（3）并行会话：表示使用数据库的用户可以创建多少个并行会话。

（4）专用 SGA：限制系统 SGA 执行排序、合并位图等操作占用的内存空间。

3）磁盘 I/O

概要文件可以限制用户在每个会话或每个调用中可读写的数据量。通过设置读取/会话和读取/调用可以限制内存和磁盘总的读写次数。这可确保当有大量的 I/O 操作时，不会过度使用内存和磁盘。

下面的语句将查看 Oracle 数据库中的默认的 DEFAULT 概要文件，返回结果如图 5-2 所示。

```
SQL> select * from dba_profiles where profile='DEFAULT';
```

	PROFILE	RESOURCE_NAME	RESOURCE_TYPE	LIMIT	COMMON	INHERITED	IMPLICIT	ORACLE_MAINTAINED	MANDATORY
1	DEFAULT	FAILED_LOGIN_ATTEMPTS	PASSWORD	10	NO	NO	NO	YES	NO
2	DEFAULT	COMPOSITE_LIMIT	KERNEL	UNLIMITED	NO	NO	NO	YES	NO
3	DEFAULT	SESSIONS_PER_USER	KERNEL	UNLIMITED	NO	NO	NO	YES	NO
4	DEFAULT	CPU_PER_SESSION	KERNEL	UNLIMITED	NO	NO	NO	YES	NO
5	DEFAULT	CPU_PER_CALL	KERNEL	UNLIMITED	NO	NO	NO	YES	NO
6	DEFAULT	LOGICAL_READS_PER_SESSION	KERNEL	UNLIMITED	NO	NO	NO	YES	NO
7	DEFAULT	LOGICAL_READS_PER_CALL	KERNEL	UNLIMITED	NO	NO	NO	YES	NO
8	DEFAULT	IDLE_TIME	KERNEL	UNLIMITED	NO	NO	NO	YES	NO
9	DEFAULT	CONNECT_TIME	KERNEL	UNLIMITED	NO	NO	NO	YES	NO
10	DEFAULT	PRIVATE_SGA	KERNEL	UNLIMITED	NO	NO	NO	YES	NO
11	DEFAULT	PASSWORD_LIFE_TIME	PASSWORD	180	NO	NO	NO	YES	NO
12	DEFAULT	PASSWORD_REUSE_TIME	PASSWORD	UNLIMITED	NO	NO	NO	YES	NO
13	DEFAULT	PASSWORD_REUSE_MAX	PASSWORD	UNLIMITED	NO	NO	NO	YES	NO
14	DEFAULT	PASSWORD_VERIFY_FUNCTION	PASSWORD	NULL	NO	NO	NO	YES	NO
15	DEFAULT	PASSWORD_LOCK_TIME	PASSWORD	1	NO	NO	NO	YES	NO
16	DEFAULT	PASSWORD_GRACE_TIME	PASSWORD	7	NO	NO	NO	YES	NO
17	DEFAULT	INACTIVE_ACCOUNT_TIME	PASSWORD	365	NO	NO	NO	YES	NO
18	DEFAULT	PASSWORD_ROLLOVER_TIME	PASSWORD	0	NO	NO	NO	YES	NO

图 5-2　DEFAULT 概要文件的配置信息

表 5-1 列举了 DEFAULT 概要文件的详细信息。从表 5-1 中的参数值可以看出，DEFAULT 概要文件没有对系统的资源做出任何的限制。

表 5-1　DEFAULT 概要文件的详细信息

参数类型	参　　数	参数值
详细资料	CPU/会话（s/100）	UNLIMITED
	CPU/调用（s/100）	UNLIMITED
	连接时间（min）	UNLIMITED
	空闲时间（min）	UNLIMITED

续表

参数类型	参　　数	参数值
数据库服务	并行会话数（每用户）	UNLIMITED
	读取数/会话（块）	UNLIMITED
	读取数/调用（块）	UNLIMITED
	专用 SGA（KB）	UNLIMITED
	组合限制（服务单元）	UNLIMITED
口令	有效期（天）	180
	最大锁定天数	7
口令历史记录	保留的口令数	UNLIMITED
	保留天数	UNLIMITED
复杂性	复杂性函数	NULL
登录失败	锁定前允许的最大失败登录次数	10
	锁定天数	1

要创建自定义的概要文件来管理系统的资源，可以使用以下语句。

```
SQL> create profile c##profiledemo1
    limit
    sessions_per_user               unlimited
    cpu_per_session                 unlimited
    cpu_per_call                    3500
    connect_time                    50
    logical_reads_per_session       default
    logical_reads_per_call          1200
    private_sga                     20k
    composite_limit                 7500000;
```

以下语句将使用概要文件 c##profiledemo1 创建用户。

```
SQL> create user c##testuser002 identified by Welcome_1 profile c##profiledemo1;
```

2. 使用概要文件管理用户的密码

概要文件在实际使用过程中，更常见的作用是设置用户密码的管理策略。例如，下面的概要文件将设置建立密码策略。

```
SQL> create profile c##password_profile
    limit
    failed_login_attempts 6
    password_life_time 60
    password_reuse_time 60
    password_reuse_max 5
    password_lock_time 1/24
    password_grace_time 10
    password_verify_function ora12c_verify_function;
```

表 5-2 解释了概要文件 c##password_profile 设置的建立密码策略。

表 5-2　概要文件 c##password_profile 设置的建立密码策略

参数类型	参　数	参数值
口令	有效期/天	60
	最大锁定天数	10
口令历史记录	保留的口令数	5
	保留天数	60
复杂性	复杂性函数	ora12c_verify_function
登录失败	锁定前允许的最大失败登录次数	6
	锁定天数	0.0416

以下语句将使用概要文件 c##password_profile 创建用户。

```
SQL> create user c##testuser003 identified by Welcome_1 profile c##password_profile;
```

概要文件 c##password_profile 指定了用户密码复杂度的验证函数 ora12c_verify_function。该函数是 Oracle 数据库官方提供的。该函数可以在创建概要文件时直接使用。下面展示了该函数的密码检查规则。

```
...
-- Check if the password contains the username
IF regexp_instr(password,regexp_replace(username,'([^0-9A-Za-z])','\\\1',
1), 1, 1, 0, 'i') > 0 THEN
  ret := utl_lms.get_message(28207, 'RDBMS', 'ORA', lang, message);
  raise_application_error(-20000, message);
END IF;

-- Check if the password contains the username reversed
FOR i in REVERSE 1..length(canon_username) LOOP
 reverse_user := reverse_user || substr(canon_username, i, 1);
END LOOP;
IF regexp_instr(password,regexp_replace(reverse_user,'([^0-9A-Za-z])',
'\\\1', 1), 1, 1, 0, 'i') > 0 THEN
  ret := utl_lms.get_message(28208, 'RDBMS', 'ORA', lang, message);
  raise_application_error(-20000, message);
END IF;

-- Check if the password contains the server name
select name into db_name from sys.v$database;
IF regexp_instr(password, db_name, 1, 1, 0, 'i') > 0 THEN
  ret := utl_lms.get_message(28209, 'RDBMS', 'ORA', lang, message);
  raise_application_error(-20000, message);
END IF;

-- Check if the password contains 'oracle'
IF regexp_instr(password, 'oracle', 1, 1, 0, 'i') > 0 THEN
  ret := utl_lms.get_message(28210, 'RDBMS', 'ORA', lang, message);
  raise_application_error(-20000, message);
```

```
END IF;

-- Check if the password differs from the previous password by at least
-- 3 characters
IF old_password IS NOT NULL THEN
 differ := ora_string_distance(old_password, password);
 IF differ < 3 THEN
    ret := utl_lms.get_message(28211, 'RDBMS', 'ORA', lang, message);
    raise_application_error(-20000, utl_lms.format_message(message, 'three'));
 END IF;
END IF;
...
```

5.2　管理用户的权限

权限用于执行特定类型的 SQL 语句或访问其他用户的对象。Oracle 数据库管理员可以控制用户在数据库中可以或不可以执行的操作。在 Oracle 数据库中成功创建了用户后，需要对用户进行授权。然后用户才能执行相应的数据库操作。与 MySQL 数据库一样，Oracle 数据库使用 grant 语句对用户进行授权；使用 revoke 语句撤销用户的权限。

5.2.1　Oracle 数据库的系统权限与对象权限

Oracle 数据库中的权限分为系统权限和对象权限，如图 5-3 所示。

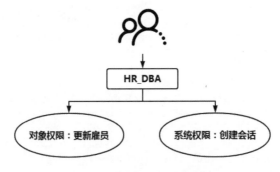

图 5-3　系统权限与对象权限

1. 系统权限

用户可以使用每个系统权限执行特定的数据库操作。例如，创建表空间的权限就是一个系统权限；登录数据库也是一个系统权限。系统权限可由管理员授予，或者由可以显式授予系统权限的用户授予。Oracle 数据库共有一百多种不同的系统权限。表 5-3 将这一百多种系统权限进行了分类。

表 5-3　系统权限列表

系统权限的类型	说　　明
SYSDBA 和 SYSOPER	在数据库中执行关闭、启动、恢复及其他管理任务。用户使用 SYSOPER 可执行基本操作任务，但不能查看用户数据。SYSOPER 包括以下系统权限： ● STARTUP 和 SHUTDOWN。 ● CREATE SPFILE。 ● ALTER DATABASE OPEN/MOUNT/BACKUP。 ● ALTER DATABASE ARCHIVELOG。 ● ALTER DATABASE RECOVER（仅限完全恢复）。 ● RESTRICTED SESSION。 SYSDBA 除了拥有 SYSOPER 的所有权限外，还可以查看数据以及执行不完全恢复和删除数据库等操作
DROP ANY 对象	使用 DROP ANY 权限可删除其他用户拥有的对象
CREATE、MANAGE、DROP 和 ALTER TABLESPACE	用于管理表空间，包括创建、删除和更改表空间的属性
CREATE ANY DIRECTORY	在 Oracle 数据库所有者能够访问的任何目录中创建目录对象，并且创建的目录对象具有读写操作系统目录的权限
GRANT ANY OBJECT PRIVILEGE	对未拥有的对象授予对象权限
ALTER DATABASE 和 ALTER SYSTEM	用于修改数据库和 Oracle 数据库的实例，如重命名数据文件或刷新缓冲区高速缓存

使用 Oracle SQL Developer 展示创建用户时可以授予的系统权限列表，如图 5-4 所示。

图 5-4　使用 SQL Developer 查看系统权限

2. 对象权限

用户可以使用对象权限对特定的数据库对象，如表、视图、序列、过程、函数或程序包，执行特定的操作。在没有特定对象权限的情况下，用户只能访问自己拥有的数据库对象。对象权限可以由对象的所有者或管理员授予，也可以由显式授予了对象授予权限的用户授予。

表 5-4 列举了一些常见的对象权限以及这些权限可以操作的数据库对象。

表5-4　对象权限与数据库对象

对象权限	数据库对象			
	表	视图	序列	存储过程
修改（alter）	√		√	
删除（delete）	√	√		
执行（execute）				√
索引（index）	√			
插入（insert）	√	√		
关联（references）	√	√		
选择（select）	√	√	√	
更新（update）	√	√		

5.2.2　【实战】使用 grant 语句和 revoke 语句

在掌握了 Oracle 的系统权限和对象权限后，下面通过具体的操作演示如何使用 grant 语句给用户授权，以及如何使用 revoke 语句撤销用户的权限。

这里将使用 5.1.3 小节中创建的 c##testuser001 用户进行演示。

（1）使用管理员用户 sys 登录数据库，并给 c##testuser001 用户解锁。

```
sqlplus / as sysdba
SQL> alter user c##testuser001 account unlock;
```

（2）给 c##testuser001 用户授予 create session 的系统权限，允许其登录数据库。

```
SQL> grant create session to c##testuser001;
```

（3）使用 c##testuser001 用户登录数据库，并尝试创建一张表。

```
SQL> create table testtable001(tid number,tname varchar2(10));
```

此时将输出以下错误信息。

```
ERROR at line 1:
ORA-01031: insufficient privileges
```

因为此时 c##testuser001 用户还没有 create table 的系统权限。

（4）使用管理员用户给 c##testuser001 用户授予 create table 的系统权限，并重新执行步骤（3）中的操作。

```
SQL> grant create table to c##testuser001;
```

（5）使用 c##testuser001 用户向 testtable001 表中插入数据。

```
SQL> insert into testtable001 values(1,'Tom');
```

此时将输出以下错误信息。

```
ERROR at line 1:
ORA-01950: no privileges on tablespace 'USERS'
```

 尽管 c##testuser001 用户拥有了 create table 的系统权限，可以成功创建表，但在默认情况下，用户表都是创建在 USERS 表空间上。对于新创建的用户，并不拥有 USERS 表空间资源的使用权限，因此出现了这里的 ORA-01950 错误。

（6）使用管理员用户给 c##testuser001 用户授予使用 USERS 表空间资源的权限。

```
SQL> alter user c##testuser001 quota unlimited on users;
```

 这里管理员授予 c##testuser001 用户能够使用 USERS 表空间所有资源的权限。如果想要限定用户使用表空间资源的大小，可以使用以下语句。

```
SQL> alter user c##testuser001 quota 10M on users;
```

该语句规定 c##testuser001 用户只能使用 10MB 大小的 USERS 表空间。

（7）重新执行步骤（5）操作。

（8）使用管理员用户给 c##testuser001 用户授予查询 c##scott 用户中员工表 emp 的对象权限。

```
SQL> grant select on c##scott.emp to c##testuser001;
```

（9）使用 c##testuser001 用户查询 c##scott 用户中员工表 emp 的数据。

```
SQL> select count(*) from c##scott.emp;
```

输出信息如下。

```
  COUNT(*)
-------------
    14
```

（10）切换到 c##scott 用户。

```
SQL> conn c##scott/tiger
```

（11）授予 c##testuser001 用户查询部门表 dept 的对象权限。

```
SQL> grant select on dept to c##testuser001;
```

 从这里可以看出，授予对象权限不一定需要管理员执行。该对象的所有者也可以授予。

（12）撤销 c##testuser001 用户查询部门表 dept 的对象权限。

```
SQL> revoke select on dept from c##testuser001;
```

（13）使用 c##testuser001 用户查询 c##scott 用户的部门表 dept。

```
SQL> select * from c##scott.dept;
```

此时将出现以下错误信息。

```
ERROR at line 1:
```

```
ORA-00942: table or view does not exist
```

5.2.3 授权时使用 admin option 和 grant option

Oracle 数据库在执行授权操作时，有两个特殊的选项：admin option 和 grant option。它们本质上是一种级联操作。下面分别介绍这两个选项的作用。

1.【实战】撤销具有 admin option 的系统权限

Oracle 数据库给一个用户授予系统权限时使用了 with admin option 选项，该用户可把此系统权限转授予其他用户或角色。当撤销这个用户的系统权限时，该用户已经授予其他用户或角色的此系统权限不会被级联撤销。

考虑图 5-5 的场景，数据库管理员授予了 Joe 登录数据库 create session 的系统权限，授权时使用了 with admin option 选项，Joe 又把该权限转授予了 Emily。然后，数据库管理员撤销了 Joe 登录数据库的权限，但是 Emily 依然拥有登录数据库 create session 的权限。换句话说，管理员在撤销 Joe 的系统权限时，没有级联撤销 Emily 的系统权限。

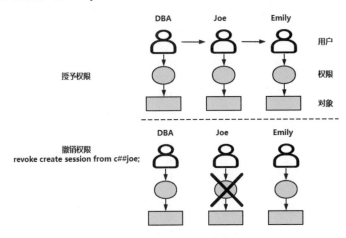

图 5-5　撤销具有 admin option 的系统权限

下面通过具体的步骤演示这一过程。

（1）使用数据库管理员创建 c##joe 和 c##emily 用户。

```
SQL> create user c##joe identified by password;
SQL> create user c##emily identified by password;
```

（2）使用数据库管理员给 c##joe 授予 create session 的系统权限并使用了 admin option。

```
SQL> grant create session to c##joe with admin option;
```

（3）切换到用户 c##joe，并将 create session 的系统权限转授予 c##emily。

```
SQL> conn c##joe/password
SQL> grant create session to c##emily;
```

（4）使用数据库管理员撤销了 c##joe 的 create session 系统权限。

```
SQL> conn / as sysdba
SQL> revoke create session from c##joe;
```

（5）使用用户 c##joe 验证是否还可以正常登录数据库。

```
SQL> conn c##joe/password
```

此时将出现以下错误。

```
ERROR:
ORA-01045: user C##JOE lacks CREATE SESSION privilege; logon denied
```

（6）使用用户 c##emily 验证是否还可以正常登录数据库。

```
SQL> conn c##emily/password
```

 用户 c##emily 可以正常登录数据库。

2.【实战】撤销具有 grant option 的对象权限

数据库对象的所有者给一个用户授予对象权限时使用了 with grant option 选项，该用户可以把此对象权限转授予其他用户或角色。当撤销这个用户的对象权限时，该用户已经授予其他用户或角色的此对象权限会被级联撤销。

考虑图 5-6 中的场景。数据库对象的所有者 Scott 授予了 Joe 查询员工表 emp 的权限，授权时使用了 with grant option 选项，Joe 又把该权限转授予了 Emily。然后，数据库对象的所有者 Scott 撤销了 Joe 查询员工表 emp 的权限。这个撤销操作会级联到 Emily。换句话说，用户 Emily 也被撤销了查询员工表 emp 的权限。

下面通过具体的步骤演示这一过程。

（1）使用数据库管理员授权用户 c##joe 和 c##emily 能够登录数据库。

```
sqlplus / as sysdba
SQL> grant create session to c##joe;
SQL> grant create session to c##emily;
```

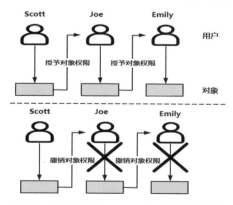

图 5-6　撤销具有 grant option 的对象权限

（2）切换到用户 c##scott，并授予用户 c##joe 查询员工表的权限。授权时使用 with grant option。

```
SQL> conn c##scott/tiger
SQL> grant select on emp to c##joe with grant option;
```

（3）切换到用户 c##joe，并查询员工表的数据。

```
SQL> conn c##joe/password
SQL> select count(*) from c##scott.emp;
```

输出信息如下。

```
  COUNT(*)
----------
    14
```

（4）用户 c##joe 把查询员工表的权限转授予用户 c##emily。

```
SQL> grant select on c##scott.emp to c##emily;
```

（5）切换到用户 c##emily，并查询员工表的数据。

```
SQL> conn c##emily/password
SQL> select count(*) from c##scott.emp;
```

输出信息如下。

```
  COUNT(*)
----------
    14
```

（6）切换到用户 c##scott，并撤销 c##joe 查询员工表的权限。

```
SQL> conn c##scott/tiger
SQL> revoke select on emp from c##joe;
```

（7）验证用户 c##joe 和用户 c##emily 是否都被撤销了查询员工表的权限。

5.3　管理用户的角色

在 Oracle 数据库中，有了用户和权限，就可以执行正常的数据库操作。将必需的权限一个一个地授予每个用户是很耗时的工作，而且很有可能会出现错误。角色的引入是为了方便对用户的权限进行管理。

5.3.1　角色的作用

Oracle 数据库通过角色可实现简单且受控的权限管理。角色可以授予用户或再授予其他角色，而角色中可以包含用户需要的权限。角色的设计目的是简化数据库中的权限管理，从而提高数据库的安全性。

考虑图 5-7 中的场景。用户 David 和用户 Rachel 是 HR 部门的普通员工，拥有选择员工和更新雇员的权限；用户 Jenny 是 HR 部门的经理，拥有删除员工和插入员工的权限。用户 Jenny 作为经理也应当拥有选择员工和更新员工的权限。为了实现这样的权限管理策略，引入了两个角色 HR_MGR 和 HR_CLERK。将选择员工和更新员工的权限授予 HR_CLERK 角色，而将删除员工和插入员工的权限授予 HR_MGR 角色，同时 HR_MGR 角色继承了 HR_CLERK 角色。这样再把 HR_MGR 角色授予 Jenny，把 HR_CLERK 角色授予 David 和 Rachel，便实现了要求的权限策略。

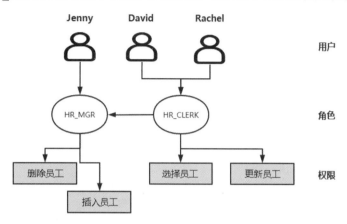

图 5-7　角色的作用

角色具有以下特点。

1）简化权限管理

使用角色可以简化权限管理。可以将一些权限授予某个角色，然后将该角色授予每个用户，而不是将同一组权限授予多个用户。

2）动态进行权限管理

如果修改了与某个角色关联的权限，则授予该角色的所有用户都会立即自动获得修改过的权限。

3）有选择地使用权限

通过启用或禁用角色可以暂时打开或关闭权限。启用角色还可以用来验证用户是否已授予该角色。

5.3.2　Oracle 数据库预定义的角色

Oracle 数据库在创建时会自动定义若干个预定义角色。表 5-5 列举了这些预定义角色，以及每个角色中所包含的权限。

表 5-5　预定义角色

预定义角色	角色中的权限
CONNECT	CREATE SESSION
RESOURCE	CREATE CLUSTER、CREATE INDEXTYPE、CREATE OPERATOR、CREATE PROCEDURE、CREATE SEQUENCE、 CREATE TABLE、CREATE TRIGGER、CREATE TYPE
SCHEDULER_ADMIN	CREATE ANY JOB、CREATE EXTERNAL JOB、CREATE JOB、EXECUTE ANY CLASS、EXECUTE ANY PROGRAM、MANAGE SCHEDULER

续表

预定义角色	角色中的权限
DBA	具有大多数系统权限和对象权限
SELECT_CATALOG_ROLE	不包含任何系统权限，但是具有关于数据字典的 HS_ADMIN_ROLE 权限和 100 多个对象权限
EM_EXPRESS_BASIC 或 EM_EXPRESS_ALL	访问 EM 的权限

Oracle 数据库的预定义角色可以直接使用 grant 语句授予用户。

5.3.3 【实战】创建用户自定义角色

Oracle 数据库支持用户使用 create role 语句创建自定义角色。下面通过具体的步骤演示如何创建自定义角色，并将角色授权给用户。

（1）使用数据库管理员创建角色 c##hrclerk 和 c##hrmanager。

```
SQL> create role c##hrclerk;
SQL> create role c##hrmanager;
```

（2）将 create session 的系统权限授予角色 c##hrclerk。

```
SQL> grant create session to c##hrclerk;
```

（3）将 resource 的预定义角色授予角色 c##hrclerk。

```
SQL> grant resource to c##hrclerk;
```

（4）将 create table 的系统权限和 select on c##scott.emp 的对象权限授予角色 c##hrmanager。

```
SQL> grant select on c##scott.emp to c##hrmanager;
SQL> grant create table to c##hrmanager;
```

（5）角色 c##hrmanager 继承角色 c##hrclerk。

```
SQL> grant c##hrclerk to c##hrmanager;
```

（6）创建用户 c##jenny、c##david 和 c##rachel。

```
SQL> create user c##jenny identified by password;
SQL> create user c##david identified by password;
SQL> create user c##rachel identified by password;
```

（7）将角色 c##hrmanager 授予用户 c##jenny，将角色 c##hrclerk 授予用户 c##david 和 c##rachel。

```
SQL> grant c##hrmanager to c##jenny;
SQL> grant c##hrclerk to c##david;
SQL> grant c##hrclerk to c##rachel;
```

5.3.4 如何保护角色的安全

默认情况下通常会启用角色,这意味着如果角色已授予用户,用户就可以行使指定给角色的权限。Oracle 数据库支持 3 种不同的方式保护角色的安全,分别如下。

1)使角色成为非默认角色

将角色授予用户时设置为非用户默认角色。这样用户必须先显式启用角色,才可以行使角色的权限。

2)通过密码保护角色

创建角色时可以指定额外的密码进行保护。用户要使用角色中的权限,必须输入角色的密码。

3)通过存储过程保护角色

这种方式是通过给角色设置存储过程检查用户启用角色时的用户网络地址、日期时间或所需的其他元素保护角色的安全。

1.【实战】使角色成为非默认角色

下面通过具体的步骤演示如何使角色成为用户的非默认角色。

(1)使用数据库管理员创建用户 c##testuser004。

```
SQL> create user c##testuser004 identified by password;
```

(2)给用户 c##testuser004 授权登录数据库。

```
SQL> grant create session to c##testuser004;
```

(3)给用户 c##testuser004 授予 dba 和 resource 角色。

```
SQL> grant dba to c##testuser004;
SQL> grant resource to c##testuser004;
```

(4)更改用户 c##testuser004 的默认角色为 resource。

```
SQL> alter user c##testuser004 default role resource;
```

(5)切换到用户 c##testuser004。

```
SQL> conn c##testuser004/password
```

(6)执行下面的查询语句。

```
SQL> select count(*) from dba_objects;
```

此时将出现以下错误信息。

```
ERROR at line 1:
ORA-00942: table or view does not exist
```

因为查询数据字典 dba_objects 需要有 dba 角色。

(7)用户 c##testuser004 显式启用 dba 角色。

```
SQL> set role dba;
```

（8）执行下面的查询语句。

```
SQL> select count(*) from dba_objects;
```

输出信息如下。

```
 COUNT(*)
-----------------
 75474
```

2.【实战】通过密码保护角色

下面通过具体的步骤演示如何通过密码保护角色。

（1）使用数据库管理员创建角色c##role1，并指定角色的密码。

```
SQL> create role c##role1 identified by Welcome_1;
```

（2）将权限授予角色，并将角色授予用户c##scott。

```
SQL> grant create view to c##role1;
SQL> grant c##role1 to c##scott;
```

（3）切换到c##scott用户，启用角色。

```
SQL> conn c##scott/tiger
SQL> set role c##role1;
```

此时会出现以下错误信息。

```
ERROR at line 1:
ORA-01979: missing or invalid password for role 'C##ROLE1'
```

产生错误的原因是角色c##role1启用了密码保护，因此在启用角色时需要提供角色的密码。

（4）通过密码启用角色。

```
SQL> set role c##role1 identified by Welcome_1;
```

（5）使用c##scott用户创建一张视图。

```
SQL> create view myview
    as
    select dname,ename
    from emp,dept
    where emp.deptno=dept.deptno;
```

3.【实战】通过存储过程保护角色

下面通过具体的步骤演示如何通过存储过程保护角色。该示例中只有c##scott用户能够启用c##role2角色，其他用户启用c##role2角色会产生错误。

（1）使用数据库管理员创建存储过程保护角色。

```
SQL> create or replace procedure check_user_name authid current_user
    as
    begin
       -- 判断当前登录用户是否是 c##scott
       if SYS_CONTEXT('USERENV', 'CURRENT_USER') ='c##scott' then
           -- 如果是 c##scott 用户，则启用角色
           execute immediate 'set role c##role2';
       else
           --- 不是 c##scott 用户，则抛出错误
           raise_application_error(-20001,'The current user is not SCOTT');
       end if;
    end;
    /
```

存储过程 check_user_name 通过使用环境变量 current_user 获取当前调用存储过程的用户信息，并判断是否是 c##scott 用户。如果是，则启用角色；否则抛出错误代码为-20001 的错误信息。

（2）创建角色并使用创建的存储过程 check_user_name 保护角色。

```
SQL> create role c##role2 identified using check_user_name;
SQL> grant create synonym to c##role2;
```

（3）将角色授予用户。

```
SQL> grant c##role2 to c##scott;
SQL> grant c##role2 to c##joe;
```

（4）允许 c##scott 用户和 c##joe 用户执行存储过程 check_user_name。

```
SQL> grant execute on check_user_name to c##scott;
SQL> grant execute on check_user_name to c##joe;
```

（5）切换到 c##scott 用户，调用存储过程启用角色。

```
SQL> conn c##scott/tiger
SQL> exec sys.check_user_name();
```

此时 c##scott 用户可以成功启用角色。

（6）切换到 c##joe 用户，调用存储过程启用角色。

```
SQL> conn c##joe/password
SQL> exec sys.check_user_name();
```

此时将输出以下错误信息。

```
BEGIN sys.check_user_name(); END;
ERROR at line 1:
ORA-20001: The current user is not SCOTT
ORA-06512: at "SYS.CHECK_USER_NAME", line 7
```

ORA-06512: at line 1

5.4 本章思考题

1. 一个 Oracle 数据库的用户账户应该具备哪些特征？
2. 概要文件的作用是什么？
3. 系统权限和对象权限的区别是什么？
4. 保护数据库的角色有几种不同的方式？

第 6 章

Oracle 数据库的审计

随着数据库在企业应用系统和互联网上的广泛使用，为了保护数据库中存储的数据的安全，数据库应提供相应的审计功能以减轻对隐私政策和做法的担忧。Oracle 数据库提供了强大的审计功能，让系统管理员能够实施增强的保护措施，及时发现可疑活动，做出精心优化的安全应对措施。

本章重点与目标：

（1）理解数据库审计的功能及必要性。

（2）理解 Oracle 数据库不同类型审计的应用场景。

（3）掌握如何使用 Oracle 数据库提供的审计功能。

6.1 数据库审计基础

执行数据库审计时会捕获并存储数据库系统中所发生的特定事件信息，因此启用数据库审计会增加数据库额外必须执行的工作量。审计必须有重点，所以只捕获有意义的事件。如果审计重点设置得当，则会最大限度地减少对系统性能的影响；如果审计重点设置不当，则会对系统性能产生明显的影响。

6.1.1 Oracle 数据库审计简介

Oracle 数据库在标准版和企业版中均提供了强大的审计支持。审计记录包括执行操作的用户、有关已审计的操作以及操作的时间和日期的信息。审计记录可以存储在数据库审计跟踪中或操作系统上的文件中。标准审计包括有关权限、模式、对象和语句的操作。

Oracle Database 21c 中统一了审计的功能，能利用策略和条件在 Oracle 数据库内部有选择地执行有效的审计。新的基于策略的语法简化了数据库中的审计管理，并且能够基于条件加速审计。例如，审计策略可配置为根据特定 IP 地址、程序、时间段或连接类型（如代理身份验证）进行审计。此外，启用审计策略时，还可以轻松地将特定模式排除在审计之外。

6.1.2 Oracle 数据库审计的参数设置

了解到数据库的审计功能后，在 Oracle 数据库中可以通过下面的语句查看有关审计功能的参数设置。

```
SQL> show parameter audit
```

输出信息如下。

```
NAME                              TYPE         VALUE
--------------------------------- -----------  -------------------------------
audit_file_dest                   string       /u01/app/oracle/admin/orcl/adump
audit_sys_operations              boolean      TRUE
audit_syslog_level                string
audit_trail                       string       DB
unified_audit_common_systemlog    string
unified_audit_systemlog           string
```

其中，audit_file_dest 用于指定审计信息文件的默认保存目录；audit_sys_operations 用于指定是否启用管理员审计；audit_trail 用于指定审计信息默认保存的方式。表 6-1 列出了该参数的取值以及各个取值的含义。

表 6-1　audit_trail 的取值及其含义

audit_trail 的取值	取值的含义
DB	启用数据库审计，并将审计信息保存在数据库的 dba_audit_trail 数据字典中
OS	启用数据库审计，并将审计信息保存在操作系统的数据信息中
DB_EXTENDED	启用数据库审计，并将审计信息保存在数据库的 sys.aud$表中。记录的审计包含 dba_audit_trail 数据字典中的信息，并记录 SQLBIND 和 SQLTEXT 等额外的信息
XML	启用数据库审计，并将审计信息保存在 XML 格式的文件中
EXTENDED	启用数据库审计，并在审计跟踪信息中记录所有列
NONE/FALSE	禁用数据库审计

6.2　Oracle 数据库审计的类型

Oracle 数据库中提供了丰富且强大的审计功能，主要包含以下几种不同类型的审计：强制审计、标准审计、基于值的审计、细粒度审计和 DBA 审计。Oracle 数据库还提供了统一审计的特性，用于对不同类型的审计进行统一的管理和操作。下面分别介绍不同类型的 Oracle 数据库审计。

6.2.1　【实战】强制审计

数据库的强制审计是指不管其他审计选项或参数如何设置，强制审计始终生效。Oracle 数据库主要会针对以下两种类型操作进行强制审计。

（1）启动和关闭数据库实例。

（2）以 sysdba 身份登录到数据库。

启动和关闭数据库实例的强制审计信息会写到告警日志中；而 sysdba 登录的强制审计信息会记录到由参数 audit_file_dest 指定目录下的审计文件中。

下面通过具体的步骤查看 Oracle 数据库的强制审计信息。

（1）使用管理员登录数据库，并执行以下语句。

```
SQL> select name,value from v$diag_info where name='Diag Trace';
```

输出信息中的路径就是告警日志所在的目录。

```
NAME           VALUE
----------    ----------------------------------------------------
Diag Trace   /u01/app/oracle/diag/rdbms/orcl/orcl/trace
```

（2）进入目录/u01/app/oracle/diag/rdbms/orcl/orcl/trace，并查看告警日志文件 alert_orcl.log，启动和关闭数据库实例的强制审计信息如下。

```
...
Starting ORACLE instance (normal) (OS id: 118469)
2022-03-21T10:09:41.754149+08:00
```

```
...
2022-03-21T10:09:50.887128+08:00
Shutting down ORACLE instance (immediate) (OS id: 118131)
Shutdown is initiated by sqlplus@oraclevm (TNS V1-V3).
Stopping background process SMCO
...
```

（3）进入由参数 audit_file_dest 指定的目录，并按照时间顺序查看目录下的文件。

```
cd /u01/app/oracle/admin/orcl/adump
ll -t |more
```

输出信息如下。

```
total 5608
... 4088 Mar 22 09:32 orcl_ora_125064_20220322085853550778564444.aud
... 63901 Mar 22 09:31 orcl_ora_125491_20220322092129973320978045.aud
... 1067 Mar 22 08:58 orcl_m001_125020_20220322085850278922952984.aud
... 1067 Mar 22 08:58 orcl_m001_125020_20220322085850213575884750.aud
```

（4）查看 orcl_ora_125064_20220322085853550778564444.aud 文件的内容。

```
cat orcl_ora_125064_20220322085853550778564444.aud
```

输出信息如下。

```
...
Tue Mar 22 08:58:53 2022 +08:00
LENGTH : '258'
ACTION :[7] 'CONNECT'
DATABASE USER:[1] '/'
PRIVILEGE :[6] 'SYSDBA'
CLIENT USER:[6] 'oracle'
CLIENT TERMINAL:[5] 'pts/3'
STATUS:[1] '0'
DBID:[10] '1618358864'
SESSIONID:[10] '4294967295'
USERHOST:[8] 'oraclevm'
CLIENT ADDRESS:[0] ''
ACTION NUMBER:[3] '100'
...
Tue Mar 22 09:04:51 2022 +08:00
LENGTH : '258'
ACTION :[7] 'CONNECT'
DATABASE USER:[1] '/'
...
```

6.2.2 标准审计

Oracle 数据库的标准审计指需要进行手动配置并指定审计选项，如登录事件、执行的系统权限和对象权限或使用的 SQL 语句等。在数据库管理员完成了相应的配置后，数据库开始收集审计信息。

标准审计分为语句审计、系统权限审计和对象权限审计。Oracle 数据库标准审计的流程如图 6-1 所示。

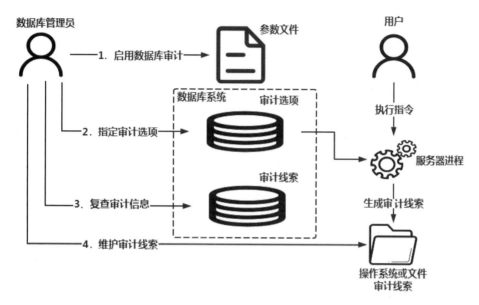

图 6-1　Oracle 数据库标准审计的流程

 标准审计的审计信息都保存在数据字典 dba_audit_trail 或 sys.aud$中。

1.【实战】语句审计

语句审计针对表的数据定义语句（Data Definition Language，DDL）操作进行审计，如创建表和删除表等操作。下面通过具体的示例演示如何使用 Oracle 数据库的语句审计。

（1）使用管理员登录数据库。

```
sqlplus / as sysdba
```

（2）启用表的语句审计功能。

```
SQL> audit table;
```

 这条语句将针对所有的用户启用语句审计的功能。

如果想针对某个具体的用户启用语句审计的功能，可以使用下面的语句。

```
SQL> audit table by c##scott;
```

另外，语句审计还支持更多的参数选项，例如：

```
audit table by 用户 by access[by session] whenever not succssful;
```

其中，by access 表示每次针对表使用 DDL 语句时都会被审计；by session 表示同一个会话中，针对表使用 DDL 语句只会被审计一次；whenever not succssful 表示只有当针对表使用 DDL 语句失败时才会被审计。

（3）切换到 c##scott 用户。

```
SQL> conn c##scott/tiger
SQL> create table testaudittable(tid number);
SQL> drop table testaudittable;
```

（4）使用管理员查看审计信息。

```
SQL> conn c##scott/tiger
SQL> select * from dba_audit_trail;
```

输出信息如图 6-2 所示。

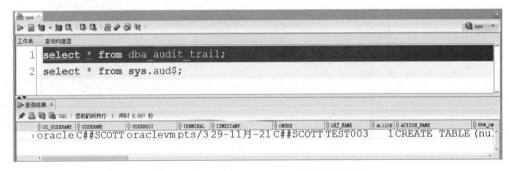

图 6-2　在 SQL Developer 中查看审计信息

　语句审计的信息也可以通过查看数据字典 sys.aud$ 来获取。

（5）关闭表的语句审计功能。

```
SQL> noaudit table;
```

2.【实战】系统权限审计

顾名思义，系统权限审计是针对 Oracle 数据库中系统权限进行的审计，如创建表和删除表等操作。系统权限审计可以在每次使用系统权限时被触发，也可以基于会话触发。

下面通过具体的示例演示如何使用 Oracle 数据库的系统权限审计。

（1）使用管理员登录数据并授权用户 c##scott 能够创建视图。

```
SQL> conn / as sysdba
SQL> grant create view to c##scott;
```

（2）开启针对创建视图的系统权限审计。

```
SQL> audit create view by c##scott;
```

系统权限的审计也可以使用 by access 和 by session 选项，例如：

```
SQL> audit create view by c##scott by access;
SQL> audit create view by c##scott by session;
```

（3）切换到 c##scott 用户，并创建视图。

```
SQL> conn c##scott/tiger
SQL> create view view1 as select * from emp;
```

（4）使用管理员查看审计信息。

```
SQL> select username,owner,obj_name,action_name,ses_actions,timestamp
     from dba_audit_trail where action_name='CREATE VIEW';
```

输出信息如下。

USERNAME	OWNER	OBJ_NAME	ACTION_NAME	TIMESTAMP
C##SCOTT	C##SCOTT	VIEW1	CREATE VIEW	22-MAR-22

3.【实战】对象权限审计

顾名思义，对象权限审计是针对 Oracle 数据库中对象权限进行的审计，如查询某个用户下的表等操作。对象权限审计可以在每次使用该对象权限时被触发，也可以基于会话触发。下面通过具体的示例演示如何使用 Oracle 数据库的对象权限审计。

（1）使用管理员登录数据库。

```
sqlplus / as sysdba
```

（2）授权给 c##scott 用户查询数据字典 sys.dba_data_files 的权限。

```
SQL> grant select on sys.dba_data_files to c##scott;
```

（3）开启对象 sys.dba_data_files 的对象权限审计。

```
SQL> audit select on sys.dba_data_files by session;
```

如果要关闭对象权限的审计，可以使用下面的语句。

```
SQL> noaudit select on sys.dba_data_files;
```

（4）切换到 c##scott 用户。

```
SQL> conn c##scott/tiger
```

（5）使用 c##scott 用户查询数据字典 sys.dba_data_files。

```
SQL> select file_namefrom sys.dba_data_files;
```

（6）使用管理员查看审计信息。

```
SQL> select username,owner,obj_name,action_name,ses_actions from dba_audit_trail;
```

输出信息如下。

USERNAME	OWNER	OBJ_NAME	ACTION_NAME	SES_ACTIONS

```
-------------- ---------- --------------- -------------- -----------------
C##SCOTT        SYS         DBA_DATA_FILES SESSION REC    ---------S------
```

6.2.3 【实战】基于值的审计

3.5 节中介绍了数据库的触发器，并通过一个示例演示如何使用触发器完成审计的功能。而基于值的审计的本质就是利用触发器进行审计。下面再通过一个具体的例子介绍如何使用触发器实现基于值的审计功能。

（1）创建一张表，用于存放审计信息。

```
SQL> create table c##scott.audit_msg(msg varchar2(200));
```

（2）创建触发器，审计涨后的员工工资。

```
SQL> create or replace trigger c##scott.audit_salary
after update        -- 在更新操作后调用触发器
on c##scott.emp     -- 将触发器创建在员工表上
for each row        -- 指定触发器为行级触发器
begin
   -- 当员工工资大于 7000 元时执行审计
   if :new.sal > 7000 then
       insert into c##scott.audit_msg values('The salary of
'||:new.ename||' is too high.');
   end if;
end;
/
```

 触发器 c##scott.audit_salary 将审计涨后工资超过 7000 元的员工，并在审计信息中记录员工的姓名。

（3）执行 update 操作给员工涨工资。

```
SQL> update c##scott.emp set sal=sal+3000 where deptno=10;
```

（4）查询审计信息。

```
SQL> select * from c##scott.audit_msg;
```

输出信息如下。

```
MSG
----------------------------------------------------------------
The salary of KING is too high.
```

6.2.4 【实战】细粒度审计

进行数据库审计时会记录已发生的操作，但是不会捕获产生审计信息的操作语句信息。细粒度审计（Fine Grained Auditing, FGA）扩展了审计功能，可以捕获查询或处理数据的实际 SQL 语句、操作的数据库对象以及产生审计的条件。与标准数据库审计或基于值数据库审计相比，FGA 审计可以将重点审计的范围设置得比较窄，它可以按照表或视图中的单列设置审计选项。另外，FGA 的审计选项还可以设置条件选项，以便只在符合特定管理员定义的规范时才捕获审计。FGA 审计的策略支持多个相关列的组合。默认情况下，如果其中任何一列出现在 SQL 语句中，Oracle 数据库就会执行 FGA 审计。

1．DBMS_FGA 程序包简介

DBMS_FGA 程序包用来创建目标表或视图的细粒度审计策略。如果查询块中返回的任何行与审计列和指定的审计条件相匹配，那么审计事件会导致在审计线索中创建并存储相应的审计记录。审计事件还可以选择以执行存储过程的方式进行更加细粒度的审计。DBMS_FGA 程序包会自动在语句级别设置审计的重点，所以即使一条 SELECT 语句会返回几千行数据，但最终在审计记录里只会生成一条审计记录。

DBMS_FGA 程序包中的主要方法见表 6-2。

表 6-2　DBMS_FGA 程序包中的主要方法

存储过程名称	作　　用
ADD_POLICY	添加一个细粒度审计的策略
DISABLE_POLICY	禁用一个细粒度审计的策略
DROP_POLICY	删除一个细粒度审计的策略
ENABLE_POLICY	启用一个细粒度审计的策略

通过数据库管理员执行以下语句可以查看 DBMS_FGA 程序包的详细说明信息。

```
SQL> desc dbms_fga
```

输出信息如下。

```
PROCEDURE ADD_POLICY
 Argument Name          Type              In/Out       Default?
 ---------------------  ----------------  -----------  --------------
 OBJECT_SCHEMA          VARCHAR2          IN           DEFAULT
 OBJECT_NAME            VARCHAR2          IN
 POLICY_NAME            VARCHAR2          IN
 AUDIT_CONDITION        VARCHAR2          IN           DEFAULT
 AUDIT_COLUMN           VARCHAR2          IN           DEFAULT
 HANDLER_SCHEMA         VARCHAR2          IN           DEFAULT
 HANDLER_MODULE         VARCHAR2          IN           DEFAULT
 ENABLE                 BOOLEAN           IN           DEFAULT
 STATEMENT_TYPES        VARCHAR2          IN           DEFAULT
 AUDIT_TRAIL            BINARY_INTEGER    IN           DEFAULT
 AUDIT_COLUMN_OPTS      BINARY_INTEGER    IN           DEFAULT
 POLICY_OWNER           VARCHAR2          IN           DEFAULT

PROCEDURE DISABLE_POLICY
 Argument Name          Type              In/Out       Default?
 ---------------------  ----------------  -----------  --------------
 OBJECT_SCHEMA          VARCHAR2          IN           DEFAULT
```

```
OBJECT_NAME              VARCHAR2           IN
POLICY_NAME              VARCHAR2           IN


PROCEDURE DROP_POLICY
Argument Name            Type               In/Out        Default?
-------------------- -------------- ----------- ---------------
OBJECT_SCHEMA            VARCHAR2           IN            DEFAULT
OBJECT_NAME              VARCHAR2           IN
POLICY_NAME              VARCHAR2           IN


PROCEDURE ENABLE_POLICY
Argument Name            Type               In/Out        Default?
-------------------- -------------- ----------- ---------------
OBJECT_SCHEMA            VARCHAR2           IN            DEFAULT
OBJECT_NAME              VARCHAR2           IN
POLICY_NAME              VARCHAR2           IN
ENABLE                   BOOLEAN            IN            DEFAULT
```

2.【实战】使用 DBMS_FGA 程序包进行细粒度审计

在了解到什么是细粒度审计和 DBMS_FGA 程序包后，下面通过一个具体的示例演示如何使用 DBMS_FGA 程序包完成细粒度审计。

（1）使用管理员创建 c##auditadmin 用户，并授权使用数据库资源。

```
SQL> create user c##auditadmin identified by password;
SQL> grant connect,resource to c##auditadmin;
SQL> alter user c##auditadmin quota unlimited on users;
```

（2）切换到 c##auditadmin 用户，并创建 auditinfo 表，用于存储审计信息。

```
SQL> conn c##auditadmin/password
SQL> create table auditinfo(msg varchar2(200));
```

（3）使用 c##auditadmin 用户创建存储过程，用于记录审计信息。

```
SQL> create or replace procedure log_emp_salary
( object_schema varchar2, object_name varchar2, policy_name varchar2)
as
begin
  -- 将审计信息保存到表中
    insert into auditinfo values(object_schema||' '||object_name||' '||policy_name);
end;
/
```

这里的审计信息直接把用户名 object_schema、操作的数据库对象名称 object_name 和审计策略的名称 policy_name 保存到表中。在实际的审计过程中，可以根据这些信息获取客户端操作更加详细的信息。

（4）切换到管理员用户，添加 FGA 审计策略。

```
SQL> conn / as sysdba
SQL> begin
    dbms_fga.add_policy(object_schema=>'c##scott',      -- 指定要被审计的用户
                        object_name=>'emp',             -- 指定要被审计的表
                        policy_name=>'mypolicy1',       -- 指定审计策略的名称
                        audit_condition=>'deptno=10',   -- 指定审计的条件
                        audit_column=>'sal',            -- 指定审计的列
                        handler_schema=>'c##auditadmin', -- 指定执行审计的用户
                        handler_module=>'log_emp_salary', -- 指定执行审计的存储过程
                        enable=>TRUE,                   -- 启用 FGA 审计
                        statement_types=>'update');     -- 指定被执行审计的操作
end;
/
```

 这里的审计策略将审计 c##scott 用户下的 emp 表，审计条件是对 10 号部门员工的工资进行 update 操作。审计的执行由 c##auditadmin 用户下的存储过程 log_emp_salary 完成。

（5）为 c##auditadmin 用户授予执行 dbms_fga 程序包的权限。

```
SQL> grant execute on dbms_fga to c##auditadmin;
```

（6）授予 c##scott 用户执行 c##auditadmin.log_emp_salary 的权限。

```
SQL> grant execute on c##auditadmin.log_emp_salary to c##scott;
```

（7）切换到 c##scott 用户进行测试。

```
SQL> conn c##scott/tiger
SQL> update emp set sal=sal+100 where deptno=10;
SQL> commit;
```

（8）查看审计信息。

```
SQL> conn c##auditadmin/password
SQL> select * from auditinfo;
```

输出信息如下。

```
MSG
----------------------------------------------------------
C##SCOTT  EMP  MYPOLICY1
```

6.2.5　【实战】DBA 审计

拥有 SYSDBA 和 SYSOPER 权限的数据库管理员具有特殊的数据库操作权限，他们有权启动和关闭数据库。因为在数据库处于关闭状态时，这些用户有可能对数据库进行了更改，所以这类操作的审计线索必须存储在数据库外部，如存储在操作系统的文件中。Oracle 数据库会自动捕获拥有 SYSDBA 和 SYSOPER 权限的用户的登录事件。这为跟踪授权或未授权的 SYSDBA 和 SYSOPER 操作提供了一种方法，但只在复查操作系统审计线索时才有用。DBA 的审计信息文件将保存到由参数

audit_file_dest 指定的目录下。

由于 DBA 的审计信息是以文件形式存储在 audit_file_dest 参数指定的目录下的，生成的审计信息文件会很多。因此，要查看 DBA 的审计信息，需要首先确定对应的审计文件。另外，从 Oracle Database 12c 以后，管理员的审计默认开启，由 audit_sys_operations 参数决定。

```
NAME                     TYPE          VALUE
--------------------     ----------    ---------------------------
audit_sys_operations     boolean       TRUE
```

下面通过一个具体的示例演示 Oracle 数据库的 DBA 审计。

（1）使用 sysdba 用户登录数据库。

```
sqlplus / as sysdba
```

（2）确定当前会话的 ID。

```
SQL> select sid from v$mystat where rownum=1;
```

输出信息如下。

```
  SID
----------
  89
```

（3）根据当前会话的 ID 确定进程的地址信息。

```
SQL> select PADDR from v$session where sid=89;
```

输出信息如下。

```
PADDR
-----------------
00000000775A8768
```

（4）根据进程的地址信息确定进程的 ID。

```
SQL> select SPID from v$process where ADDR='00000000775A8768';
```

输出信息如下。

```
SPID
------------------------
126635
```

（5）根据进程的 ID 在/u01/app/oracle/admin/orcl/adump 目录下找到对应的审计信息文件。

```
ls *126635*
```

输出信息如下。

```
orcl_ora_126635_20220322104529142856948089.aud
```

（6）使用 sysdba 用户执行一个简单的查询，例如：

```
SQL> select count(*) from dba_data_files;
```

输出信息如下。

```
  COUNT(*)
------------------
         7
```

（7）查看 orcl_ora_126635_20220322104529142856948089.aud 文件生成的审计信息。输出内容如下。

```
...
Tue Mar 22 10:45:30 2022 +08:00
LENGTH : '289'
ACTION :[39] 'select sid from v$mystat where rownum=1'
DATABASE USER:[1] '/'
PRIVILEGE :[6] 'SYSDBA'
CLIENT USER:[6] 'oracle'
CLIENT TERMINAL:[5] 'pts/3'
STATUS:[1] '0'
DBID:[10] '1618358864'
SESSIONID:[10] '4294967295'
USERHOST:[8] 'oraclevm'
CLIENT ADDRESS:[0] ''
ACTION NUMBER:[1] '3'

Tue Mar 22 10:45:46 2022 +08:00
LENGTH : '290'
ACTION :[40] 'select PADDR from v$session where sid=89'
DATABASE USER:[1] '/'
PRIVILEGE :[6] 'SYSDBA'
CLIENT USER:[6] 'oracle'
CLIENT TERMINAL:[5] 'pts/3'
STATUS:[1] '0'
DBID:[10] '1618358864'
SESSIONID:[10] '4294967295'
USERHOST:[8] 'oraclevm'
CLIENT ADDRESS:[0] ''
ACTION NUMBER:[1] '3'

Tue Mar 22 10:46:03 2022 +08:00
LENGTH : '306'
ACTION :[56] 'select SPID from v$process where ADDR='00000000775A8768''
DATABASE USER:[1] '/'
PRIVILEGE :[6] 'SYSDBA'
CLIENT USER:[6] 'oracle'
CLIENT TERMINAL:[5] 'pts/3'
STATUS:[1] '0'
DBID:[10] '1618358864'
SESSIONID:[10] '4294967295'
USERHOST:[8] 'oraclevm'
CLIENT ADDRESS:[0] ''
```

```
ACTION NUMBER:[1] '3'

Tue Mar 22 10:47:04 2022 +08:00
LENGTH : '285'
ACTION :[35] 'select count(*) from dba_data_files'
DATABASE USER:[1] '/'
PRIVILEGE :[6] 'SYSDBA'
CLIENT USER:[6] 'oracle'
CLIENT TERMINAL:[5] 'pts/3'
STATUS:[1] '0'
DBID:[10] '1618358864'
SESSIONID:[10] '4294967295'
USERHOST:[8] 'oraclevm'
CLIENT ADDRESS:[0] ''
ACTION NUMBER:[1] '3'
...
```

从审计信息中可以看出，在 orcl_ora_126635_20220322104529142856948089.aud 文件中记录了数据库管理员执行过的所有 SQL 语句。

6.3 【实战】Oracle 数据库的统一审计功能

Oracle 数据库中的审计类型非常多，在实际使用过程中并不是非常方便，也不利于管理。因此，Oracle 数据库推出了一套全新的审计架构，称为统一审计功能。统一审计功能主要利用策略和条件在 Oracle 数据库内部有选择地执行有效的审计。新架构将现有审计跟踪统一为单一的审计跟踪，从而简化了管理，提高了数据库生成的审计数据的安全性。

下面通过一个具体的示例演示如何使用 Oracle 数据库的统一审计功能。

（1）使用管理员登录数据库，确认是否启用了统一审计功能。

```
SQL> select parameter,value from v$option where parameter='Unified Auditing';
```

输出信息如下。

```
PARAMETER            VALUE
-------------------- -----------
Unified Auditing     FALSE
```

默认情况下，Oracle 数据库的统一审计功能是禁用的。

（2）关闭数据库实例，并关闭监听器。

```
SQL> shutdown immediate
SQL> exit
lsnrctl stop
```

（3）启动统一审计功能。

```
cd $ORACLE_HOME/rdbms/lib
make -f ins_rdbms.mk uniaud_on ioracle ORACLE_HOME=$ORACLE_HOME
```

（4）启动监听器，并使用管理员登录数据库。

```
lsnrctl start
sqlplus / as sysdba
```

（5）启动数据库实例。

```
SQL> startup
```

（6）确定统一审计功能是否启动。

```
SQL> select parameter,value from v$option where parameter='Unified Auditing';
```

输出信息如下。

```
PARAMETER               VALUE
--------------------    ------------------------
Unified Auditing        TRUE
```

关闭 **Oracle** 数据库统一审计功能，可以通过以下语句完成。

```
SQL> conn /as sysdba
SQL> shutdown immediate
SQL> exit
lsnrctl stop
cd $ORACLE_HOME/rdbms/lib
make -f ins_rdbms.mk uniaud_off ioracle
lsnrctl start
SQL> conn / as sysdba
SQL> startup
```

（7）查看统一审计功能默认的审计策略。

```
SQL> select policy_name,enabled_option,success,failure
    from audit_unified_enabled_policies;
```

输出信息如下。

```
POLICY_NAME             ENABLED_OPTION      SUC     FAI
--------------------    ------------------  -------  ------------------------
ORA_SECURECONFIG        BY USER             YES     YES
ORA_LOGON_FAILURES      BY USER             NO      YES
```

由上面的输出结果可以看到，不做任何配置的情况下，默认启动了 **ORA_SECURECONFIG** 和 **ORA_LOGON_FAILURES** 审计策略。数据库会根据这两个审计策略对相应的操作进行审计。

ORA_SECURECONFIG 审计策略移除了对所有 **LOGON** 和 **LOGOFF** 的审计，而增加了一个新的 **ORA_LOGON_FAILURES** 审计策略，用于仅审计登录失败的操作。这样更加方便管理，也能改善因为大量 LOGON 和 LOGOFF 的审计对表空间的浪费。

（8）创建自己的统一审计策略，审计对 c##scott.emp 表的 select 操作。

```
SQL> create audit policy mypolicy1 actions select on c##scott.emp;
```

（9）生效审计策略。

```
SQL> audit policy mypolicy1;
```

（10）确认新生成的审计策略。

```
SQL> select policy_name,enabled_option,success,failure
    from audit_unified_enabled_policies;
```

输出信息如下。

POLICY_NAME	ENABLED_OPTION	SUC	FAI
ORA_SECURECONFIG	BY USER	YES	YES
ORA_LOGON_FAILURES	BY USER	NO	YES
MYPOLICY1	BY USER	YES	YES

（11）使用 c##scott 用户执行一个查询。

```
SQL> conn c##scott/tiger
SQL> select * from emp where deptno=10;
```

（12）查询相关的审计信息。

```
SQL> select DBUSERNAME,OBJECT_NAME,ACTION_NAME,SQL_TEXT
    from AUDSYS.UNIFIED_AUDIT_TRAIL where DBUSERNAME='C##SCOTT';
```

输出的信息如图 6-3 所示。

 在统一审计功能下的存储和查看操作更加简单，所有审计结果都保存在新追加的 AUDSYS 的 schema 下，并可以通过字典表 UNIFIED_AUDIT_TRAIL 进行审计信息的确认。

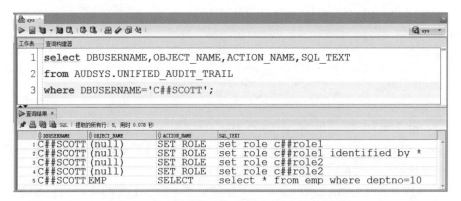

图 6-3　在 SQL Developer 中查看统一审计信息

6.4　本章思考题

1．Oracle 数据库支持的审计类型有哪些？
2．Oracle 数据库强制审计会审计哪些信息？

第 7 章

Oracle 数据库的事务与锁

在数据库的操作中，事务用于保持数据的一致性与可恢复性。锁是数据库提供的一种管理机制，用于规定并发访问同一数据库资源时的先后次序。事务的实现需要依赖数据库提供的锁。

本章重点与目标：

（1）理解 Oracle 数据库事务与锁的概念与相互关系。

（2）掌握如何在 Oracle 数据库中控制事务的操作。

（3）掌握 Oracle 数据库事务的隔离级别。

（4）掌握如何监控 Oracle 数据库的锁以及如何实现加锁操作。

7.1 Oracle 数据库的事务

Oracle 数据库严格支持事务。对于 Oracle 数据库服务器，每个客户端应用程序都是独立的会话，而每个客户端的会话都属于不同的事务。

7.1.1 事务简介

事务是关系型数据库与 NoSQL 数据库最大的区别。关系型数据库，如 Oracle、MySQL 等都是支持事务的。尽管一些 NoSQL 数据库（如 Redis）也支持简单的事务，但是却不能严格地保证数据的一致性和完整性。

1.【实战】什么是事务

数据库的事务通常由一组 DML 语句组成，即 insert、update 和 delete。通过事务可以保证数据库中数据的完整性，可以保证这一组 DML 操作要么全部执行，要么全部不执行。因此，可以把事务看作一个逻辑工作单元，可以通过提交或回滚操作结束一个事务。当事务被成功提交给数据库时，事务会保证其中的所有操作都成功完成且结果被永久保存在数据库中；反之，如果有部分操作没有成功完成，事务中的所有操作都需要被执行回滚，数据则回到事务执行前的状态。

数据库提供事务机制的目的主要有以下两个。

（1）为操作数据库的一组操作提供了一个从失败中恢复到正常状态的途径，同时使数据库即使在异常状态下也仍能保持数据的一致性。

（2）当多个应用程序并发访问数据库时，可以在这些应用程序之间提供一个隔离方法，以防止彼此的操作互相干扰。

 在默认情况下，Oracle 数据库是自动开启事务的，客户端在执行第一条 DML 语句时将会自动开启一个事务，即参数 autocommit 的默认值为 off。如果将参数 autocommit 设置为 on，那么在 Oracle 数据库中执行的每条 DML 语句将属于一个事务，并在执行完成后自动提交事务。

下面通过一个简单的示例测试 Oracle 数据库的事务。

（1）使用 c##scott 用户登录数据库。

```
sqlplus c##scott/tiger
```

（2）查询员工号为 7839 的员工工资。

```
SQL> select sal from emp where empno=7839;
```

输出信息如下。

```
SAL
----------
5000
```

（3）执行 update 操作更新员工号为 7839 的员工工资。

```
SQL> update emp set sal=6000 where empno=7839;
```

 默认情况下，这条 update 语句会自动开启一个事务，它是事务中的第一条 DML 语句。此时，如果在另外的一个会话中查询员工号为 7839 的工资，返回的结果依然是 5000 元。因为该查询属于另一个事务。

（4）执行回滚事务。

```
SQL> rollback;
```

（5）设置参数 autocommit 的值为 on，并再次执行 update 语句。

```
SQL> set autocommit on
SQL> update emp set sal=6000 where empno=7839;
```

 由于开启了事务的自动提交，因此这里的 update 语句执行完成后，将自动提交事务。

（6）使用 c##scott 用户开启一个新的会话并执行以下查询。

```
SQL> select sal from emp where empno=7839;
```

输出信息如下。

```
SAL
----------
6000
```

2. 事务的特征

数据库的事务应当具备 4 个不同的特性，即事务的 ACID 特性。ACID 分别代表原子性（Atomicity）、一致性（Consistency）、隔离性（Isolation）和持久性（Durability）。下面分别介绍这 4 种不同的特性。

1）原子性

原子性是指事务中的所有 DML 操作，要么全部执行成功，要么全部执行失败，不会存在一部分执行成功，另一部分执行失败的情况。事务在执行过程中发生错误，操作的数据会被回滚（Rollback）到事务开始前的状态，相当于事务没有执行过。

2）一致性

一致性是指事务在开始执行前和执行结束后，数据库中的数据完整性没有被破坏。数据应该从一个正确的状态转换到另一个正确的状态，并且完全符合所有的预设规则，数据不会存在一个中间的状态。

 事务执行结束包含两种情况，即提交事务和回滚事务。这两种操作都表示一个事务被成功结束了。

3）隔离性

由于数据库支持并发操作，它允许多个客户端或者多个事务同时操作数据库中的数据。因此，数据库必须要有一种方式隔离不同的操作，防止各事务并发执行时由于交叉执行而导致的数据的不一致，这就是事务的隔离性。数据库有不同的隔离级别，关于事务的隔离级别，将在 7.1.3 小节中介绍。

4）持久性

持久性是指当事务成功结束后，即提交成功，事务对数据的修改就是永久的。数据不会因为系统出现故障而丢失。因此，为了实现事务的持久性，Oracle 与 MySQL 都在提交事务时采用预写日志的方式，即当提交事务时，先写日志，再写数据。只要日志成功写入，就是事务提交成功。

 Oracle 数据库的日志叫作 Redo Log，即重做日志；而在 MySQL 数据库中存在 Redo Log 和 Binlog。

7.1.2 控制事务

SQL 的标准中定义了事务的控制语句，而关系型数据库都支持这样的标准。因此，在如何控制事务方面，Oracle 数据库与其他的关系型数据库类似。

1. 事务的控制语句

通过事务的控制语句可以开启一个事务、提交一个事务和回滚一个事务。Oracle 数据库同时还提供了保存点（Savepoint）的机制，以便当执行事务发生错误时，可以控制事务回滚的位置。表 7-1 列举了与事务相关的控制语句及其作用。

表 7-1　事务的控制语句

事务的控制语句	作　用
commit 或 commit work	二者都是提交事务，使已对数据库进行的所有修改成为永久性的
rollback 或 rollback work	二者都是回滚事务，并撤销已经修改但未提交的所有的操作
savepoint [保存点名称]	在事务中创建一个保存点，一个事务中可以有多个保存点
release savepoint [保存点名称]	删除事务中的保存点
rollback to [保存点名称]	回滚事务到指定的保存点
set transaction	设置事务的隔离级别

2.【实战】使用事务的控制语句

在了解了事务的控制语句后，下面将通过具体的操作步骤演示如何在 Oracle 数据库中使用事务的控制语句。这里使用员工表 emp 进行演示。

（1）查询名叫 KING 和 JONES 的员工工资。

```
SQL> select ename,sal from emp where ename in ('KING','JONES');
```

输出信息如下。

```
ENAME       SAL
----------- ----------
JONES       2975
KING        5000
```

（2）开启事务，从 KING 的账号上转账 100 元给 JONES。

```
SQL> update emp set sal=sal-100 where ename='KING';
SQL> update emp set sal=sal+100 where ename='JONES';
```

（3）重新查询名叫 KING 和 JONES 的员工工资。

```
SQL> select ename,sal from emp where ename in ('KING','JONES');
```

输出信息如下。

```
ENAME        SAL
---------- ----------
JONES        3075
KING         4900
```

从输出的信息可以看出，已经完成了转账 100 元的过程，但当前事务并没有执行提交操作。

（4）直接关闭当前会话的命令窗口，以模拟客户端发生异常而中断退出。

（5）重新登录 MySQL 数据库，并查询名叫 KING 和 JONES 的员工工资。

```
SQL> select ename,sal from emp where ename in ('KING','JONES');
```

输出信息如下。

```
ENAME        SAL
---------- ----------
JONES        2975
KING         5000
```

这里可以看出，由于事务并未提交，当数据库发生了异常时，事务自动进行了回滚操作。撤销了步骤（2）中 update 语句的更新操作。

（6）重新执行步骤（2），并提交事务。

```
SQL> commit;
```

（7）重新执行步骤（4）和步骤（5）。此时会发现，即使数据库发生了异常，由于事务已经成功提交，对数据的修改也将永久地保存下来。输出信息如下。

```
ENAME        SAL
---------- ----------
JONES        3075
KING         4900
```

（8）重新开启一个事务，并再次从 KING 的账号上转账 100 元给 JONES。

```
SQL> update emp set sal=sal-100 where ename='KING';
SQL> savepoint point1;
SQL> update emp set sal=sal+100 where ename='JONES';
```

这里在事务中设置了一个保存点 point1，可用于控制事务回滚的位置。

（9）查询名叫 KING 和 JONES 的员工工资。

```
SQL> select ename,sal from emp where ename in ('KING','JONES');
```

输出信息如下。

```
ENAME         SAL
---------- ----------
JONES        3175
KING         4800
```

（10）将事务回滚到保存点 point1。

```
SQL> rollback to savepoint point1;
```

（11）再次查询名叫 KING 和 JONES 的员工工资。

```
SQL> select ename,sal from emp where ename in ('KING','JONES');
```

输出信息如下。

```
ENAME         SAL
---------- ----------
JONES        3075
KING         4800
```

从输出的信息可以看出，由于在执行回滚操作时指定了保存点的位置，因此只有第二条 update 语句被撤销了，第一条 update 语句依然有效。

此时，整个事务也并没有执行提交操作。如果发生异常，事务将自动回滚第一条 update 语句。

（12）撤销整个事务。

```
SQL> rollback;
```

7.1.3　事务的并发

数据库允许多个客户端同时访问。当这些客户端并发访问数据库中同一部分的数据时，如果没有采取必要的隔离措施，就容易造成并发一致性问题，从而破坏数据的完整性。考虑图 7-1 的场景。

在时间点 1 上，var 的数值为 100。客户端 A 在时间点 2 将它的值更新为 200，但没有提交事务。在时间点 3，客户端 B 读取到了客户端 A 还未提交的数值 200。但在时间点 4，客户端 A 执行了回滚操作。那么，对于客户端 B，如果在时间点 5 再次读取数据，就应该得到 100。那么客户端 B 就有了数据不一致的问题。而造成问题的根本原因是客户端 B 读取到了客户端 A 还没有提交的事务中的数据。

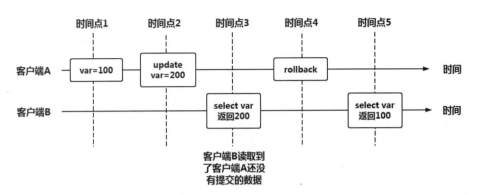

图 7-1　事务的并发操作

1. Oracle 数据库事务的隔离级别

为了解决数据在并发访问时数据的一致性问题，在 SQL 标准中定义了 4 种事务的隔离级别，分别是读未提交（READ-UNCOMMITTED）、读已提交（READ-COMMITTED）、可重复读（REPEATABLE-READ）和可序列化读（SERIALIZABLE）。

 Oracle 数据库支持这 4 种标准事务隔离级别中的 2 种，分别是读已提交（READ-COMMITTED）和可序列化读（SERIALIZABLE）。除此之外，Oracle 数据库还提供了自己的事务隔离级别，分别是 READ-ONLY 和 READ-WRITE。

在 Oracle 数据库中要查看默认的事务隔离级别，可以通过下面的方式获取。

（1）使用管理员登录数据库。

```
SQL> sqlplus / as sysdba
```

（2）任意开启一个事务。

```
SQL> update c##scott.emp set sal=1000;
```

（3）执行以下语句获取事务的隔离级别。

```
SQL> select s.sid, s.serial#,
    case bitand(t.flag, power(2, 28))
        when 0 then 'READ-COMMITTED'
        else 'SERIALIZABLE'
    end as "isolation_level"
from v$transaction t,v$session s
where t.addr = s.taddr and s.sid = sys_context('USERENV', 'SID');
```

输出信息如下。

```
SID    SERIAL#     ISOLATION_LEVE
-----  ----------- -----------------------------
  76   31738       READ-COMMITTED
```

 从输出信息可以看出，Oracle 数据库默认的事务隔离级别是读已提交（READ-COMMITTED）。

（4）执行回滚操作。

```
SQL> rollback;
```

数据库在不同的事务隔离级别下会有不同的行为，从而在并发访问数据时会带来不同的问题。表 7-2 列举了在不同的 SQL 标准事务隔离级别下，数据库可能存在的不同问题。

表 7-2 不同事务隔离级别产生的问题

事务的隔离级别	脏读	不可重复读	幻读
读未提交	√	√	√
读已提交	×	√	√
可重复读	×	×	√
可序列化读	×	×	×

 由于 Oracle 数据库最低的事务隔离级别是读已提交（READ-COMMITTED），因此在 Oracle 数据库中是不存在脏读问题的。

下面将通过设置不同的 Oracle 数据库事务隔离级别说明到底什么是不可重复读的错误，以及在可序列化读（SERIALIZABLE）和只读（READ-ONLY）两种隔离级别下，Oracle 数据库的行为。

2.【实战】事务的不可重复读

不可重复读是指在同一个事务中，前后两次读取的数据结果不一致。这时就无法判断哪个结果是正确的。使用员工表 emp 的数据按照下面的步骤演示不可重复读的问题。

（1）开启两个会话的窗口，在会话 2 窗口中执行一条 update 语句开启一个简单的事务，如图 7-2 所示。

图 7-2 在会话中开启事务

（2）模拟一个真实的场景。会话 1 的窗口代表储户，会话 2 的窗口代表银行。银行现在要统计存款总额有多少，于是执行了以下语句。

```
SQL> select sum(sal) from emp;
```

输出信息如图 7-3 所示。

 此时会话 2 中的银行窗口并没有结束当前的事务操作。

（3）在会话 1 的储户窗口中，储户 7839 给自己存入 100 元，并且提交了事务。

```
SQL> update emp set sal=sal+100 where empno=7839;
SQL> commit;
```

图 7-3　统计银行存款总额

（4）此时会话 2 的银行窗口中在同一个事务中再次统计工资的总额，就会发现与之前的结果不一致了，如图 7-4 所示。

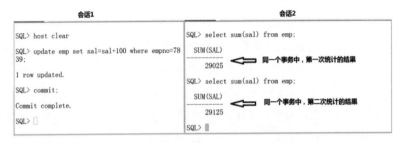

图 7-4　再次统计银行存款总额

由于此时银行会话窗口中的事务产生了不可重复读的问题，因此就无法判断到底哪个统计结果是正确的。

3.【实战】事务的只读

当使用只读（READ ONLY）事务隔离级别时，事务中不能有任何修改数据库的操作语句，包括 insert、update、delete、created 等语句。下面通过一个具体的示例演示 READ ONLY（只读）事务隔离级别。

（1）使用 c##scott 用户登录数据库。

```
sqlplus c##scott/tiger
```

（2）设置事务隔离级别为只读（READ ONLY）。

```
SQL> set transaction read only;
```

（3）执行一条简单的查询语句。

```
SQL> select count(*) from emp;
```

输出信息如下。

```
COUNT(*)
--------------
14
```

（4）再执行一条 update 更新操作。

```
SQL> update emp set sal=6000 where empno=7839;
```

将会出现以下错误信息。

```
ERROR at line 1:
ORA-01456: may not perform insert/delete/update operation inside a READ
ONLY transaction.
```

4.【实战】事务的可序列化读

可序列化读（SERIALIZABLE）是 Oracle 数据库中最严格的事务隔离级别，它提供了最高程度的隔离性。换句话说，它具有最好的安全性，但是性能最差。可以把可序列化读理解成是一个单进程的模式。在这种模式下，Oracle 数据库中的事务必须要等待先前的事务执行完成后，才能执行新的事务。

下面通过一个具体的示例演示可序列化读事务隔离级别。

（1）使用 c##scott 用户开启两个会话窗口，并在会话 1 窗口中更新员工 7839 的员工号。

```
SQL> update emp set empno=1234 where empno=7839;
```

（2）在会话 2 窗口中，更新员工 7839 的姓名。

```
SQL> update emp set ename='KING123' where empno=7839;
```

此时，会话 2 会被会话 1 阻塞，即会话 2 需要等待会话 1 执行完成才能继续执行。

（3）先在会话 1 中提交事务，再在会话 2 中提交事务。

这时候会话 2 更新的行数为 0，原因是 empno=7839 的记录被会话 1 的事务更新为 empno=1234 了。但是会话 2 的操作依然是成功的，不会出现任何的错误信息。

（4）设置会话 2 的事务隔离级别为可序列化读，并重复执行步骤（1）～步骤（3）。

```
SQL> set transaction isolation level serializable;
```

此时，会话 2 中将会出现以下错误信息。

```
ERROR at line 1:
ORA-08177: can't serialize access for this transaction
```

7.2　Oracle 数据库的锁

在并发环境下，为了解决并发一致性问题保证事务的隔离性，Oracle 数据库采用了锁的机制。当一个事务在进行操作时会对操作的数据进行加锁，从而限制另一个事务的操作。为保证数据库的性能和效率，加锁的粒度不宜太大。

7.2.1　Oracle 数据库锁的类型

Oracle 数据库中存在不同类型的锁，表 7-3 列出了不同方式下 Oracle 数据库中锁的类型。

表 7-3　锁的类型

划分的标准	锁的类型	说　　明
按照排他性划分	排他锁（Exclusive Lock）	也叫 X 锁。获得排他锁的事务，不允许别的事务在当前事务提交之前获得相同对象或资源的共享锁或排他锁。简单来说，就是不允许其他事务操作相同的数据库资源
	共享锁（Share Lock）	也叫 S 锁。获得共享锁的事务，允许别的事务对此资源进行访问或获得相同共享锁。共享锁是为事务提供高并发性而设计的
按照操作性划分	DML 锁	DML 锁主要用于在事务的并发访问中，保证数据的完整性和一致性。DML 锁具体又可以分为： ● TM 锁，也叫表锁。 ● TX 锁，也叫行锁
	DLL 锁	DDL 锁用于保护数据库对象的结构，如表、索引等的结构定义
	System 锁	System 锁由 Oracle 内部使用保护内部数据库和内存结构，用户无法使用 Oracle 的系统锁

在 Oracle 数据库中，一般情况都是通过执行 DML 语句来操作数据的，因此 DML 锁按照排他性又可以划分成不同的模式。表 7-4 列举了 DML 锁按照排他性划分后的不同模式。

表 7-4　DML 锁的模式

锁的类型	锁的模式	锁的别名	锁 的 描 述	典型的 SQL 操作
DML 锁（TM 锁、TX 锁）	0			
	1			select
	2	Row-S	行级共享锁，在当前事务提交前，其他事务只能查询这些行的数据	select for update lock for update
	3	Row-X	行级排他锁，在当前事务提交前，其他事务不允许执行 DML 操作	insert update delete
	4	Share	共享锁	create index
	5	Share Row-X	共享行级排他锁	lock share row exclusive
	6	X（Exclusive）	排他锁	alter table、drop table drop index

7.2.2　Oracle 数据库的锁机制

Oracle 数据库的锁机制是一种行级锁，或者说是一种轻量级锁机制。Oracle 数据库并不是通过构建锁列表管理数据的锁定，而是直接在数据块中记录锁的信息。换句话说，锁是作为数据块的属性存储在数据块头部。每个数据块内部除了存储着数据块中的数据信息以外，还维护了一个 ITL（Interested Transaction List）。锁的信息就存储在 ITL 中，以供后续的查询操作和保证事务的一致性。

在数据库中，当执行 DML 语句操作数据时，Oracle 数据库首先会在所要操作的表上申请 TM 锁。当事务获得了相应的 TM 锁，Oracle 数据库再自动申请 TX 锁，并在所操作的数据块头部设置锁定标志。如果有别的事务想要操作同样的数据块，只需要检查数据块头部的锁定信息，大大提高了数据库的效率。

获得 TX 锁的事务会将该锁保持到事务被提交或回滚。当有多个事务在表的同一条记录上执行 DML 操作时，第一个事务在该条记录上加 TX 锁，其他的事务需要等待第一个事务执行结束后，才可以给该行数据加上 TX 的锁。因此，Oracle 数据库内部维护了一个锁的队列，通过动态性能视图 v$enqueue_lock 可以监控这个锁的队列信息。

7.2.3　死锁

死锁是指两个或两个以上事务在执行过程中，因互相等待或争抢锁资源而产生冲突的现象。

1.【实战】Oracle 数据库死锁的产生

死锁是锁定冲突的特殊示例。两个或多个会话等待相互锁定的数据时就会发生死锁。因为每个会话都在等待另一个会话释放锁定，所以任何一个会话都不能完成事务处理，也就不能解决冲突。

Oracle 数据库会自动检测死锁并终止发生错误的语句。更正这种错误的适当做法是执行提交或回退，这样做后可以在一个会话中释放所有其他会话的锁定，以便其他会话可继续完成其事务处理。死锁的信息会被记录在告警日志文件中。

下面通过一个示例演示 Oracle 数据库的死锁。

（1）开启两个会话窗口，使用用户 Scott 登录数据库，如图 7-5 所示。

会话1	会话2
[oracle@oraclevm ~]$ sqlplus c##scott/tiger	[oracle@oraclevm ~]$ sqlplus c##scott/tiger
SQL*Plus: Release 21.0.0.0.0 - Production on Tue Mar 22 15: Version 21.3.0.0.0	SQL*Plus: Release 21.0.0.0.0 - Production on Tue Mar 22 15: Version 21.3.0.0.0
Copyright (c) 1982, 2021, Oracle. All rights reserved.	Copyright (c) 1982, 2021, Oracle. All rights reserved.
Last Successful login time: Tue Mar 22 2022 15:04:45 +08:00	Last Successful login time: Tue Mar 22 2022 15:04:54 +08:00
Connected to: Oracle Database 21c Enterprise Edition Release 21.0.0.0.0 - Version 21.3.0.0.0	Connected to: Oracle Database 21c Enterprise Edition Release 21.0.0.0.0 - Version 21.3.0.0.0
SQL>	SQL>

图 7-5　开启两个会话窗口

（2）在会话 1 中执行以下更新操作。

```
SQL> update emp set sal=sal+1 where empno=7839;
```

（3）在会话 2 中执行以下更新操作。

```
SQL> update emp set sal=sal+1 where empno=7566;
```

Oracle 数据库采用的是行锁并且是默认开启事务的，并且这两条 update 操作更新的是不同行。因此，数据库引擎会在每行上添加对应的行级排他锁。执行结果如图 7-6 所示。

会话1	会话2
Copyright (c) 1982, 2021, Oracle. All rights reserved. Last Successful login time: Tue Mar 22 2022 15:04:45 +08:00 Connected to: Oracle Database 21c Enterprise Edition Release 21.0.0.0.0 - Version 21.3.0.0.0 SQL> update emp set sal=sal+1 where empno=7839; 1 row updated.	Copyright (c) 1982, 2021, Oracle. All rights reserved. Last Successful login time: Tue Mar 22 2022 15:04:54 +08:00 Connected to: Oracle Database 21c Enterprise Edition Release 21.0.0.0.0 - Version 21.3.0.0.0 SQL> update emp set sal=sal+1 where empno=7566; 1 row updated.

图 7-6　在会话中更新数据

（4）在会话 1 中执行以下更新操作。注意：目前员工号 empno 为 7566 的记录已经被会话 2 锁住。

```
SQL> update emp set sal=sal+1 where empno=7566;
```

（5）在会话 2 中执行以下更新操作。注意：目前员工号 empno 为 7839 的记录已经被会话 1 锁住。

```
SQL> update emp set sal=sal+1 where empno=7839;
```

此时，Oracle 数据库就会产生一个死锁，如图 7-7 所示。

图 7-7　产生死锁

 死锁产生后，Oracle 数据库会自动回滚引起死锁的会话。这时可以看到会话 1 抛出了错误信息。

（6）查看告警日志信息。

```
cd /u01/app/oracle/diag/rdbms/orcl/orcl/trace
vi alert_orcl.log
```

在告警日志中有以下错误信息。

```
...
2022-03-22T15:14:27.729376+08:00
ORA-00060: Deadlock detected.
See Note 60.1 at My Oracle Support for Troubleshooting ORA-60 Errors.
More info in file /u01/app/oracle/diag/rdbms/orcl/orcl/trace/orcl_ora_83013.trc.
...
```

（7）查看跟踪文件/u01/app/oracle/diag/rdbms/orcl/orcl/trace/orcl_ora_83013.trc 中的跟踪信息。

```
Deadlock graph:
                -------Blocker(s)--------  ----------Waiter(s)----------
```

```
Resource Name      process session holds waits serial process session holds waits serial
TX-00090001-0000... 65      80    X          46027  59      71    X          62944
TX-0006001B-0000... 59      71    X          62944  65      80    X          46027


----- Information for waiting sessions -----
Session 80:
  sid: 80 ser: 46027 audsid: 110007 user: 109/C##SCOTT
  pdb: 1/CDB$ROOT
    flags: (0x41) USR/- flags2: (0x40009) -/-/INC
    flags_idl: (0x1) status: BSY/-/-/- kill: -/-/-/-/-
  pid: 65 O/S info: user: oracle, term: UNKNOWN, ospid: 83013
    image: oracle@oraclevm (TNS V1-V3)  client details:
    O/S info: user: oracle, term: pts/0, ospid: 83012
    machine: oraclevm program: sqlplus@oraclevm (TNS V1-V3)
    application name: SQL*Plus, hash value=3669949024
  current SQL:
  update emp set sal=sal+1 where empno=7566

Session 71:
  sid: 71 ser: 62944 audsid: 110009 user: 109/C##SCOTT
  pdb: 1/CDB$ROOT
    flags: (0x41) USR/- flags2: (0x40009) -/-/INC
    flags_idl: (0x1) status: BSY/-/-/- kill: -/-/-/-/-
  pid: 59 O/S info: user: oracle, term: UNKNOWN, ospid: 83027
    image: oracle@oraclevm (TNS V1-V3)  client details:
    O/S info: user: oracle, term: pts/1, ospid: 83026
    machine: oraclevm program: sqlplus@oraclevm (TNS V1-V3)
    application name: SQL*Plus, hash value=3669949024
  current SQL:
  update emp set sal=sal+1 where empno=7839

----- End of information for waiting sessions -----
```

从上面的输出信息可以看出以下关系。

（1）Session 80 拿到了资源 TX-00090001-0000...的锁，而 Session 71 正在等待这个资源的锁。

（2）Session 71 拿到了资源 TX-0006001B-0000...的锁，而 Session 80 正在等待这个资源的锁。

这时便造成了事务操作资源的互相等待，从而产生了死锁。当产生死锁时，Oracle 数据库与 MySQL 数据库的处理机制是一样的，都会自动回滚引起死锁的事务。

2．如何避免死锁

Oracle 数据库建议通过以下方式避免死锁的产生。

（1）以固定的顺序访问表和行。例如，有多个任务批量更新的情形，最简单的方法是先按照某个列进行排序，再执行批量更新，这样就避免了交叉等待锁的情形；又如，当多个事务操作相同的资源时，可以将两个事务的 SQL 顺序调整为一致，也能避免死锁。

（2）将大事务拆小。大事务更倾向于死锁，如果业务允许，将大事务拆成若干个小事务。

（3）在同一个事务中，尽可能做到一次锁定所需要的所有资源以降低死锁概率。

（4）降低隔离级别。如果业务允许，将隔离级别调低也是较好的选择。

（5）为表添加合理的索引。

7.2.4 【实战】监控 Oracle 数据库的锁

Oracle 数据库通过查询数据字典中的信息监控会话中的锁信息和会话的阻塞信息。比较重要的两个数据字典分别是 v$lock 和 v$enqueue_lock。v$lock 动态性能视图会列出 Oracle 数据库服务器当前拥有的锁以及未完成的锁请求。当 DBA 发现会话中存在锁的等待时，应该首先查询这张视图中的信息。而 v$enqueue_lock 用于监控锁的等待队列中的信息。

下面通过具体的示例演示如何监控 Oracle 数据库中锁的信息。

（1）为了操作方便，使用数据库管理员给 c##scott 用户授予 DBA 的角色。

```
grant dba to c##scott;
```

（2）开启两个命令行的会话窗口，并使用 c##scott 用户登录，执行以下语句确定会话的 ID，如图 7-8 所示。

会话1	会话2
SQL> select sid from v$mystat where rownum=1;	SQL> select sid from v$mystat where rownum=1;
SID ---------- 85	SID ---------- 76
SQL>	SQL>

图 7-8　查看会话 ID

（3）在两个会话窗口中分别执行以下语句，如图 7-9 所示。

```
会话 1:
SQL> update emp set ename='KING123' where empno=7839;
```

```
会话 2:
SQL> update emp set ename='KING456' where empno=7839;
```

图 7-9　会话被阻塞

　由于这两条 update 语句更新的是同一条记录，因此会话 2 将被会话 1 阻塞。

（4）使用数据库管理员开启第三个命令行会话窗口，并登录数据库执行以下语句。

```
SQL> select sid,type,lmode,request from v$lock
    where sid in (85,76) order by sid;
```

输出信息如下。

```
SID     TYPE    LMODE     REQUEST
-----   ------  --------  ---------
76      TX      0         6
76      AE      4         0
76      TM      3         0
85      TM      3         0
85      TX      6         0
85      AE      4         0
```

TYPE 表示锁的类型，LMODE 表示该会话已经获得的锁，而 REQUEST 表示该会话请求的锁。从输出信息可以看出，76 号会话在请求一个 6 号锁，这是一个排他锁；而 85 号会话获得了一个 6 号锁。但通过这里的信息还不能说明是 85 号会话阻塞了 76 号会话。

锁的模式信息请参考表 7-4。

（5）查询动态性能视图 v$enqueue_lock 获取锁的等待队列信息。

```
SQL> select sid,type,lmode,request
    from v$enqueue_lock where sid in (85,76) order by 1;
```

输出信息如下。

```
SID    TYPE     LMODE      REQUEST
----   -------- ---------- ---------
76     TX       0          6
76     AE       4          0
85     AE       4          0
```

在锁的等待队列中，可以看到 76 号会话在等待一个 6 号锁。这与查询 v$lock 数据字典所得到的信息是一致的。

（6）查询动态性能视图 v$session 获取阻塞 76 号会话的会话 ID。

```
SQL> select blocking_session from v$session where sid=76;
```

输出信息如下。

```
BLOCKING_SESSION
-----------------------------------
85
```

至此，可以得出结论：85 号会话阻塞了 76 号会话。如果使用 EM 管理器，可以很直观地看到命令行语句中得到的结论。

（7）打开 EM 管理器，并在左上角选择"性能"下拉列表下的"性能中心"，如图 7-10 所示。

图 7-10　EM 管理器的性能中心

（8）选择"资源消耗"→"阻塞会话"，如图 7-11 所示。

图 7-11　在 EM 上查看阻塞的会话

（9）在弹出的界面中，将光标放置在 SQL ID 上，将显示出被阻塞的 SQL 语句，如图 7-12 所示。

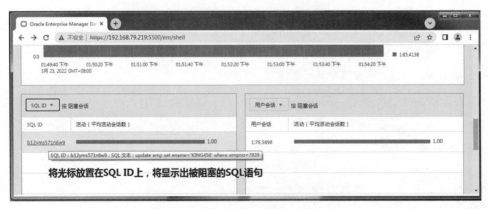

图 7-12　在 EM 上查看阻塞的 SQL

（10）在会话 1 的窗口中回滚事务，并重新执行步骤（4）。76 号会话和 85 号会话锁的信息如下。

```
SID    TYPE    LMODE    REQUEST
```

| ---- | ------- | -------- | ---------- |
76	AE	4	0
76	TX	6	0
76	TM	3	0
85	AE	4	0

此时，76 号会话获得了 6 号排他锁。

7.2.5 手动给数据库加锁

在 Oracle 数据库中，当执行数据库操作时会给相应的数据或数据库对象自动加锁，Oracle 数据库也可以通过使用 lock table 语句和 dbms_lock 程序包手动执行给 Oracle 数据库加锁。

1.【实战】使用 lock table 语句

lock table 语句用于锁定表、表分区或表子分区。lock table 语句的语法为

```
lock table tables in LOCK_MODE mode [ WAIT[, integer] | NOWAIT];
```

其中，WAIT 设置数据库将等待的整数秒数，以获取 DML 锁定；NOWAIT 设置数据库在获取 DML 锁定时不会进行等待；LOCK_MODE 设置锁定模式。Oracle 数据库支持的锁定模式见表 7-5。

表 7-5　锁定模式

锁 定 模 式	说　　明
ROW SHARE	允许同时访问表，但阻止用户锁定整个表以进行独占访问
ROW EXCLUSIVE	允许对表进行并发访问，但阻止用户以独占访问方式锁定整个表并以共享方式锁定表
SHARE UPDATE	允许同时访问表，但阻止用户锁定整个表以进行独占访问
SHARE	允许并发查询，但用户无法更新锁定的表
SHARE ROW EXCLUSIVE	用户可以查看表中的记录，但是无法更新表或锁定 SHARE 表中的表
EXCLUSIVE	允许查询锁定的表格，但不能进行其他活动

下面来看一个如何在 Oracle 数据库中使用 lock table 语句的例子。

```
SQL> lock table emp in exclusive mode
```

这个例子将会使用排他模式锁定员工表 emp。在当前会话释放锁之前，其他会话只能查询该表的数据。

2.【实战】使用 dbms_lock 程序包

Oracle 数据库提供的 dbms_lock 程序包主要用来控制数据库的并发访问。在高并发的情况下，必须控制好应用程序发送的并发请求、运行的时间和访问的次序，从而保证处理数据的正确性和完整性。对于这种业务需求，便可以使用 dbms_lock 程序包把需要控制的条件以合并参数的形式加上

锁，从而实现并发控制。dbms_lock 程序包中提供的主要方法见表 7-6。

表 7-6　dbms_lock 程序包中提供的主要方法

dbms_lock 程序包中的方法	方法的说明
ALLOCATE_UNIQUE	为指定的锁分配一个唯一的 ID
ALLOCATE_UNIQUE_AUTONOMOUS	功能与 ALLOCATE_UNIQUE 类似
CONVERT	转换锁的模式
RELEASE	释放一把锁
REQUEST	使用特定的模式请求一把锁

dbms_lock 程序包中比较重要的方法就是 REQUEST 方法，下面列出了该方法的声明及参数。

```
DBMS_LOCK.REQUEST(
   id                  IN  INTEGER ||
   lockhandle          IN  VARCHAR2,
   lockmode            IN  INTEGER DEFAULT X_MODE,
   timeout             IN  INTEGER DEFAULT MAXWAIT,
   release_on_commit   IN  BOOLEAN DEFAULT FALSE)
  RETURN INTEGER;
```

下面通过一个具体的示例演示如何使用 dbms_lock 程序包实现一个秒杀的功能。

（1）使用数据库管理员授权用户 Scott 执行 dbms_lock 程序包的权限。

```
SQL> grant execute on DBMS_LOCK to c##scott;
```

（2）切换到 c##scott 用户，创建一张表用来保存秒杀成功的客户端 ID。

```
SQL> conn c##scott/tiger
SQL> create table testlock (clientID number);
```

（3）创建存储过程 insert_new_row 执行秒杀。

```
SQL> create or replace procedure insert_new_row
(clientID in number,Lock_ID in number)
as
   flag number;
begin
   -- 请求得到锁。如果成功得到，立即返回 0
   flag := DBMS_LOCK.REQUEST(id=>Lock_ID,timeout=>0);

   if flag = 0 then
       -- 执行秒杀的业务逻辑，将客户端的 ID 保存到 testlock 表中
       insert into testlock values(clientID);

     -- 当前会话秒杀完成后，睡眠 2s
       DBMS_LOCK.SLEEP(2);

   end if;

   -- 秒杀完成，释放锁
```

```
        flag := DBMS_LOCK.RELEASE(id=>Lock_ID);
end;
/
```

 　　存储过程 insert_new_row 接收两个参数，一个是客户端 ID，另一个是请求的锁 ID。如果锁 ID 相同，则表示客户端请求的是同一把锁。

（4）开发应用程序调用存储过程 insert_new_row 执行秒杀。下面的代码是以 Java JDBC 为例调用存储过程 insert_new_row。

```java
//秒杀的主程序
public class TestOracleLock {

    //定义一把锁
    private static int LOCKID = 101;

    public static void main(String[] args) {
        //启动 100 个客户端模拟秒杀
        for(int i=0;i<100;i++) {
            //由于这 100 个客户端请求的是同一把锁
            //因此同一个时刻只有一个客户端能够得到锁，并执行秒杀
            TestOracleInsertThread client = new TestOracleInsertThread(i,LOCKID);
            client.start();
        }
    }
}

//调用存储过程执行秒杀
class TestOracleInsertThread extends Thread{

    private int clientID;
    private int lockID;

    public TestOracleInsertThread(int clientID,int lockID) {
        this.clientID = clientID;
        this.lockID = lockID;
    }

    public void run() {
        //定义数据库相关资源
        Connection conn = null;
        CallableStatement call = null;
        try {
            conn = 获取数据库连接;
            call = conn.prepareCall("{call insert_new_row(?,?)}");
            //设置客户端 ID 和锁 ID
            call.setInt(1, clientID);
            call.setInt(2, lockID);
```

```
        //调用存储过程，执行秒杀
        call.execute();
    }catch(Exception ex) {
        ex.printStackTrace();
    }finally {
        //释放 Java JDBC 资源
    }
}
}
```

（5）当成功执行 Java JDBC 程序后，在 testlock 表中将保存秒杀成功的客户端 ID。

7.3　本章思考题

1. 事务具有哪些特征？
2. Oracle 数据库事务支持哪些隔离级别？
3. 监控 Oracle 数据库的锁比较重要的数据字典有哪些？

第 *8* 章

多租户容器数据库

在早期的 Oracle 数据库版本中，一般情况下，一个数据库服务器只创建一个数据库。当创建的数据库比较多时，就需要更多的数据库服务器。这对服务器资源（CPU、内存、存储）是一种浪费。从 Oracle Database 12c 开始，Oracle 数据库引入了多租户特性，即容器数据库。该特性可以在一个数据库服务器上创建容器数据库，并管理多个可插拔数据库，从而降低了成本并提高了服务器资源的利用率。

本章重点与目标：

（1）了解 Oracle 数据库多租户的背景。

（2）掌握 Oracle 数据库多租户下的用户。

（3）掌握如何创建并使用 CDB 数据库和 PDB 数据库。

8.1　多租户容器数据库基础

多租户容器数据库（Multitenant Container Database，CDB）是 Oracle Database 12c 引入的一个新的特性。它指的是可以容纳一个或多个可插拔数据库（Pluggable Database，PDB）的数据库，这个特性允许在 CDB 的体系架构中创建并且维护多个数据库。在 CDB 中创建的数据库就是 PDB，而每个 PDB 在 CDB 中是相互独立存在的。在单独使用 PDB 时，与普通数据库无任何区别。

 CDB 也叫作根数据库，其主要作用就是容纳并管理所有相关的 PDB 及其元数据。CDB 也可以单独使用，从操作使用上看，CDB 与普通数据库无任何区别。

图 8-1 展示了多租户容器数据库的体系架构。

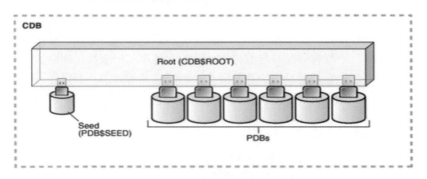

图 8-1　多租户容器数据库的体系架构

从图 8-1 可以看出，多租户容器数据库的体系架构由 3 部分组成，它们分别是 Root、PDB Seed 和 PDBs。表 8-1 详细列出了多租户容器数据库的组成部分及说明。

表 8-1　多租户容器数据库组成部分及说明

组成部分	说　　明
Root	Root 是 CDB 中的体系架构中的根数据库。在根数据库中含有主数据字典视图，其中包含了与 Root 有关的元数据和 CDB 中所包含的所有 PDB 信息。在 CDB 中被标识为 CDB$ROOT，每个 CDB 中只能有一个 Root
PDB Seed	Seed 是创建 PDB 的种子，在 CDB 中被标识为 PDB$SEED。Seed 是创建新 PDB 的模板。使用 SQL*Plus 命令行工具可以连接 PDB$SEED，但是不能执行任何事务操作。因为 PDB$SEED 是只读的，不可进行修改
PDBs	PDBs 是在 CDB 中创建的可插拔数据库，每个 PDB 都是独立存在的，它与传统的 Oracle 数据库基本无差别。每个 PDB 拥有自己的数据文件和数据库对象，唯一的区别在于 PDB 可以插入 CDB 中，也可以从 CDB 中拔出，并且在任何一个时间点上 PDB 必须拔出或插入一个 CDB 中。当用户连接 PDB 并操作时，不会感觉到 Root 和其他 PDB 的存在

从 Oracle Database 12c R2 开始，Oracle 数据库对多租户容器数据库的功能进行了增强，在 CDB Root 中可以创建一个叫作 Application Root 的容器，可在其内创建多个依赖于 Application Root 的 Application PDB，如图 8-2 所示。

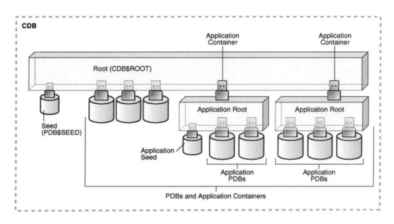

图 8-2　基于多租户容器数据库

8.2　多租户环境中的用户

操作 Oracle 数据库就必须要有数据库的账号，在多租户的容器数据库中也不例外。与传统类型的数据库不同的是，在 CDB 中包含两类用户账号，分别是公用用户和本地用户。

8.2.1　公用用户

公用用户是在 Root 和所有 PDB 中都存在的用户，并且公用用户必须在 Root 中创建。当创建了公用用户后，此用户会在所有现存的 PDB 中自动创建。公用用户的标识符必须以 c##或 C##开头，Oracle 数据库管理员用户 sys 和 system 是 Oracle 数据库在 CDB 中自动创建的公用用户。

创建完公用用户，需要为公用用户赋予所有可插拔数据库的权限，公用用户才可以访问其他 PDB，如果在连接 Root 时仅为公用用户赋予了相关权限，那么该权限不会被传递到所有的可插拔数据库中，必须为公用用户赋予能够传递到 PDB 中的权限。为了实现这样的目的，可以创建公用角色，然后赋予公用用户，或者在为公共用户付权时指定子句 container=all。

下面通过一个简单的示例演示公用用户。

（1）使用数据库管理员登录数据库。

```
SQL> conn / as sysdba
```

（2）创建一个名叫 c##testuser001,密码为 password 的公有用户。

```
SQL> create user c##testuser001 identified by password;
```

（3）为新创建的用户授予 DBA 的权限。授权时指定参数 container=all。

```
SQL> grant dba to c##testuser001 container=all;
```

（4）创建公有角色，并指定参数 container=all。

```
SQL> create role c##dbaprivs container=all;
```

```
SQL> grant dba to c##dbaprivs;
```

（5）将新创建的公有角色授予用户。

```
SQL> grant c##dbaprivs to c##testuser001;
```

8.2.2　本地用户

本地用户指的是在 PDB 中创建的普通用户，只有在创建它的 PDB 中才会存在该用户，并且 PDB 中只能创建本地用户。

8.3　创建和使用 CDB

要使用 Oracle 数据库提供的多租户容器数据库的功能，首先必须要创建 CDB 环境。其本质就是创建 CDB 的 Root。Oracle 数据库提供了不同的方式帮助数据库管理员创建和管理 CDB。

8.3.1　【实战】使用不同方式创建 CDB

CDB 中的 Root 可以通过 DBCA 的图形工具进行创建，也可以通过执行 SQL 脚本创建。

（1）参考 1.2.4 小节的步骤启动 DBCA，创建一个新的 Oracle 数据库。

（2）在 Specify Database Identification Details 界面上选择 Create a Container database with one or more PDBs，其他保持默认值，如图 8-3 所示。

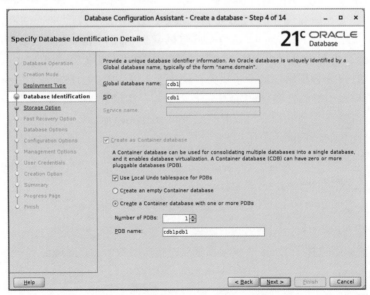

图 8-3　Specify Database Identification Details 界面

这里使用了名称 cdb1 创建了 CDB 中的 Root，并在该 CDB 中包含了一个名叫 cdb1pdb1 的 PDB。

（3）除了使用 DBCA 创建 CDB 环境外，也可以通过执行 SQL 脚本创建。

```
SQL> create database cdb2
     user sys identified by password user system identified by password
     logfile group 1 ('/u01/app/oradata/cdb2/redo1a.log',
                 '/u02/app/oradata/cdb2/redo1b.log') size 100m,
         group 2 ('/u01/app/oradata/cdb2/redo2a.log',
                 '/u02/app/oradata/cdb2/redo2b.log') size 100m
     character set al32utf8 national character set al16utf16
     extent management local datafile
                  '/u01/app/oradata/cdb2/system01.dbf' size 325m
     sysaux datafile    '/u01/app/oradata/cdb2/sysaux01.dbf' size 325m
     default temporary tablespace tempts1
            tempfile '/u01/app/oradata/cdb2/temp01.dbf' size 20m
     undo tablespace undotbs
            datafile '/u01/app/oradata/cdb2/undotbs01.dbf' size 200m
     enable pluggable database
     seed  file_name_convert = ('/u01/app/oradata/cdb2', '/u01/app/oradata/cdb2/seed');
```

8.3.2　【实战】操作 CDB

在成功创建了 CDB 后，就可以直接使用 SQL*Plus 命令行工具进行连接。下面通过具体的步骤进行演示。

（1）查看数据库监听器监听的数据库服务器信息。

```
lsnrctl status
```

输出信息如下。

```
...
Services Summary...
Service "c8209f27c6b16005e053362ee80ae60e" has 1 instance(s).
  Instance "cdb1", status READY, has 1 handler(s) for this service...
Service "cdb1" has 1 instance(s).
  Instance "cdb1", status READY, has 1 handler(s) for this service...
Service "cdb1XDB" has 1 instance(s).
  Instance "cdb1", status READY, has 1 handler(s) for this service...
Service "cdb1pdb1" has 1 instance(s).
  Instance "cdb1", status READY, has 1 handler(s) for this service...
Service "dba43374836c1201e0530100007f3d6e" has 1 instance(s).
  Instance "cdb1", status READY, has 1 handler(s) for this service...
...
```

从监听器的输出信息可以看出，Oracle 数据库的监听器监听了一个名叫 cdb1 的数据库服务和一个名叫 cdb1pdb1 的数据库服务。

（2）使用数据库管理员登录新创建的 CDB 根数据库。

```
sqlplus sys/password@cdb1 as sysdba
```

（3）查看当前数据库的名称。

```
SQL> show con_name;
```

输出信息如下。

```
CON_NAME
------------------------------
CDB$ROOT
```

（4）查看当前 CDB 的 Root 管理员的 PDB。

```
SQL> show pdbs;
```

输出信息如下。

```
CON_ID      CON_NAME        OPEN MODE        RESTRICTED
---------   --------------- ---------------  ------------------
2           PDB$SEED        READ ONLY        NO
3           CDB1PDB1        READ WRITE       NO
```

（5）也可以通过查询数据字典 v$pdbs 查看 PDB 的信息。

```
SQL> select con_id, dbid,name,open_mode from v$pdbs;
```

输出信息如下。

```
CON_ID      DBID            NAME        OPEN_MODE
---------   --------------- ----------  ----------------------
2           3428074394      PDB$SEED    READ ONLY
3           3933068257      CDB1PDB1    READ WRITE
```

8.4　创建和使用 PDB

在成功创建了 CDB 后，就可以进一步基于 Root 创建多个 PDB。Oracle 数据库提供了两种不同的方式帮助数据库管理员创建和管理 PDB。下面通过具体的演示介绍如何使用它们。

8.4.1　【实战】使用不同方式创建 PDB

可以使用 Oracle 数据库提供的 DBA 创建 PDB，也可以执行 SQL 脚本创建，以下是具体的操作步骤。

（1）启动 DBCA 创建 PDB，在 Select Database Operation 界面上选择 Manage Pluggable databases 单选按钮，并单击 Next 按钮，如图 8-4 所示。

（2）在 Manage Pluggable Databases 界面上选择 Create a Pluggable database 单选按钮，并单击 Next 按钮，如图 8-5 所示。

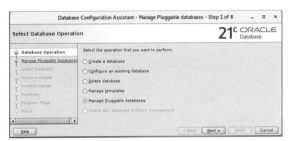

图 8-4　Select Database Operation 界面

图 8-5　Manage Pluggable Database 界面

（3）在 Select Source Database 界面上选择 CDB 的根数据库，并输入数据库管理员的账号信息，如图 8-6 所示，单击 Next 按钮。

（4）在 Create Pluggable Database 界面上选择 Create a new Pluggable database from another PDB，并在 Select Pluggable database 下拉列表中选择 PDB$SEED，如图 8-7 所示，单击 Next 按钮。

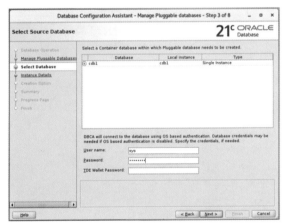

图 8-6　Select Source Database 界面

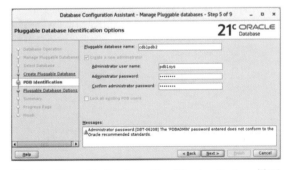

图 8-7　Create Pluggable Database 界面

（5）在 Pluggable Database Identification Options 界面上输入创建的 PDB 名称和管理员账户信息，如图 8-8 所示，单击 Next 按钮。

（6）在 Pluggable Database Options 界面上能看到新创建的 PDB 存储的位置，单击 Next 按钮，如图 8-9 所示。

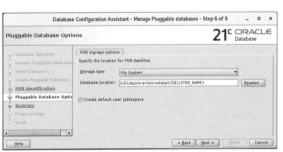

图 8-8　Pluggable Database Identification Options 界面

图 8-9　Pluggable Database Options 界面

（7）在 Summary 界面上单击 Finish 按钮，Oracle 数据库将会开始创建 PDB，如图 8-10 所示。

（8）PDB 的创建过程如图 8-11 所示。

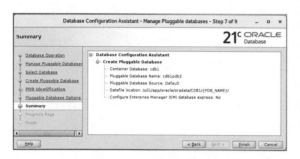

图 8-10　Summary 界面

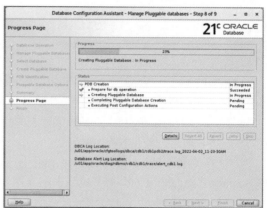

图 8-11　PDB 的创建过程界面

（9）PDB 创建成功，单击 Close 按钮，如图 8-12 所示。

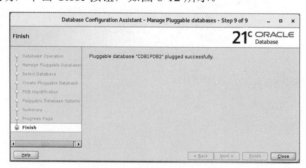

图 8-12　PDB 创建成功界面

（10）除了使用 DBCA 创建 PDB 外，也可以执行 SQL 脚本进行创建。使用 CDB 的管理员登录 Root。

```
SQL> sqlplus sys/password@cdb1 as sysdba
```

（11）执行以下语句，创建一个名叫 **cdb1pdb3** 的 PDB。

```
SQL> create pluggable database cdb1pdb3 admin user pdb3sys identified by password
    file_name_convert= ('/u01/app/oracle/oradata/CDB1/pdbseed',
                        '/u01/app/oracle/oradata/CDB1/cdb1pdb3');
```

（12）查看当前 CDB 环境中的 PDB 信息。

```
SQL> show pdbs;
```

输出信息如下。

```
CON_ID     CON_NAME      OPEN MODE    RESTRICTED
--------   ------------  -----------  --------------
     2     PDB$SEED      READ ONLY        NO
```

```
3       CDB1PDB1      READ WRITE       NO
4       CDB1PDB2      READ WRITE       NO
7       CDB1PDB3      MOUNTED
```

 注意：此时 CDB1PDB3 的状态是 MOUNTED。

（13）切换到 CDB1PDB3，并且启用该数据库。

```
SQL> alter session set container=CDB1PDB3;
SQL> alter database open;
```

（14）切换回 CDB$ROOT，并查看所有 PDB 的状态。

```
SQL> alter session set container=CDB$ROOT;
SQL> select con_id, dbid,name,open_mode from v$pdbs;
```

输出信息如下。

```
   CON_ID  DBID            NAME            OPEN_MODE
---------- ------------- -------------- ----------------------------
   2       3428074394      PDB$SEED        READ ONLY
   3       3933068257      CDB1PDB1        READ WRITE
   4       3022757484      CDB1PDB2        READ WRITE
   7       2938334566      CDB1PDB3        READ WRITE
```

8.4.2　【实战】使用客户端连接

在 PDB 创建成功后，就可以使用客户端进行连接。Oracle 数据库推荐以服务命名的方式连接 PDB。具体步骤如下。

（1）修改/u01/app/oracle/homes/OraDB21Home1/network/admin/tnsnames.ora 文件，输入以下服务配置信息。

```
cdb1pdb3 =
  (DESCRIPTION =
    (ADDRESS = (PROTOCOL = TCP)(HOST = oraclevm)(PORT = 1521))
    (CONNECT_DATA =
      (SERVER = DEDICATED)
      (SERVICE_NAME = cdb1pdb3)
    )
  )
```

（2）使用 SQL*Plus 命令行客户端连接 cdb1pdb3。

```
sqlplus pdb3sys/password@cdb1pdb3
```

（3）登录成功后，查看当前数据库名称。

```
SQL> show con_name;
```

输出信息如下。

```
CON_NAME
------------------------------
CDB1PDB3
```

（4）查看当前登录的用户名称。

```
SQL> show user;
```

输出信息如下。

```
USER is "PDB3SYS"
```

　　由于 PDB 的使用方法与传统 Oracle 数据库的使用方法完全一样，后续的具体操作就不再演示了。

8.5　本章思考题

1. 多租户容器数据库的体系架构包含哪几个部分？
2. 在多租户容器数据库中，公用用户和本地用户的区别是什么？

第 3 篇
Oracle 数据库备份与恢复

本篇着重为读者介绍 Oracle 数据库如何实现备份与恢复，这也是 Oracle 数据库管理员所必备的技能，包括备份与恢复基础、使用闪回恢复数据、用户管理的备份与恢复，以及 RMAN 的备份与恢复。本篇的知识结构和详细内容如下：

- 第9章 备份与恢复基础
  - 9.1 备份与恢复的基本概念
  - 9.2 数据库的故障类型与备份的基本术语
  - 9.3 配置数据库的可恢复性
  - 9.4 在Oracle数据库中移动数据

- 第10章 使用闪回技术恢复数据
  - 10.1 Oracle数据库闪回技术基础
  - 10.2 使用闪回查询
  - 10.3 使用闪回版本查询
  - 10.4 使用闪回表恢复数据
  - 10.5 使用闪回数据库恢复数据
  - 10.6 使用闪回删除操作回收站
  - 10.7 使用闪回事务查询撤销事务
  - 10.8 使用闪回数据归档
  - 10.9 日志挖矿机LogMiner

- 第3篇 Oracle数据库的备份与恢复

- 第11章 用户管理的备份与恢复
  - 11.1 用户管理的备份与恢复简介
  - 11.2 用户管理的备份与恢复实战
  - 11.3 用户管理的备份
  - 11.4 归档模式下用户管理的完全恢复
  - 11.5 非归档模式下用户管理的不完全恢复

- 第12章 RMAN的备份与恢复
  - 12.1 RMAN的体系架构
  - 12.2 RMAN备份基础
  - 12.3 深入RMAN的备份
  - 12.4 RMAN的恢复
  - 12.5 RMAN的高级设置

第 9 章

备份与恢复基础

数据库在运行过程中会出现各种故障，因此对数据库进行必要的备份是非常重要的。有了数据库的备份，就可以在数据库出现错误时保证数据的安全。因此，Oracle 数据库提供了强大的数据库备份与恢复机制。

本章重点与目标：

（1）了解备份与恢复的基本概念与术语。

（2）理解配置数据库可恢复性的必要性。

（3）掌握如何利用数据泵移动 Oracle 数据库的数据。

9.1　备份与恢复的基本概念

备份数据库就是将数据库中的数据以及保证数据库系统正常运行的有关信息保存起来,以备系统出现故障后恢复数据库时使用。备份的对象不局限于数据本身,也包括和数据相关的数据库对象、用户及权限、数据库环境等。恢复数据库是将数据库系统从故障或瘫痪状态恢复到可正常运行的状态,并能够将数据恢复到可接收状态的活动。

Oracle 数据库支持以下 3 种数据库备份与恢复的方式。

(1)用户管理的备份与恢复。

(2)RMAN（Recovery Manager）的备份与恢复。

(3)OSB（Oracle Secure Backup）的备份与恢复。

用户管理的备份与恢复是使用操作系统的 copy 命令进行的,在第 11 章中将介绍这种方式。

RMAN 的备份与恢复是 Oracle 数据库推荐的方式,在第 12 章中将介绍这种方式。

OSB 的备份与恢复主要用于将数据库备份到磁带。

在评估数据库可恢复性时有以下两个非常重要的指标。

(1)mtbf（mean time between failure）:平均失败时间,指 Oracle 数据库发生两次故障的平均间隔时间。在理想情况下,mtbf 的值应该是无穷大。

(2)mttr（mean time to recovery）:平均恢复时间,指 Oracle 数据库从发生故障到恢复所需要的平均时间。在理想情况下,mttr 的值应该为 0。数据库管理员可以通过参数 fast_start_mttr_target 指定数据库的平均恢复时间。

```
SQL> show parameter fast_start_mttr_target
```

输出信息如下。

```
NAME                            TYPE        VALUE
------------------------------- ----------- --------
fast_start_mttr_target          integer     0
```

fast_start_mttr_target 参数的默认值为 0,表示数据库从故障中恢复所需的平均时间由 Oracle 数据库本身决定。

9.2　数据库的故障类型与备份的基本术语

数据库在运行过程中存在各种故障类型,针对不同的数据库错误有不同的备份策略和术语。因此,在开始学习 Oracle 的备份与恢复之前,有必要了解一下这些相关的内容。

9.2.1　数据库的故障类型

Oracle 数据库出现的故障类型有很多，但主要可以分为以下几种：语句错误、用户进程错误、网络故障、用户错误、实例错误和介质故障。下面分别介绍这几种故障类型以及相应的解决方案。

1．语句错误

语句错误是指操作单个数据库失败，如执行 select、insert、update 或 delete 操作时发生了错误。单个数据库操作失败后可能需要 DBA 进行干预，才能纠正用户的权限或数据库空间分配中的错误。即使是未直接发生在任务范围内的问题，DBA 也可以协助诊断故障和解决问题。对于使用数据库的应用程序，在没有软件开发人员的情况下，DBA 是唯一的联系点，因此必须由其检查应用程序中的逻辑错误。表 9-1 列举了典型的语句错误以及可能的解决方法。

表 9-1　典型的语句错误

典型问题	可能的解决方法
尝试在表中输入无效的数据	与用户合作来验证并更正数据
尝试在权限不足时执行操作	提供适当的对象或系统权限
尝试分配未成功分配的空间	● 启用可恢复的空间分配。 ● 增加所有者限额。 ● 增加表空间的空间
应用程序中的逻辑错误	与开发人员合作更正程序错误

2．用户进程错误

为了确保服务器进程会话仍保持连接，进程监视器 PMON 进程会定期轮询服务器进程。如果 PMON 进程发现某个服务器进程的用户进程不再处于连接状态，则 PMON 进程会从任何正在进行的事务处理中进行恢复；PMON 进程还会回滚没有提交的更改并释放失败会话中持有的所有锁。PMON 进程恢复失败的用户进程时不需要数据库管理员 DBA 的干预，但是 DBA 必须观察 PMON 进程恢复的趋势。例如，个别的用户存在异常断开的情况，或者有时出现少量的用户进程失败的情况，或者数据库存储是否存在一致性故障和系统性故障。但如果用户进程与服务器进程异常断开连接比例较高，则可能表示用户在操作数据库时存在问题，可能需要专业的培训。此外，还有一种可能就是存在网络或应用程序问题。表 9-2 列举了典型的用户进程错误以及可能的解决方法。

表 9-2　典型的用户进程错误

典型问题	可能的解决方法
用户执行了异常断开连接操作	通常不需要 DBA 执行操作就可以解决用户进程错误。实例后台进程会回退未提交的更改并解除锁定
用户会话已异常终止	
用户遇到了终止会话的程序错误	

3．网络故障

当出现网络故障时，最佳的解决方法是为网络连接提供冗余的网络路径。通过备份监听程序、网络连接和网络接口等可以降低出现网络故障时对数据库产生的影响，从而提高系统的可用性。

表 9-3 列举了典型的网络错误以及可能的解决方法。

表 9-3　典型的网络错误

典 型 问 题	可能的解决方法
监听程序失败	配置备份监听程序和连接时故障转移
网络接口故障	配置多个网卡
网络连接失败	配置备份网络连接

4．用户错误

用户错误是指用户成功完成了操作，但是操作不正确，如误删了表和表空间、误删了数据等。如果尚未提交事务，或还没有退出应用程序，则只需回退。表 9-4 列举了典型的用户错误以及可能的解决方法。

表 9-4　典型的用户错误

典 型 问 题	可能的解决方法
用户无意中删除或修改了数据	回退事务处理及其从属事务处理或回读表
用户删除了表	从回收站恢复表

5．实例错误

实例错误是指数据库实例意外关闭。具体来说，是指数据库在同步所有的数据库文件之前就关闭了数据库实例，这时就会发生实例错误。在以下情况下数据库也可能会发生实例错误，如出现软硬件故障、使用 shutdown abort 紧急关闭数据库、使用 startup force 命令等。数据库管理员 DBA 在实例错误恢复中需要进行的工作，通常仅限于重新启动实例和努力避免将来发生这种情况，因为 Oracle 数据库的实例恢复是由系统监视 SMON 进程自动完成的。表 9-5 列举了典型的实例错误以及可能的解决方法。

表 9-5　典型的实例错误

典 型 问 题	可能的解决方法
断电	使用 startup 命令重新启动实例。从实例错误中进行恢复是自动执行的，包括前滚重做日志文件中的更改和回退任何未提交的事务处理
硬件故障	
有一个关键后台进程出现故障	
紧急关闭过程	

6．介质故障

介质故障是指丢失了一个或多个数据库文件，如文件已删除或磁盘出现了故障。Oracle 数据库将介质故障定义为导致一个或多个数据库文件丢失或损坏的任何故障。这里的数据库文件包括数据文件、控制文件或重做日志文件等。表 9-6 列举了典型的介质错误以及可能的解决方法。

9

备份与恢复基础

表 9-6　典型的介质错误

典 型 问 题	可能的解决方法
磁盘驱动器故障	（1）从备份中还原受影响的文件。
磁盘控制器故障	（2）将新文件的位置通知给数据库。
删除或损坏了数据库文件	（3）通过应用重做信息恢复文件

9.2.2　备份的基本术语

备份可以按照以下 3 种方式进行划分。Oracle 数据库支持以下列举的所有备份的方式。

1）按照备份策略划分为整体备份和部分备份

整体备份也叫作整个数据库备份，它包括备份所有数据文件和至少一个控制文件。

部分备份也叫作部分数据库备份，它可能包括备份零个或多个表空间、零个或多个数据文件、零个或一个控制文件。

2）按照备份类型划分为完全备份和增量备份

完全备份会备份所有数据文件中的所有信息，通过完全备份会创建一个包含所有数据的数据库文件副本。

增量备份只备份某次备份以来更改过的信息，通过增量备份会创建一个自以前某次备份以来更改过的所有数据块副本。

3）按照备份模式划分为一致备份和非一致备份

一致备份也叫作冷备份或脱机备份，它是在数据库处于关闭状态下进行的备份。之所以称为一致备份，是因为进行备份时数据文件的系统改变号（SCN）与控制文件中的系统改变号（SCN）相匹配。　换句话说，就是 Oracle 数据库内存实例中的脏数据已经写入了数据文件。

非一致备份也叫作热备份或联机备份。它是在数据库处于正常运行状态下进行的备份。之所以称为非一致备份，是因为数据库处于运行状态时不能确保数据文件与控制文件同步。如果使用了非一致备份，则需要按顺序进行恢复。

9.3　配置数据库的可恢复性

既然在数据库中会发生各种故障，在日常维护数据库的过程中就需要保证数据库的可恢复性。换句话说，就是当发生故障时，Oracle 数据库能够恢复到之前正常运行的状态，以保证数据的安全。

9.3.1　物理存储文件的可恢复性

Oracle 数据库将所有的数据和参数配置保存在硬盘的物理文件上，因此配置数据库的可恢复性的本质就是配置这些物理文件的可恢复性。这里的物理存储文件主要有以下几种。

1. 参数文件

在 2.2.2 小节中介绍了 Oracle 数据库的参数文件，Oracle Database 9i 以后采用的是 SPFile 类型的参数文件，该文件是一个二进制类型的文件。因此，为了恢复参数文件，需要备份这个 SPFile 文件。例如，下面的语句将 SPFile 类型的参数文件备份到了 PFile 类型的参数文件中。

```
SQL> create pfile='/home/oracle/pfile.ora' from spfile;
```

 当采用 RMAN（Recovery Manager）备份数据库时，可以自动备份数据库的参数文件。关于 RMAN 的内容，将在第 12 章中进行介绍。

2. 数据文件

由于数据库中的数据都保存在数据文件中，因此，要配置数据文件的可恢复性，需要定期对数据文件进行备份。

3. 控制文件

由于在控制文件中记录了数据文件和日志文件的位置信息，因此 Oracle 数据库推荐以多路复用的方式配置控制文件的可恢复性，即同一个数据库的控制文件有两份完全一样的控制文件。通过以下语句可以查看 Oracle 数据库中的控制文件的位置。

```
SQL> select name from v$controlfile;
```

输出信息如下。

```
NAME
----------------------------------------------------------
/u01/app/oracle/oradata/ORCL/control01.ctl
/u01/app/oracle/fast_recovery_area/ORCL/control02.ctl
```

 当采用 RMAN（Recovery Manager）备份数据库时，可以自动备份数据库的控制文件。

4. 重做日志文件

Oracle 数据库使用了日志组来管理重做日志文件。通过查询动态性能视图 v$logfile，可以看到，在默认情况下 Oracle 数据库有 3 个重做日志组，而每个组中只有一个成员。

```
SQL> select group#,member from v$logfile order by 1;
```

输出信息如下。

```
GROUP#    MEMBER
--------- --------------------------------------------------
1         /u01/app/oracle/oradata/ORCL/redo01.log
2         /u01/app/oracle/oradata/ORCL/redo02.log
3         /u01/app/oracle/oradata/ORCL/redo03.log
```

要配置重做日志文件的可恢复性，应该使每个日志组中有两个以上的成员。Oracle 数据库在写入重做日志时，会将其同时写入同一个组中的所有成员。这样即使组中的某个成员发生了损坏，也可以使用其他成员中存储的日志信息。

以下语句向 1 号日志组中写入了一个新的重做日志文件。

```
SQL> alter database add logfile member '/u01/app/oracle/oradata/ORCL/
redo01-01.log'
    to group 1;
```

重新查询 v$logfile 动态性能视图。

```
SQL> select group#,member from v$logfile order by 1;
```

输出信息如下。

```
GROUP#     MEMBER
---------- ---------------------------------------------------
1          /u01/app/oracle/oradata/ORCL/redo01.log
1          /u01/app/oracle/oradata/ORCL/redo01-01.log
2          /u01/app/oracle/oradata/ORCL/redo02.log
3          /u01/app/oracle/oradata/ORCL/redo03.log
```

9.3.2　数据库的归档模式与归档日志文件

在默认情况下，Oracle 数据库采用的是非归档模式。换句话说，就是当重做日志被写满时，数据库会覆盖之前的重做日志信息，这样就会导致重做日志信息的丢失。为了保证所有的重做日志都不会被覆盖，一般建议在生产环境中启用 Oracle 数据库的归档模式。当重做日志被写满时，Oracle 数据库会首先产生归档日志文件以备份重做日志，然后再覆盖重做日志文件。这样就可以保证在数据库产生故障时，能够完全恢复数据库中的数据。

1.【实战】设置 Oracle 数据库的归档模式

归档日志模式与非归档日志模式相对应，它会保留所有重做日志的历史。这种日志操作模式不仅可以用在保护实例失败的情况下，还可以用在保护介质损坏的情况下。通过下面的步骤可以将 Oracle 数据库切换到归档模式上。

（1）使用管理员登录数据库，查看 Oracle 数据库的日志模式。

```
SQL> archive log list;
```

输出信息如下。

```
Database log mode              No Archive Mode（默认是非归档模式）
Automatic archival             Disabled
Archive destination            USE_DB_RECOVERY_FILE_DEST
Oldest online log sequence     1
Current log sequence           3
```

（2）关闭数据库实例，并重新启动到 mount 状态。

```
SQL> shutdown immediate
SQL> startup mount
```

（3）修改日志模式为归档模式，并打开数据库。

```
SQL> alter database archivelog;
SQL> alter database open;
```

（4）重新查看 Oracle 数据库的日志模式。

```
SQL> archive log list;
```

输出信息如下。

Database log mode	Archive Mode（归档模式）
Automatic archival	Disabled
Archive destination	USE_DB_RECOVERY_FILE_DEST
Oldest online log sequence	1
Current log sequence	3

2.【实战】归档日志文件

重做日志文件的副本就是归档日志文件，它只在 Oracle 数据库日志模式处于归档模式下才会产生，图 9-1 说明了这一过程。

图 9-1　重做日志文件与归档日志文件

Oracle 数据库建议通过以下方式简化归档日志文件的管理。

（1）指定归档日志文件的命名惯例。

（2）指定用于存储归档日志文件的一个或多个目标位置。

 默认情况下，Oracle 数据库会把归档日志文件保存到 Oracle 数据库的快速恢复区。这是通过参数 db_recovery_file_dest 决定的。

以下语句将查看参数 db_recovery_file_dest 的设置。

```
SQL> show parameter db_recovery_file_dest
```

输出信息如下。

```
NAME                        TYPE          VALUE
--------------------------- ------------ ----------------
db_recovery_file_dest       string        /u01/app/oracle/fast_recovery_area
db_recovery_file_dest_size  big integer   11511M
```

如果要手动设置归档日志文件的位置，Oracle 数据库一共可以配置 31 个归档日志文件的存储目录。执行以下语句将设置两个归档日志的目录。

（1）创建目录/home/oracle/logarchive/a1 和/home/oracle/logarchive/a2。

```
mkdir -p /home/oracle/logarchive/a1;
```

```
mkdir -p /home/oracle/logarchive/a2;
```

（2）使用管理员登录数据库，并设置归档日志文件的目录。

```
SQL> alter system set log_archive_dest_1='location=/home/oracle/logarchive/a1';
SQL> alter system set log_archive_dest_2='location=/home/oracle/logarchive/a2';
```

（3）手动切换 Oracle 数据库的日志。

```
SQL> alter system switch logfile;
```

（4）查看归档日志目录下产生的归档日志文件。

```
tree /home/oracle/logarchive/
```

输出信息如下。

```
/home/oracle/logarchive/
├── a1
│   └── 1_3_1090578128.dbf
└── a2
    └── 1_3_1090578128.dbf
```

9.4 在 Oracle 数据库中移动数据

在 Oracle 数据库中移动数据的本质是使用 Oracle 数据库提供的数据泵完成数据的导出和导入。因此，移动数据也可以看作一种数据备份与恢复的方式。

9.4.1 Oracle 数据库移动数据的系统架构

Oracle 数据库移动数据的系统架构如图 9-2 所示。
下面将介绍这个架构中主要的功能组件的作用。

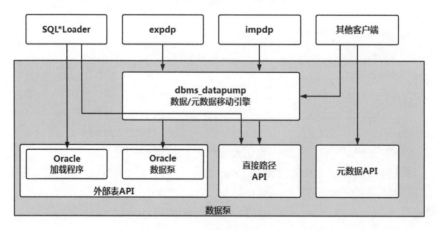

图 9-2 移动数据的系统架构

1．dbms_datapump

dbms_datapump 程序包中包括高速导出与导入数据库数据和元数据的实用程序 API，可用于批量移动数据和元数据。

2．直接路径 API (DPAPI)

Oracle 数据库支持直接路径 API 接口，可在卸载和加载时将数据转换量与分析工作量降至最低。

3．元数据 API

数据库管理员或应用程序使用 DBMS_METADATA 程序包可以加载和删除 Oracle 数据库中所有的元数据。在 Oracle 数据库中，对象的定义是使用 XML 进行存储的，而不是使用 SQL 语句。

4．外部表 API

Oracle 数据库的外部表使用 Oracle 数据泵（Oracle Datapump）和 Oracle 加载程序（Oracle Loader）可以直接访问存储在数据库外部的数据。这样，再使用 select 语句可读取外部的数据，好像外部的数据存储在 Oracle 数据库中一样。

5．SQL*Loader

SQL*Loader 客户端可以将外部数据文件加载在数据库的内部，并且可以与 Oracle 数据库的外部表集成在一起，因此，可为外部表访问参数提供自动移植的配置参数文件。

6．expdp 和 impdp

expdp 和 impdp 是两个轻量级的数据迁移命令，它们通过调用 dbms_datapump 程序包实现数据的导入和导出。

7．其他客户端

得益于 Oracle 数据库数据迁移的基础架构，还有一些客户端也可以完成数据的迁移工作，如 Database Control、复制应用程序、可移动表空间应用程序和用户应用程序。SQL*Plus 也可用作数据迁移的一个客户端，但只提供实时操作的状态查询。

9.4.2　使用 Oracle 数据泵移动数据

当使用 Oracle 数据泵移动数据时，需要使用目录对象访问操作系统的文件系统目录。目录对象也是 Oracle 数据库的数据对象，它包含了特定操作系统目录的位置。有了目录对象后，就不需要对目录路径进行硬编码，因此可以获得更大的文件管理灵活性。目录对象由 Oracle 数据库的 sys 用户拥有，且在数据库中必须是唯一的。当数据泵指定文件位置时，直接使用目录对象即可。数据泵访问的文件目录都在服务器上，而不是在客户端上。下面的步骤将创建一个名叫 mydir 的目录对象，代表宿主机的/home/oracle/mydata 目录。

（1）创建/home/oracle/mydata 目录。

```
mkdir -p /home/oracle/mydata
```

（2）使用数据库管理员创建目录对象。

```
SQL> create directory mydir as '/home/oracle/mydata';
```

使用 Oracle 数据泵迁移数据的核心是使用 dbms_datapump 程序包中的方法完成数据的导入和导出，下面列举了该程序包中的主要方法。

```
PROCEDURE ADD_FILE
Argument Name        Type              In/Out       Default?
--------------       ---------------   ------------  ------------------
HANDLE               NUMBER            IN
FILENAME             VARCHAR2          IN
DIRECTORY            VARCHAR2          IN           DEFAULT
FILESIZE             VARCHAR2          IN           DEFAULT
FILETYPE             NUMBER            IN           DEFAULT
REUSEFILE            NUMBER            IN           DEFAULT


FUNCTION OPEN RETURNS NUMBER
Argument Name        Type              In/Out       Default?
--------------       ---------------   ------------  ------------------
OPERATION            VARCHAR2          IN
JOB_MODE             VARCHAR2          IN
REMOTE_LINK          VARCHAR2          IN           DEFAULT
JOB_NAME             VARCHAR2          IN           DEFAULT
VERSION              VARCHAR2          IN           DEFAULT
COMPRESSION          NUMBER            IN           DEFAULT
ENA_SEC_ROLES        NUMBER            IN           DEFAULT


PROCEDURE METADATA_FILTER
Argument Name        Type              In/Out       Default?
----------------     --------------    ------------  ------------------
HANDLE               NUMBER            IN
NAME                 VARCHAR2          IN
VALUE                VARCHAR2          IN
OBJECT_PATH          VARCHAR2          IN           DEFAULT
OBJECT_TYPE          VARCHAR2          IN           DEFAULT


PROCEDURE METADATA_FILTER
Argument Name        Type              In/Out       Default?
--------------       ------------------ ------------ ------------------
HANDLE               NUMBER            IN
NAME                 VARCHAR2          IN
VALUE                CLOB              IN
OBJECT_PATH          VARCHAR2          IN           DEFAULT
OBJECT_TYPE          VARCHAR2          IN           DEFAULT


PROCEDURE START_JOB
Argument Name        Type              In/Out       Default?
```

```
--------------- ----------------- ----------- -------------------
HANDLE              NUMBER          IN
SKIP_CURRENT        NUMBER          IN          DEFAULT
ABORT_STEP          NUMBER          IN          DEFAULT
CLUSTER_OK          NUMBER          IN          DEFAULT
SERVICE_NAME        VARCHAR2        IN          DEFAULT


PROCEDURE DETACH
Argument Name       Type            In/Out      Default?
--------------- ----------------- ----------- -------------------
HANDLE              NUMBER          IN


PROCEDURE METADATA_REMAP
Argument Name       Type            In/Out      Default?
--------------- ----------------- ----------- -------------------
HANDLE              NUMBER          IN
NAME                VARCHAR2        IN
OLD_VALUE           VARCHAR2        IN
VALUE               VARCHAR2        IN
OBJECT_TYPE         VARCHAR2        IN          DEFAULT
```

1.【实战】使用数据泵导出用户下的表

使用 Oracle 数据泵可以很方便地导出用户下的一张或多张表。下面的 PL/SQL 程序将导出 c##scott 用户下的部门表 dept 和员工表 emp。

```
SQL> declare
    --数据泵的操作句柄
    h1 number;
begin
    --打开一个数据泵,并指定任务的模式为导出表
    h1 := dbms_datapump.open(operation=>'EXPORT',job_mode=>'TABLE');

    --设定导出的用户名和表名
    DBMS_DATAPUMP.METADATA_FILTER(
                        handle=>h1,
                        name=>'SCHEMA_EXPR',
                        value=>'IN (''c##scott'')');
    DBMS_DATAPUMP.METADATA_FILTER(
                        handle=>h1,
                        name=>'NAME_EXPR',
                        value=>'IN (''DEPT'',''EMP'')');

    --指定导出数据生成的数据文件和目录对象
    DBMS_DATAPUMP.ADD_FILE (handle=>h1,filename=>'mydata1.dmp',directory=>
'MYDIR');

    --开始执行数据泵数据导出作业
    DBMS_DATAPUMP.START_JOB(handle=>h1);
```

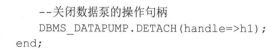

```
    --关闭数据泵的操作句柄
    DBMS_DATAPUMP.DETACH(handle=>h1);
 end;
 /
```

 当 PL/SQL 程序执行完成时，将在目录/home/oracle/mydata 下生成一个名叫 mydata1.dmp 的文件。

2.【实战】使用数据泵导入用户下的表

在成功导出用户下的表后，使用 Oracle 数据泵也可以很方便地将导出的表导入另一个用户下。下面的 PL/SQL 程序将把 c##scott 用户下的部门表 dept 和员工表 emp 导入 c##myscott 用户下。

```
SQL> set serveroutput on
SQL> declare
    --数据泵的操作句柄
    h1 number;
    --任务完成的状态
    job_status VARCHAR2(30);
begin
    --打开一个数据泵，并指定任务的模式为导入表
    h1 := dbms_datapump.open(operation=>'IMPORT',job_mode=>'TABLE');

    --指定要导入的数据文件和目录对象
    dbms_datapump.add_file (handle=>h1,filename=>'mydata1.dmp',directory=>
'MYDIR');

    --将用户名进行重新映射，从 c##scott 导入 c##myscott
    dbms_datapump.metadata_remap(handle=>h1,name=>'REMAP_SCHEMA',
                        old_value=>'c##scott',
                        value=>'c##myscott');

    --开始执行数据泵数据导入作业
    dbms_datapump.start_job(handle=>h1);
    dbms_output.put_line('DataPump Import- '||to_char(sysdate,'DD/MM/YYYY
HH24:MI:SS')||' Status '||job_status);

    --关闭数据泵的操作句柄
    dbms_datapump.detach(handle=>h1);
 end;
 /
```

 在执行导入之前，使用下面的语句先创建用户 c##myscott。

```
SQL> create user c##myscott identified by password;
SQL> grant connect,resource to c##myscott;
```

3.【实战】使用数据泵导出用户下的所有数据库对象

使用 Oracle 数据泵也可以导出某个用户下所有的数据库对象。下面的 PL/SQL 程序将导出 c##scott 用户下所有的数据库对象。

```
SQL> declare
  --数据泵的操作句柄
  h1 number;
begin
  --打开一个数据泵，并指定任务的模式为导出 schema 方案，即用户
  h1 := dbms_datapump.open(operation=>'export',job_mode=>'schema');

  --指定要导出的 schema 名称，即用户名
  dbms_datapump.metadata_filter(handle=>h1,
                                name=>'SCHEMA_EXPR',
                                value=>'in (''c##scott'')');
  --指定要导出的数据文件和目录对象
  dbms_datapump.add_file(handle=>h1,
                         filename=>'scott_schema.dmp',
                         directory=>'MYDIR');

  --开始执行数据泵数据导出作业
  dbms_datapump.start_job(handle=>h1);

  --关闭数据泵的操作句柄
  dbms_datapump.detach(handle=>h1);
end;
/
```

4.【实战】使用数据泵导入用户下的所有数据库对象

在成功导出用户下的所有数据库对象后，使用 Oracle 数据泵也可以很方便地将所有内容导入另一个用户下。下面的 PL/SQL 程序将把 c##scott 用户下的所有数据库对象导入 c##myscott 用户下。

```
SQL> set serverout on
SQL> declare
  --数据泵的操作句柄
  h1 number;

  --任务完成的状态
  job_status VARCHAR2(30);
begin
  --打开一个数据泵，并指定任务的模式为导入 schema
  h1 := dbms_datapump.open(operation => 'IMPORT',
                           job_mode => 'SCHEMA');

  --指定导入时的原 schema 名称和新 schema 名称
  dbms_datapump.METADATA_REMAP(handle=>h1,
                               name=>'REMAP_SCHEMA',
```

```
                               old_value =>'c##scott',
                               value=>'c##myscott');

    --指定导入的数据文件和目录对象
    dbms_datapump.add_file(handle=>h1,
                        filename=>'scott_schema.dmp',
                        directory=>'MYDIR');

    --开始执行数据泵数据导入作业
    dbms_datapump.start_job(handle=>h1);
    dbms_datapump.wait_for_job(handle => h1,job_state => job_status);

    --输出导入完成的信息
    dbms_output.put_line('DataPump Import- '||to_char(sysdate,'DD/MM/YYYY
HH24:MI:SS')||' Status '||job_status);

    --关闭数据泵的操作句柄
    dbms_datapump.detach(handle=>h1);
 end;
 /
```

9.4.3 使用 SQL*Loader 加载数据

SQL*Loader 是 Oracle 数据库提供的用于加载数据的一个工具，它比较适合业务分析类型的数据仓库应用。通过使用 SQL*Loader 能处理多种格式的文本文件，并将其载入数据库的表。SQL*Loader 执行批量数据的加载比传统的数据插入效率更高。图 9-3 展示了 SQL*Loader 的结构。

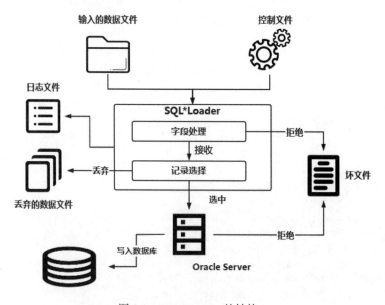

图 9-3 SQL*Loader 的结构

从图 9-3 可以看出，使用 SQL*Loader 加载数据时会存在以下几种文件。

（1）控制文件，用于指定 SQL*Loader 加载数据时的参数设置，如分隔符、导入的表等信息。下面是一个控制文件的示例。

```
load data              -----> 标准写法，都这句话开头
infile *               -----> 数据文件的位置
                       如果是*号，数据就在控制文件中
                       如果数据是一个单独的数据文件，写具体的数据文件的名字
into table test1       -----> 将数据导入的表，表必须事先存在
                       into 关键字的前面还可以设置下面的参数。
                           (*) INSERT：默认值，导入数据前，表中必须不能存在数据
                           (*) APPEND：表示在原来的表上追加新的记录
                           (*) TRUNCATE：表示清空表后，再插入数据
                           (*) REPLACE：类似 TRUNCATE 选项

fields terminated by ','  -----> 设置数据部分的分隔符
(tid,tname,age)           -----> 对应表的列名是什么
begindata                 -----> 当infile 为*号时，数据可以使用 begindata 放在控制文件中
1,Tom,23
2,Mary,24
```

（2）数据文件，SQL*Loader 加载数据时将从数据文件中读取数据。数据可以单独存放在文件中，也可以与控制文件放在一个文件中。

（3）日志文件，用于记录 SQL*Loader 在导入数据的过程中产生的日志信息。

（4）错误文件，用于记录 SQL*Loader 在导入数据的过程中不满足格式要求的数据记录。

（5）废弃文件，用于记录 SQL*Loader 在导入数据的过程中没有导入成功的数据记录。

1.【实战】SQL*Loader 的基本用法

在了解了 SQL*Loader 的基本作用后，这里通过具体的示例演示 SQL*Loader 的基本用法。

1）使用 SQL*Loader 导入固定格式的记录

（1）创建/home/oracle/loader 目录用于存放 SQL*Loader 的控制文件和数据文件。

```
mkdir -p /home/oracle/loader
cd /home/oracle/loader
```

（2）在/home/oracle/loader 目录下创建固定格式记录的数据文件 data01.txt，文件内容如下。

```
1,Tom,23
2,Mary,24
```

（3）在/home/oracle/loader 目录下创建 SQL*Loader 的控制文件 test1.ctl，文件内容如下。

```
load data
infile 'data01.txt'
into table test1
fields terminated by ','
(tid,tname,age)
```

（4）在 c##scott 用户下创建一张表，用于保存 SQL*Loader 加载的数据。

```
SQL> create table test1(tid int,tname varchar2(20),age int);
```

（5）执行 SQL*Loader 数据的导入。

```
sqlldr c##scott/tiger control=test1.ctl
```

输出信息如下。

```
SQL*Loader: Release 21.0.0.0.0 - Production on Thu Mar 24 15:51:18 2022
Version 21.3.0.0.0

Copyright (c) 1982, 2021, Oracle and/or its affiliates.  All rights reserved.

Path used:      Conventional
Commit point reached - logical record count 2

Table TEST1:
  2 Rows successfully loaded.

Check the log file:
  test1.log
for more information about the load.
```

（6）验证数据是否成功导入。

2）使用 SQL*Loader 导入可变格式的记录

（1）在/home/oracle/loader 目录下创建固定格式记录的数据文件 data02.txt，文件内容如下。

```
009hello,cd,010world,im,
012my,name is,
```

（2）在/home/oracle/loader 目录下创建 SQL*Loader 的控制文件 test2.ctl，文件内容如下。

```
load data
infile 'data02.txt' "var 3"
into table test2
fields terminated by ','
(col1,col2)
```

（3）在 c##scott 用户下创建一张表，用于保存 SQL*Loader 加载的数据。

```
SQL> create table test2(col1 char(5),col2 char(7));
```

（4）执行 SQL*Loader 数据的导入。

```
sqlldr c##scott/tiger control=test2.ctl
```

（5）查询表 test2，输出结果如下。

```
SQL> select * from test2;

COL1      COL2
--------  -------
hello     cd
world     im
```

```
my          name is
```

3）使用 SQL*Loader 导入流式格式的记录

这是 SQL*Loader 的默认导入方式，并且具有最高的灵活度。下面通过一个例子说明如何使用它。

（1）在/home/oracle/loader 目录下创建固定格式记录的数据文件 data03.txt，文件内容如下。

```
hello,world,|
james,bond,|
```

（2）在/home/oracle/loader 目录下创建 SQL*Loader 的控制文件 test3.ctl，文件内容如下。

```
load data
infile 'data03.txt' "str '|\n'"
into table test3
fields terminated by ','
(col1,col2)
```

 选项 infile 中的"str '|\n'"用于指定每行记录的结束。

（3）在 c##scott 用户下创建一张表，用于保存 SQL*Loader 加载的数据。

```
SQL> create table test3(col1 char(5),col2 char(7));
```

（4）执行 SQL*Loader 数据的导入。

```
sqlldr c##scott/tiger control=test3.ctl
```

（5）验证导入的结果，表 test3 中的数据如下。

```
COL1        COL2
----------  -------
hello       world
james       bond
```

2.【实战】SQL*Loader 对不同文件及格式的处理方法

前面使用的数据文件都是采用逗号进行分隔的，实际情况下数据的分隔符可能是别的字符。另外，还可能存在数据文件中的列与要导入表的列不匹配的情况。下面通过几个具体示例演示如何使用 SQL*Loader 处理这样的数据导入。

1）要加载的数据文件不以逗号分隔，或者要加载的数据中包含分隔符

（1）在/home/oracle/loader 目录下创建固定格式记录的数据文件 data04.txt，文件内容如下。

```
SMITH,CLEAK,3904
ALLEN,"SALER,M",2891
WARD,"SALER,""S""",3128
KING,PRESIDENT,2523
```

（2）在/home/oracle/loader 目录下创建 SQL*Loader 的控制文件 test4.ctl，文件内容如下。

```
load data
infile data04.txt
```

```
truncate into table test4
fields terminated by ',' optionally enclosed by '"'
(ENAME,JOB,SAL)
```

（3）在 c##scott 用户下创建一张表，用于保存 SQL*Loader 加载的数据。

```
SQL> create table test4(ename varchar2(10),job varchar2(9),sal number,comm number);
```

（4）执行 SQL*Loader 数据的导入。

```
sqlldr c##scott/tiger control=test4.ctl
```

（5）验证导入的结果，表 test4 中的数据如下。

ENAME	JOB	SAL	COMM
SMITH	CLEAK	3904	
ALLEN	SALER,M	2891	
WARD	SALER,"S"	3128	
KING	PRESIDENT	2523	

2）数据文件没有分隔符，且数据文件中的列要比导入的表中的列少

（1）在/home/oracle/loader 目录下创建固定格式记录的数据文件 data05.txt，文件内容如下。

SMITH	CLEAK	3904
ALLEN	SALESMAN	2891
WARD	SALESMAN	3128
KING	PRESIDENT	252

（2）在/home/oracle/loader 目录下创建 SQL*Loader 的控制文件 test5.ctl，文件内容如下。

```
load data
infile data05.txt
truncate into table test5
(
ENAME position(1:5),
JOB   position(10:18),
SAL   position(23:26),
COMM "0"
)
```

（3）在 c##scott 用户下创建一张表，用于保存 SQL*Loader 加载的数据。

```
SQL> create table test5(ename varchar2(10),job varchar2(9),sal number,comm number);
```

 表 test5 有 4 列，而数据文件 data05.txt 只有 3 列。

（4）执行 SQL*Loader 数据的导入。

```
sqlldr c##scott/tiger control=test5.ctl
```

（5）验证导入的结果，表 test5 中的数据如下。

ENAME	JOB	SAL	COMM

---------	-----------	-------	----------------
SMITH	CLEAK	3904	0
ALLEN	SALESMAN	2891	0
WARD	SALESMAN	3128	0
KING	PRESIDENT	252	0

3）数据文件中的列要比导入的表中的列多

（1）在/home/oracle/loader 目录下创建固定格式记录的数据文件 data06.txt，文件内容如下。

```
SMITH,7369,CLERK,1020,20
ALLEN,7499,SALESMAN,1930,30
WARD,7521,SALESMAN,1580,30
JONES,7566,MANAGER,3195,20
MARTIN,7654,SALESMAN,1580,30
BLAKE,7698,MANAGER,3180,30
CLARK,7782,MANAGER,2172,10
SCOTT,7788,ANALYST,3220,20
KING,7839,PRESIDENT,4722,10
TURNER,7844,SALESMAN,1830,30
ADAMS,7876,CLERK,1320,20
JAMES,7900,CLERK,1280,30
FORD,7902,ANALYST,3220,20
MILLER,7934,CLERK,1022,10
```

数据文件 data06.txt 中存在 5 列。

（2）在/home/oracle/loader 目录下创建 SQL*Loader 的控制文件 test6.ctl，文件内容如下。

```
load data
infile 'data06.txt'
truncate into table test6
fields terminated by ','
(ENAME,XCOL FILLER,JOB,SAL,COMM "0")
```

在控制文件 test6.ctl 中使用了 FILLER 关键字，排除那些不需要的列。

（3）在 c##scott 用户下创建一张表，用于保存 SQL*Loader 加载的数据。

```
SQL> create table test6(ename varchar2(10),job varchar2(10),sal number,comm number);
```

表 test6 中只有 4 列。

（4）执行 SQL*Loader 数据的导入。

```
sqlldr c##scott/tiger control=test6.ctl
```

（5）验证导入的结果，表 test6 中的数据如下。

```
ENAME        JOB          SAL        COMM
----------   ----------   ---------- ----------
SMITH        CLERK        1020       0
ALLEN        SALESMAN     1930       0
WARD         SALESMAN     1580       0
JONES        MANAGER      3195       0
MARTIN       SALESMAN     1580       0
BLAKE        MANAGER      3180       0
CLARK        MANAGER      2172       0
SCOTT        ANALYST      3220       0
KING         PRESIDENT    4722       0
TURNER       SALESMAN     1830       0
ADAMS        CLERK        1320       0
JAMES        CLERK        1280       0
FORD         ANALYST      3220       0
MILLER       CLERK        1022       0
```

4）将多个数据文件导入同一张表

（1）在/home/oracle/loader 目录下创建固定格式记录的数据文件 student01.txt 和 student02.txt，文件内容分别如下。

```
student01.txt
    1,Tom,23
    2,Mary,20

student02.txt
    3,Jerry,21
```

（2）在/home/oracle/loader 目录下创建 SQL*Loader 的控制文件 test7.ctl，文件内容如下。

```
load data
infile 'student01.txt'
infile 'student02.txt'
truncate into table test7
fields terminated by ','
(sid,sname,age)
```

（3）在 c##scott 用户下创建一张表，用于保存 SQL*Loader 加载的数据。

```
SQL> create table test7(sid number,sname varchar2(10),age number);
```

（4）执行 SQL*Loader 数据的导入。

```
sqlldr c##scott/tiger control=test7.ctl
```

（5）验证导入的结果，表 test7 中的数据如下。

```
SID      SNAME        AGE
------   ----------   ------------------
1        Tom          23
2        Mary         20
3        Jerry        21
```

5）将同一个数据文件导入不同表

（1）在/home/oracle/loader 目录下创建固定格式记录的数据文件 data08.txt，文件内容分别如下。

```
COM  SMITH CLEAK       3904
COM  ALLEN SALER,M     2891
COM  WARD  SALER,"S"   3128
COM  KING  PRESIDENT   2523
MGR  10 SMITH    SALES MANAGER
MGR  11 ALLEN.W  TECH MANAGER
MGR  16 BLAKE    HR MANAGER
TMP  SMITH 7369 CLERK     1020 20
TMP  ALLEN 7499 SALESMAN 1930 30
TMP  WARD  7521 SALESMAN 1580 30
TMP  JONES 7566 MANAGER  3195 20
```

数据文件 data08.txt 中包含几部分数据，要求将 MGR 开头的数据导入 manager 表；将 COM 开头的数据导入 comm 表；其他数据则直接丢弃。

（2）在/home/oracle/loader 目录下创建 SQL*Loader 的控制文件 test8.ctl，文件内容如下。

```
load data
infile 'data08.txt'
discardfile 'test8.dsc'
truncate into table comm when TAB='COM'
(
TAB filler position(1:3),
ENAME position(6:10),
JOB   position(13:20),
SAL   position(24:27)
)
into table manager when TAB='MGR'
(
TAB filler position(1:3),
MGRNO position(6:7),
MNAME position(9:15),
JOB   position(18:30)
)
```

（3）在 c##scott 用户下创建 manger 表和 bonus 表，用于保存 SQL*Loader 加载的数据。

```
SQL> create table manager(mgrno number,mname varchar2(20),job varchar2(20));
SQL> create table comm(ename varchar2(20),job varchar2(20),sal number);
```

（4）执行 SQL*Loader 数据的导入。

```
sqlldr c##scott/tiger control=test8.ctl
```

（5）验证导入的结果，manager 表和 comm 表中的数据如下。

```
SQL> select * from manager;
MGRNO      MNAME      JOB
---------- ---------- --------------------
```

```
    10      SMITH       SALES MANAGER
    11      ALLEN.W     TECH MANAGER
    16      BLAKE       HR MANAGER

SQL> select * from comm;
ENAME           JOB              SAL
--------------  ---------------  ------------------
SMITH           LEAK             3904
ALLEN           ALER,M           2891
WARD            ALER,"S"         3128
KING            RESIDENT         2523
```

（6）查看丢弃的数据文件 test8.dsc，内容如下。

```
TMP  SMITH  7369  CLERK     1020 20
TMP  ALLEN  7499  SALESMAN  1930 30
TMP  WARD   7521  SALESMAN  1580 30
TMP  JONES  7566  MANAGER   3195 20
```

9.4.4 【实战】使用 Oracle 数据库的外部表

当数据存储在数据库外部的操作系统文件中时，Oracle 数据库支持从这些文件中直接加载数据，这就是外部表。通过向 Oracle 数据库提供描述外部表的元数据，就可以把一个操作系统文件当作一个只读的数据库表，就像这些数据存储在一个普通数据库表中一样进行访问。外部表是对数据库表的扩展。

Oracle 数据库的外部表具有以下特征。

（1）外部表的数据文件位于文件系统之中，并按照按一定格式分割。

（2）对外部表的数据访问可以通过 SQL 语句完成，而不需要先将外部表中的数据加载进数据库中。

（3）外部表中的数据都是只读的，因此在外部表中不能执行 DML 操作，也不能创建索引。

（4）不能使用 analyze 语句收集外部表的统计信息，但可以使用 dbms_stats 程序包收集。

关于数据库统计信息的内容，将在第 14 章中进行介绍。

当创建 Oracle 数据库的外部表时，可以使用数据泵和加载程序来为外部表加载数据。下面通过具体的示例演示如何创建 Oracle 数据库的外部表并使用它。

（1）创建/home/oracle/extmydata 目录。

```
mkdir -p /home/oracle/extmydata
```

（2）使用数据库管理员创建目录对象，并授权用户 c##scott 能够使用该目录对象。

```
SQL> create directory extmydir as '/home/oracle/extmydata';
SQL> grant read,write on directory extmydir to c##scott;
```

（3）在/home/oracle/extmydata 目录创建 student01.txt 和 student02.txt 文件，并使用 vi 编辑器在

文件中输入以下内容。

```
vi student01.txt
1,Tom,23
2,Mary,22

vi student02.txt
3,Mike,20
```

（4）切换到用户 c##scott，使用加载程序创建外部表。

```
SQL> create table ext_student1
    (sid number,
    sname varchar2(20),
    age number)
    organization external
    (type oracle_loader default directory EXTMYDIR
    location ('student01.txt','student02.txt'));
```

（5）执行一个简单的查询，验证外部表 ext_student1 的数据。

```
SQL> select * from ext_student1;
```

输出信息如下。

```
    SID SNAME            AGE
------ ------------ ------------
      1 Tom              23
      2 Mary             22
      3 Mike             20
```

9.5 本章思考题

1. 数据库的故障类型有哪些？
2. 什么是 Oracle 数据库的归档日志模式？

第 10 章

使用闪回技术恢复数据

Oracle 数据库提供的闪回技术是一种轻量级数据库恢复技术，是 Oracle 数据库强大的备份与恢复机制的一部分。

本章重点与目标：

（1）了解 Oracle 数据库闪回技术的特点及其应用场景。

（2）掌握如何利用 Oracle 数据库闪回技术恢复数据。

10.1 Oracle 数据库闪回技术基础

闪回技术主要是在数据库发生逻辑错误时，能提供快速且最小损失的恢复。闪回技术旨在快速恢复数据库的逻辑错误。对于物理介质的损坏或物理文件丢失，就不能使用闪回技术进行恢复。

 如果发生了数据库的物理错误，如磁盘损坏和文件丢失等，则需要借助 Oracle 数据库更高级的备份恢复工具去完成，如使用 RMAN 完成备份与恢复。

Oracle 数据库闪回技术是以还原（undo）数据中的内容为基础的。要使用闪回技术，必须启用 Oracle 数据库还原数据的自动管理。通过执行以下语句，可以查看当前数据库还原数据的管理方式。

```
SQL> show parameter undo
```

输出信息如下。

```
NAME                    TYPE         VALUE
--------------------    ----------   ------------------------
undo_management         string       AUTO
undo_retention          integer      900
undo_tablespace         string       UNDOTBS1
```

 关于还原数据的管理，请参考 2.6 节的内容。

扫一扫，看视频

10.1.1 闪回技术简介

在 Oracle 数据库的操作过程中，会不可避免地出现操作失误或用户失误，如不小心删除了一个表或提交了一个错误的事务等。这些失误可能会造成重要数据的丢失，最终导致 Oracle 数据库停止运行。

在传统意义上，当发生数据丢失、数据错误问题时，解决的主要办法是使用数据的导入/导出或备份恢复技术。但是，这些方法都需要在发生错误前有一个正确的备份才能进行。为了减少这方面的损失，Oracle 数据库提供了闪回技术。依靠闪回技术就可以实现数据的快速恢复，而且不需要数据备份。

通过使用 Oracle 数据库的闪回技术，可以访问过去某一时间的数据并从人为错误中恢复。闪回技术支持任何级别的恢复，包括行、事务、表和数据库范围。使用闪回技术，可以查询以前的数据版本、执行更改分析和自助式修复，以便在保持数据库联机的同时从逻辑损坏中恢复。

Oracle 数据库提供 7 种类型的闪回操作，分别如下。

（1）闪回查询（Flashback Query）：允许用户查询过去某个时间点的数据，以重新构建因意外删除或更改而丢失的数据。

（2）闪回版本查询（Flashback Version Query）：提供了一种查看行级数据库随时间变化的方法。

（3）闪回表（Flashback Table）：可以使 DBA 非常快速、轻松地将一个表或一组表恢复到过去特定的某一时间点。

（4）闪回数据库（Flashback Database）：进行时间点恢复的新策略。它能够快速将 Oracle 数据库恢复到以前的时间，正确更正由于逻辑数据损坏或用户错误而引起的任何问题。

（5）闪回删除（Flashback Drop）：在删除对象时提供了一个安全网，因此可以非常快速、轻松地取消对一个表及其相关对象的删除操作。

（6）闪回事务查询（Flashback Transaction Query）：提供了一种查看事务级数据库变化的方法。

（7）闪回数据归档（Flashback Data Archive）：为表的还原数据提供了一种新的备份方式。

10.1.2　闪回技术的优点

闪回技术是恢复技术的革新性进步。相比于传统的恢复技术，闪回技术具有以下优点。

（1）不需要恢复整个数据库或文件。

（2）不需要检查数据库日志中的每项更改。

（3）闪回技术恢复的速度很快。

（4）闪回技术只恢复更改的数据。

（5）闪回技术不涉及复杂的多步骤过程。

（6）闪回命令易于操作。

10.2　使用闪回查询

闪回查询（Flashback Query）是对 select 语句的扩展，它会从还原数据中提取所需要的历史数据以反映数据在历史的某个时间段上的状态。

10.2.1　闪回查询简介

闪回查询用于查询在特定时间点存在的所有历史数据。使用闪回查询功能可以完成截至特定时间的查询。使用 select 语句的 as of 子句，可以指定要查看对应数据的时间点，这在分析数据差异时非常有用。图 10-1 所示为闪回查询的基本执行过程。

查询时，通过指定时间戳或 SCN，闪回查询即可查询出过去时间点上的历史数据。

SCN（System Change Number）代表系统改变号，它与时间戳是一一对应的。通过以下语句可以得到当前时间所对应的 SCN。

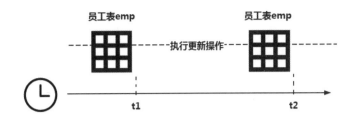

$$select * from emp as of timestamp <t1>;$$
$$或$$
$$select * from emp as of SCN <SCN>;$$

图 10-1 闪回查询的基本执行过程

执行以下语句。

```
SQL> select to_char(sysdate,'yyyy-mm-dd hh24:mi:ss') "current time",
        timestamp_to_scn(sysdate) SCN from dual;
```

输出信息如下。

```
current time            SCN
--------------------    --------------------
2022-03-25 19:51:32     2778099
```

10.2.2 【实战】在查询中使用闪回查询

在了解了什么是 Oracle 数据库的闪回查询后，下面将通过一个具体示例演示如何在查询中使用闪回查询。

（1）使用 c##scott 用户登录数据库。

```
sqlplus c##scott/tiger
```

（2）创建一张表，用于测试闪回查询。

```
SQL> create table flashback1 as select * from emp;
```

（3）记录当前的时间和 SCN。

```
SQL> select to_char(sysdate,'yyyy-mm-dd hh24:mi:ss') "current time",
        timestamp_to_scn(sysdate) SCN from dual;
```

输出信息如下。

```
current time            SCN
--------------------    ----------------
2022-03-25 10:44:31     2752199
```

（4）查询员工号为 7839 的员工工资。

```
SQL> select sal from flashback1 where empno=7839;
```

输出信息如下。

```
SAL
```

```
---------------
5000
```

（5）更新员工号为7839的员工工资。

```
SQL> update flashback1 set sal=6000 where empno=7839;
```

当 update 操作成功执行后，历史数据 5000 将保存在 UNDO 表空间中。

（6）确定员工号为7839的员工工资是否更新成功。

```
SQL> select sal from flashback1 where empno=7839;
```

输出信息如下。

```
SAL
---------------
6000
```

（7）提交事务。

```
SQL> commit;
```

（8）使用闪回查询获取员工号为7839的员工工资。

```
SQL> select sal from flashback1 as of scn 2752199 where empno=7839;
```

输出信息如下。

```
SAL
---------------
5000
```

由于在查询中使用了 as of 关键字，并指定了一个过去的时间点或 SCN，Oracle 数据库访问 UNDO 表空间并从历史数据中得到相应时间点上的数据。

10.3　使用闪回版本查询

闪回版本查询（Flashback Version Query）提供了一个审计行改变的查询功能，通过它可以查找到所有已经提交了的行记录。

10.3.1　闪回版本查询简介

使用闪回版本查询可以获取在给定的时间区间中指定行的不同版本。当 commit 语句被执行时，一个新的行版本将被创建。闪回版本查询使用了 select 语句的 versions between 子句指定时间区间。闪回版本查询的语法格式如下。

```
select 列1,列2,...
```

```
from 表名
versions between [scn|timestamp] [表达式|minvalue]
        and [表达式|maxvalue] as of [scn|timestamp] 表达式;
```

其中，between...and 用于指定时间区间；scn|timestamp 用于指定使用 SCN 还是使用时间戳；as of 用于恢复单个版本的数据；minvalue 代表 SCN 或时间戳的最小值；maxvalue 代表 SCN 或时间戳的最大值。

10.3.2 【实战】在查询中使用闪回版本查询

在了解了什么是 Oracle 数据库的闪回版本查询后，下面将通过一个具体示例演示如何在查询中使用闪回版本查询。

（1）使用 c##scott 用户登录数据库。

```
sqlplus c##scott/tiger
```

（2）创建一张表，用于测试闪回版本查询，并向表中插入数据。

```
SQL> create table flashback2(tid number,tname varchar2(20));
SQL> insert into flashback2 values(1,'Tom');
SQL> commit;
SQL> insert into flashback2 values(2,'Mary');
SQL> commit;
SQL> insert into flashback2 values(3,'Mike');
SQL> commit;
SQL> update flashback2 set tname='Mary123' where tid=2;
SQL> commit;
```

 由于这里执行了 4 次 commit 语句，因此在表 flashback2 上产生了 4 个版本的信息。

（3）执行一条简单的查询语句。

```
SQL> select * from flashback2;
```

 由于这里的查询没有指定具体的版本信息，因此在默认情况下将查询表的最新版本数据。

输出信息如下。

```
     TID     TNAME
---------- ----------
       1    Tom
       2    Mary123
       3    Mike
```

（4）执行闪回版本查询，获取表上所有的历史版本信息。

```
SQL> select * from flashback2
```

```
versions between scn minvalue and maxvalue;
```

输出信息如下。

```
    TID     TNAME
---------   --------------------
    2       Mary123
    3       Mike
    2       Mary
    1       Tom
```

通过指定关键字 versions 表明将执行闪回版本查询，scn minvalue and maxvalue 用于指定查询版本的区间范围。这里的范围是从最小的 SCN 查询到最大的 SCN，即查询表上所有版本，这里一共返回了 4 个版本。

（5）使用闪回版本查询的伪列获取每个版本的详细信息。

```
SQL> select tid,tname,
    versions_starttime,versions_endtime,versions_operation
    from flashback2
    versions between scn minvalue and maxvalue
    order by 1,3;
```

输出信息如下。

TID	TNAME	VERSIONS_STARTTIME	VERSIONS_ENDTIME	VERSIONS_OPERATION
1	Tom			I
2	Mary	25-MAR-22 11.00.23 AM	25-MAR-22 11.00.38 AM	I
2	Mary123	25-MAR-22 11.00.38 AM		U
3	Mike	25-MAR-22 11.00.32 AM		I

其中，VERSIONS_STARTTIME 代表当前版本的起始时间；VERSIONS_ENDTIME 代表当前版本的结束时间；VERSIONS_OPERATION 代表当前版本执行的具体操作。

由于在步骤（2）操作中执行了一条 update 语句将 Mary 改为了 Mary123，因此可以看出 Mary 的生命周期是从 25-MAR-22 11.00.23 AM 到 25-MAR-22 11.00.38 AM。

10.4　使用闪回表恢复数据

闪回表（Flashback Table）实际上是将表中的数据快速回退到过去的一个时间点或 SCN 上，从而达到恢复数据的目的。

10.4.1 闪回表简介

闪回表可以将一张或多张表恢复到特定的时间点,并且整个恢复的过程是不需要备份的。使用闪回表时,同时还会还原表及其关联的对象(如索引、约束条件、触发器等)中的数据。闪回表在执行的过程中会在还原数据中检索到用于满足闪回表请求的数据。因此,闪回表为用户提供了可以快速、容易地恢复意外的修改,而不需要数据库管理员进行干预的方法。

 使用闪回表需要有 flashback table 或 flashback any table 的系统权限。

闪回表的语法格式如下。

```
flashback table [schema.]<表名> to
{[before drop [rename to 表名]] [SCN|时间戳] 表达式
[enable|disable] triggers}
```

其中,schema 代表模式名,一般就是用户名;to before drop 代表恢复到删除之前;rename to 代表更换表名。

10.4.2 【实战】使用闪回表恢复数据

在了解了什么是 Oracle 数据库的闪回表后,下面将通过一个具体示例演示如何使用闪回表恢复数据。

(1)使用数据库管理登录数据库,并授予 c##scott 用户闪回表的权限。

```
SQL> conn / as sysdba
SQL> grant flashback any table to c##scott;
```

(2)切换到 c##scott 用户,创建测试表并插入测试数据。

```
SQL> conn c##scott/tiger
SQL> create table flashback3(tid number, tname varchar2(20));
SQL> insert into flashback3 values(1,'Tom');
SQL> insert into flashback3 values(2,'Mary');
SQL> insert into flashback3 values(3,'Mike');
SQL> commit;
```

(3)查询 flashback3 表中的数据。

```
SQL> select * from flashback3;
```

输出信息如下。

```
 TID    TNAME
------ --------------------
  1     Tom
  2     Mary
  3     Mike
```

（4）记录当前的时间和 SCN。

```
SQL> select to_char(sysdate,'yyyy-mm-dd hh24:mi:ss') "current time",
        timestamp_to_scn(sysdate) SCN
        from dual;
```

输出信息如下。

```
current time            SCN
--------------------    ----------------
2022-03-25 11:30:51     2754561
```

（5）删除测试表中的一条数据。

```
SQL> delete from flashback3 where tid=2;
SQL> commit;
```

    这里的 delete 语句用于模拟用户误删除了表中的数据。

（6）执行闪回表恢复删除的数据。

```
SQL> flashback table flashback3 to scn 2754561;
```

此时将输出以下错误信息。

```
ERROR at line 1:
ORA-08189: cannot flashback the table because row movement is not enabled
```

（7）执行闪回表需要启用表的行移动功能。

```
SQL> alter table flashback3 enable row movement;
```

（8）重新执行闪回表恢复删除的数据。

```
SQL> flashback table flashback3 to scn 2754561;
```

（9）执行查询语句验证数据是否恢复。

```
SQL> select * from flashback3;
```

输出信息如下。

```
TID    TNAME
------ --------------------
  1    Tom
  2    Mary
  3    Mike
```

    在默认情况下，闪回表将禁用表上的触发器。

（10）在 flashback3 表中创建一个触发器，用于禁止插入操作。

```
SQL> create or replace trigger mytrigger
    before insert
```

```
on flashback3
begin
    raise_application_error(-20001,'Insert disabled');
end;
/
```

当在 flashback3 表上执行插入操作时，mytrigger 触发器将被触发并直接抛出错误号为-20001 的错误信息。换句话说，flashback3 表上的插入操作被禁用了。

（11）记录当前的时间和 SCN。

```
SQL> select to_char(sysdate,'yyyy-mm-dd hh24:mi:ss') "current time",
    timestamp_to_scn(sysdate) SCN
    from dual;
```

输出信息如下。

```
current time          SCN
--------------------- ------------
2022-03-25 11:54:38   2755332
```

（12）删除数据。

```
SQL> delete from flashback3 where tid=2;
SQL> commit;
```

（13）重新执行闪回表恢复删除的数据。

```
SQL> flashback table flashback3 to scn 2755332 enable triggers;
```

这里执行的闪回表操作启用了表上的触发器。

此时，将输出以下错误信息。

```
ERROR at line 1:
ORA-00604: error occurred at recursive SQL level 1
ORA-20001: Insert disabled
ORA-06512: at "C##SCOTT.MYTRIGGER", line 2
ORA-04088: error during execution of trigger 'C##SCOTT.MYTRIGGER'
```

10.5　使用闪回数据库恢复数据

闪回数据库（Flashback Database）类似于数据库的倒带按钮，可以在用户对数据库造成了逻辑数据损坏的情况下，将数据库恢复到正确的状态。图 10-2 所示为闪回数据库的过程。

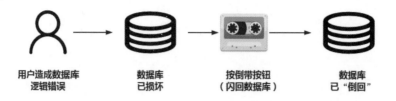

图 10-2　闪回数据库的过程

10.5.1　闪回数据库简介

使用闪回数据库时，通过还原自先前某个时间点以来发生的所有更改，可以快速将数据库恢复到较早的时间点。这个操作速度很快，因为不需要还原备份。使用这个功能可撤销导致逻辑数据损坏的更改。如果数据库发生介质丢失或物理损坏，则必须使用传统恢复方法。

　要使用闪回数据库的功能，Oracle 数据库必须是归档模式。

10.5.2　【实战】使用闪回数据库恢复数据

在了解了什么是 Oracle 数据库的闪回数据库后，下面将通过一个具体示例演示如何使用闪回数据库恢复数据。

（1）使用数据库管理员登录数据库，将 Oracle 数据库设置为归档模式。

（2）执行语句确认闪回数据库的功能是否开启。

```
SQL> select flashback_on from v$database;
```

输出信息如下。

```
FLASHBACK_ON
-------------------
NO
```

　默认情况下，闪回数据库的功能是关闭的。

（3）开启数据库的闪回功能。

```
SQL> alter database flashback on;
```

（4）确认闪回数据库的功能是否开启。

```
SQL> select flashback_on from v$database;
```

输出信息如下。

```
FLASHBACK_ON
-------------------
```

YES

YES 表示已经启用了闪回数据库的功能。

（5）记录当前的时间和 SCN。

```
SQL> select to_char(sysdate,'yyyy-mm-dd hh24:mi:ss') "current time",
    timestamp_to_scn(sysdate) SCN
    from dual;
```

输出信息如下。

```
current time            SCN
--------------------- ----------
2022-03-25 12:07:42    2756159
```

（6）执行一个误操作，如误删除了 c##scott 用户。

```
SQL> drop user c##scott cascade;
```

（7）通过闪回数据库执行数据库的恢复。

```
SQL> shutdown immediate
SQL> startup mount
SQL> flashback database to scn 2756159;
```

（8）打开数据库。

```
SQL> alter database open;
```

此时将输出以下错误信息。

```
ERROR at line 1:
ORA-01589: must use RESETLOGS or NORESETLOGS option for database open
```

（9）打开数据库时使用 resetlogs 选项。

```
SQL> alter database open resetlogs;
```

resetlogs 表示在打开数据库时，将重做日志文件重置到 scn 2917260 的时间点上，即 scn 2917260 的时间点后续的重做日志文件将会丢失。因此，闪回数据库的本质其实是不完全恢复。

（10）检查 c##scott 用户是否恢复。

```
SQL> conn c##scott/tiger
Connected.
SQL> show user
USER is "C##SCOTT"
```

10.6 使用闪回删除操作回收站

闪回删除（Flashback Drop）实际上是从 Oracle 数据库的回收站中将已删除的对象恢复到删除之前的状态。

10.6.1 闪回删除简介

回收站是所有被删除对象及其相依对象的逻辑存储容器。例如，当一个表被删除时，该表及其依赖的对象并不会马上被数据库彻底删除，而是被保存到回收站中。使用闪回删除功能，可以撤销 drop table 语句产生的影响，而不需要借助传统的时间点恢复，通过使用闪回删除可以直接从 Oracle 数据库的回收站中将表恢复到删除之前的状态。

10.6.2 【实战】操作 Oracle 数据库的回收站

在了解了什么是 Oracle 数据库的回收站后，下面将通过一个具体示例演示如何操作 Oracle 数据库的回收站。

（1）使用数据库管理员登录数据库，并检查回收站功能是否开启。

```
SQL> conn / as sysdba
SQL> select value from v$parameter where name='recyclebin';
```

输出信息如下。

```
VALUE
-------------
on
```

如果没有开启 Oracle 数据库的回收站功能，可以通过以下语句开启。

```
SQL> alter system|session set recyclebin=on;
```

（2）切换到 c##scott 用户，并查询用户下的表。

```
SQL> conn c##scott/tiger
SQL> select * from tab;
```

输出信息如下。

```
TNAME           TABTYPE    CLUSTERID
--------------- ---------- -----------------------
BONUS           TABLE
COMM            TABLE
DEPT            TABLE
EMP             TABLE
...
```

（3）删除员工表 emp。

```
SQL> drop table emp;
```

 由于在默认情况下开启了 Oracle 数据库的回收站，这里将会把删除后的表保存到回收站中。如果在删除表时不经过回收站直接删除，可以使用下面的语句。

```
SQL> drop table emp purge;
```

（4）查看回收站。

```
SQL> show recyclebin;
```

输出信息如下。

```
ORIGINAL NAME   RECYCLEBIN NAME             OBJECT TYPE   DROP TIME
--------------  --------------------------  ------------  ----------------
EMP             BIN$2wRA2DnkHfrgUwEAAH88+w==$0  TABLE     2022-03-25:12:18:22
```

 清空 Oracle 数据库的回收站，可以使用以下语句。

```
SQL> purge recyclebin;
```

 为了确保在回收站中的对象的名称都是唯一的，Oracle 数据库会对回收站中的对象进行重命名，重命名的格式如下。

```
BIN$globalUID$version
```

其中，BIN 表示 Oracle 数据库的回收站；globalUID 是一个全局唯一的 24B 的对象，该对象与原对象名没有任何关系；version 指数据库分配的版本号。

（5）由于员工表并没有真正被删除，查询员工表的数据。

```
SQL> select * from emp where deptno=10;
```

此时，将输出以下错误信息。

```
ERROR at line 1:
ORA-00942: table or view does not exist
```

 尽管员工表并没有被真正删除，但此时表名已经改为 BIN$2wRA2DnkHfrg UwEAAH88+w==$0。

（6）通过表在回收站中的名称查询数据。

```
SQL> select * from BIN$2wRA2DnkHfrgUwEAAH88+w==$0 where deptno=10;
```

此时将出现以下错误信息。

```
ERROR at line 1:
ORA-00933: SQL command not properly ended
```

 通过表在回收站中的名称查询原来的表数据时，需要在表名上加双引号。

（7）加上双引号，通过表在回收站中的名称查询数据。

```
SQL> select * from "BIN$2wRA2DnkHfrgUwEAAH88+w==$0" where deptno=10;;
```

输出信息如下。

EMPNO	ENAME	JOB	MGR	HIREDATE	SAL	COMM	DEPTNO
7782	CLARK	MANAGER	7839	09-JUN-81	2450		10
7839	KING	PRESIDENT		17-NOV-81	5000		10
7934	MILLER	CLERK	7782	23-JAN-82	1300		10

值得注意的是，数据库管理员是没有回收站的。

（8）切换到数据库管理员，并创建一张表。

```
SQL> conn / as sysdba
SQL> create table testtable as select * from c##scott.dept;
```

（9）查询 testtable 表中的数据。

```
SQL> select * from testtable;
```

输出信息如下。

DEPTNO	DNAME	LOC
10	DName123	NEW YORK
20	RESEARCH	DALLAS
30	SALES	CHICAGO
40	OPERATIONS	BOSTON

（10）删除表 testtable。

```
SQL> drop table testtable;
```

由于在使用 drop table 语句时并没有使用 purge 参数，testtable 表应该是被删除并保存在 Oracle 数据库的回收站中。但是，由于当前用户是管理员用户，是没有回收站的，因此 testtable 表将直接被删除。换句话说，回收站只对普通用户有效。

（11）查看回收站。

```
SQL> show recyclebin;
```

此时回收站中没有任何记录。

10.6.3 【实战】使用闪回删除从回收站中恢复表

在了解了什么是 Oracle 数据库的回收站后，下面将通过一个具体示例演示如何使用闪回删除从回收站中恢复表。这里以 10.6.2 小节步骤（3）删除的员工表 emp 为例进行演示。

（1）切换到 c##scott 用户，并且查看回收站中的信息。

```
SQL> conn c##scott/tiger
SQL> show recyclebin;
```

输出信息如下。

ORIGINAL NAME	RECYCLEBIN NAME	OBJECT TYPE	DROP TIME
EMP	BIN$2wRA2DnkHfrgUwEAAH88+w==$0	TABLE	2022-03-25:12:18:22

（2）执行闪回删除恢复表。

```
SQL> flashback table emp to before drop;
```

此处也可以使用表在回收站中的名称执行闪回删除，但需要在名称上加双引号。例如：

```
SQL> flashback table "BIN$2wRA2DnkHfrgUwEAAH88+w==$0" to before drop;
```

（3）验证员工表及数据是否恢复。

```
SQL> select * from emp where deptno=10;
```

输出信息如下。

EMPNO	ENAME	JOB	MGR	HIREDATE	SAL	COMM	DEPTNO
7782	CLARK	MANAGER	7839	09-JUN-81	2450		10
7839	KING	PRESIDENT		17-NOV-81	5000		10
7934	MILLER	CLERK	7782	23-JAN-82	1300		10

（4）再次删除员工表。

```
SQL> drop table emp;
```

（5）重新创建一张新的表，表名也叫 emp，并向新表插入一些数据。

```
SQL> create table emp(tid number);
SQL> insert into emp values(1);
SQL> commit;
```

（6）删除新建的 emp 表。

```
SQL> drop table emp;
```

（7）查看回收站中的信息。

```
SQL> show recyclebin;
```

输出信息如下。

ORIGINAL NAME	RECYCLEBIN NAME	OBJECT TYPE	DROP TIME
EMP	BIN$2wVIwwEZItLgUwEAAH/P1A==$0	TABLE	2022-03-25:13:32:40
EMP	BIN$2wVIwwEYItLgUwEAAH/P1A==$0	TABLE	2022-03-25:13:32:10

此时回收站中的 ORIGINAL NAME 列就有两张重名的表，但 RECYCLEBIN-NAME 是不重复的。如果通过 RECYCLEBIN NAME 执行闪回删除操作，将不会产生歧义。

（8）执行闪回删除从回收站中恢复表。

```
SQL> flashback table emp to before drop;
```

（9）查看恢复的表结构。

```
SQL> desc emp;
```

输出信息如下。

```
Name     Null?     Type
------   -------   --------
TID               NUMBER
```

从这里可以看出，如果回收站中存在与 ORIGINAL NAME 重名的表，先闪回后删除的表。此时回收站中还存在一张名叫 emp 的表。

（10）再次执行闪回删除从回收站中恢复表。

```
SQL> flashback table emp to before drop;
```

将输出以下错误信息。

```
ERROR at line 1:
ORA-38312: original name is used by an existing object
```

由于当前用户下已经有一张名叫 emp 的表，因此再次闪回同名表时就需要修改表的名称。

（11）重新执行闪回表的操作，并指定闪回成功后的表名。

```
SQL> flashback table emp to before drop rename to empold;
```

（12）查看 empold 表中的数据。

```
SQL> select * from empold where deptno=10;
```

输出信息如下。

```
EMPNO   ENAME   JOB         MGR HIREDATE      SAL          COMM   DEPTNO
-------  ------  ----------  --------------  ------------  ------  ------
7782    CLARK   MANAGER     7839             09-JUN-81    2450    10
7839    KING    PRESIDENT                    17-NOV-81    5000    10
7934    MILLER  CLERK       7782             23-JAN-82    1300    10
```

10.7 使用闪回事务查询撤销事务

闪回事务查询（Flashback Transaction Query）实际是闪回版本查询的一个扩充，通过它可以审计某个事务甚至撤销一个已经提交的事务。

10.7.1 闪回事务查询简介

闪回事务查询是一种诊断工具，用来查看在事务处理级别对数据库所做的更改。通过这样的方式，可以诊断数据库中的问题并对事务执行分析和审计，甚至撤销一个已经提交了的事务。

闪回事务查询的核心是使用 flashback_transaction_query 视图确定所有必要的 SQL 语句。这些语句可以用来还原特定事务处理或特定时间段内所做的修改。通过以下语句可以查看 flashback_transaction_query 视图的结构。

```
SQL> desc flashback_transaction_query
```

输出信息如下。

```
Name                    Null?      Type
------------------      --------   ----------------------------
XID                                RAW(8)
START_SCN                          NUMBER
START_TIMESTAMP                    DATE
COMMIT_SCN                         NUMBER
COMMIT_TIMESTAMP                   DATE
LOGON_USER                         VARCHAR2(128)
UNDO_CHANGE#                       NUMBER
OPERATION                          VARCHAR2(32)
TABLE_NAME                         VARCHAR2(256)
TABLE_OWNER                        VARCHAR2(386)
ROW_ID                             VARCHAR2(19)
UNDO_SQL                           VARCHAR2(4000)
```

10.7.2 【实战】在事务中使用闪回事务查询

在了解了什么是 Oracle 数据库的闪回事务查询后，下面将通过一个具体示例演示如何使用闪回事务查询撤销一个已经提交了的事务。

（1）使用管理员登录数据库，并授权 c##scott 用户执行事务查询的权限。

```
SQL> conn / as sysdba
SQL> grant select any transaction to c##scott;
```

 执行事务查询查看 flashback_transaction_query 视图，需要 select any transaction 的权限。

（2）开启 UNDO 数据的增强信息。

```
SQL> alter database add supplemental log data;
SQL> alter database add supplemental log data (primary key) columns;
```

（3）切换到 c##scott 用户，并创建一张新表 flashback4。

```
SQL> conn c##scott/tiger
SQL> create table flashback4(tid number, tname varchar2(20));
```

（4）使用 c##scott 用户执行第一个事务。

```
SQL> insert into flashback4 values(1,'Tom');
SQL> insert into flashback4 values(2,'Mary');
SQL> insert into flashback4 values(3,'Mike');
SQL> commit;
```

（5）使用 c##scott 用户执行第二个事务。

```
SQL> update flashback4 set tname='Mary123' where tid=2;
SQL> delete from flashback4 where tid=1;
SQL> commit;
```

当第二个事务执行完后，如何撤销第二个事务呢？由于该事务已经提交，因此不可能再通过执行 rollback 语句撤销了。但是，可以通过闪回事务查询获取撤销事务的 SQL 语句，最终达到撤销事务的目的。

（6）通过使用闪回事务查询，获取 flashback4 表上的事务信息。

```
SQL>select tid,tname,versions_operation,versions_xid
    from flashback4
    versions between timestamp minvalue and maxvalue
    order by versions_xid;
```

输出信息如下。

```
TID     TNAME       V    VERSIONS_XID
-----   ----------  ---- --------------------
  3     Mike        I    03001A0009030000
  2     Mary        I    03001A0009030000
  1     Tom         I    03001A0009030000
  2     Mary123     U    0700210004030000
  1     Tom         D    0700210004030000
```

这里的 VERSIONS_XID 表示事务的 ID。从输出的信息中可以看出，第二个事务的 ID 为 0700210004030000。

（7）查询 flashback_transaction_query 视图以获取撤销第二个事务的 SQL 语句。

```
SQL>select undo_sql
    from flashback_transaction_query
    where xid='0700210004030000';
```

输出信息如下。

```
UNDO_SQL
----------------------------------------------------------------------------
insert into "C##SCOTT"."FLASHBACK4"("TID","TNAME") values ('1','Tom');
update "C##SCOTT"."FLASHBACK4" set "TNAME" = 'Mary' where ROWID =
'AAATIvAAHAAAAIWAAB';
```

（8）执行步骤（7）中输出的 UNDO_SQL 语句。

```
SQL> insert into "C##SCOTT"."FLASHBACK4"("TID","TNAME") values ('1','Tom');
SQL> update "C##SCOTT"."FLASHBACK4" set "TNAME" = 'Mary' where ROWID =
'AAATIvAAHAAAAIWAAB';
```

（9）验证第二个事务是否撤销，查询 flashback4 表的数据。

```
SQL> select * from flashback4;
```

输出信息如下。

```
TID     TNAME
-----   ------------
 2      Mary
 3      Mike
 1      Tom
```

 此时 flashback4 表便恢复到了第一个事务结束的状态。

（10）提交 UNDO_SQL 产生的事务。

```
SQL> commit;
```

10.8　使用闪回数据归档

闪回数据归档（Flashback Data Archive）的本质就是给表创建一个快照，用于保护重要表中的数据。

10.8.1　闪回数据归档简介

闪回数据归档可以将表中的还原数据进行归档，从而提供全面的历史数据查询。因此，便引入一个新的概念：Oracle Total Recall，即 Oracle 全面回忆。闪回数据归档与归档日志是两个不同的概念。闪回数据归档是将还原数据的历史记录进行归档，可以对数据进行闪回和追溯查询；而归档日志是将重做日志文件的历史记录进行归档，可以保证恢复的连续性。

10.8.2　【实战】启用闪回数据归档

在了解了什么是 Oracle 数据库的闪回数据归档后，下面将通过一个具体示例演示如何使用闪回数据归档生成表的归档数据。

（1）使用数据库管理员登录数据库，并创建新的表空间，用于保存还原数据归档。

```
SQL> conn / as sysdba
SQL> create tablespace fda datafile '/home/oracle/fda01.dbf' size 100M;
```

（2）在新创建的表空间上创建数据归档。

```
SQL> create flashback archive fda1 tablespace fda retention 1 year;
```

 这里的 retention 1 year 表示创建的数据归档将保留 1 年。

（3）将新创建的数据归档设置为系统默认的数据归档。

```
SQL> alter flashback archive fda1 set default;
```

 设置为系统默认的数据归档这一步不是必需的。

（4）授予 c##scott 用户访问数据归档的权限。

```
SQL> grant flashback archive on fda1 to c##scott;
```

（5）切换到 c##scott 用户，并确定 c##scott.emp 表中的记录数。

```
SQL> conn c##scott/tiger
SQL> select count(*) from emp;
```

输出信息如下。

```
COUNT(*)
----------
    14
```

（6）开启 c##scott.emp 表的数据归档。

```
SQL> alter table emp flashback archive fda1;
```

（7）记录当前的时间和 SCN。

```
SQL> select to_char(sysdate,'yyyy-mm-dd hh24:mi:ss') "current time",
    timestamp_to_scn(sysdate) SCN
    from dual;
```

输出信息如下。

```
current time          SCN
------------------- -----------
2022-03-25 14:30:52    2769089
```

（8）执行一个误操作，不小心清空了 c##scott.emp 表中的数据。

```
SQL> truncate table emp;
```

（9）查看生成的数据归档。

```
SQL> select * from USER_FLASHBACK_ARCHIVE_TABLES;
```

输出的信息如图 10-3 所示。

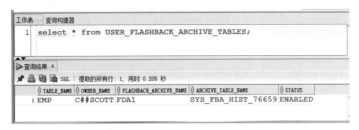

图 10-3　查看数据归档

 开启表的数据归档后，会在当前用户下自动生成一张表 SYS_FBA_HIST_ 76659，该表用于保存表的数据归档信息。

（10）查看 SYS_FBA_HIST_76659 表的结构。

```
SQL> desc SYS_FBA_HIST_76659;
```

输出信息如下。

```
Name                        Null?         Type
------------------------     ------------  --------------------
RID                                        VARCHAR2(4000)
STARTSCN                                   NUMBER
ENDSCN                                     NUMBER
XID                                        RAW(8)
OPERATION                                  VARCHAR2(1)
EMPNO                                      NUMBER(4)
ENAME                                      VARCHAR2(10)
JOB                                        VARCHAR2(9)
MGR                                        NUMBER(4)
HIREDATE                                   DATE
SAL                                        NUMBER(7,2)
COMM                                       NUMBER(7,2)
DEPTNO                                     NUMBER(2)
```

（11）查看 SYS_FBA_HIST_76659 表中的数据，如图 10-4 所示。

（12）在员工表上执行一个简单的闪回查询。

```
SQL> select * from emp as of scn 2769089;
```

 此时，将从生成的数据归档中返回历史数据。这里的 scn 2769089 是在步骤（7）中得到的。

（13）为确定数据来自数据归档，可以将步骤（12）的 SQL 执行计划输出，执行以下语句。

```
SQL> set pagesize 40
SQL> explain plan for select * from emp as of scn 2769089;
SQL> select * from table(dbms_xplan.display);
```

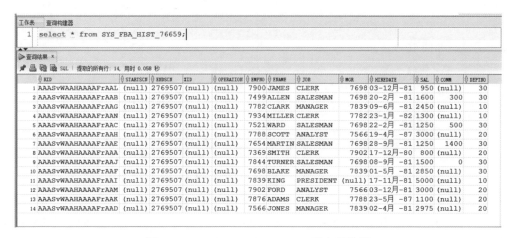

图 10-4　SYS_FBA_HIST_76659 表中的数据

输出的信息如图 10-5 所示。

Id	Operation	Name	Rows	Bytes	Cost	(%CPU)	Time	Pstart	Pstop
0	SELECT STATEMENT		2	174	277	(0)	00:00:01		
1	VIEW		2	174	277	(0)	00:00:01		
2	UNION-ALL	从数据归档中获取历史数据							
3	PARTITION RANGE SINGLE		1	115	274	(0)	00:00:01	1	1
* 4	TABLE ACCESS FULL	SYS_FBA_HIST_76659	1	115	274	(0)	00:00:01	1	1
* 5	FILTER								
6	NESTED LOOPS OUTER		1	2127	3	(0)	00:00:01		
* 7	TABLE ACCESS FULL	EMP	1	99	2	(0)	00:00:01		
* 8	TABLE ACCESS BY INDEX ROWID BATCHED	SYS_FBA_TCRV_76659	1	2028	1	(0)	00:00:01		
* 9	INDEX RANGE SCAN	SYS_FBA_TCRV_IDX1_76659	1		1	(0)	00:00:01		

图 10-5　SQL 执行计划输出

从图 10-5 可以看出，当查询员工表的数据时，对数据归档 SYS_FBA_HIST_76659 执行了全表扫描（TABLE ACCESS FULL）。

10.9　日志挖矿机 LogMiner

在执行闪回操作时，很多情况下需要知道错误发生的时间戳或 SCN。这样的信息可以通过执行下面得到语句得到。

```
SQL> select to_char(sysdate,'yyyy-mm-dd hh24:mi:ss') "current time",
    timestamp_to_scn(sysdate) SCN from dual;
```

输出信息如下。

```
current time              SCN
--------------------   ---------------
2022-03-25 10:44:31     2752199
```

但在实际的数据库生产环境中，不可能通过这样的方式记录错误发生的时间戳或 SCN。因为我们并不知道数据库什么时候会发生错误。那有没有更好的方式可以帮助数据库管理员记录这样的信息呢？答案当然是有的，它就是 Oracle 数据库提供的 LogMiner（日志挖矿机）。

10.9.1　LogMiner 简介

LogMiner 是 Oracle 数据库提供的一个非常有用的分析工具。通过使用 LogMiner 可以轻松获得 Oracle 重做日志文件或归档日志文件中的具体内容，LogMiner 分析工具实际上由一组 PL/SQL 程序包和一些动态视图组成。它已经集成在 Oracle 数据库中，并作为 Oracle 数据库的一部分发布。

表 10-1 列举了 LogMiner 需要使用的 PL/SQL 程序包，以及这两个程序包各自的作用。

表 10-1　LogMiner 的程序包

PL/SQL 程序包	说　　明
dbms_logmnr	使用该程序包进行日志的分析和处理
dbms_logmnr_d	使用该程序包管理 LogMiner 的数据字典

下面展示了 dbms_logmnr 程序包中提供的方法以及每个方法的参数。

```
SQL> desc dbms_logmnr
```

输出信息如下。

```
PROCEDURE ADD_LOGFILE
 Argument Name            Type                In/Out     Default?
 -------------------      ------------------- ---------- -----------
 LOGFILENAME             VARCHAR2            IN
 OPTIONS                 BINARY_INTEGER      IN         DEFAULT

 FUNCTION COLUMN_PRESENT RETURNS BINARY_INTEGER
 Argument Name            Type                In/Out     Default?
 -------------------      ------------------- ---------- -----------
 SQL_REDO_UNDO           NUMBER              IN         DEFAULT
 COLUMN_NAME             VARCHAR2            IN         DEFAULT

 PROCEDURE END_LOGMNR

 FUNCTION MINE_VALUE RETURNS VARCHAR2
 Argument Name            Type                In/Out     Default?
 -------------------      ------------------- ---------- -----------
 SQL_REDO_UNDO           NUMBER              IN         DEFAULT
 COLUMN_NAME             VARCHAR2            IN         DEFAULT

 PROCEDURE PROFILE
 Argument Name            Type                In/Out     Default?
 -------------------      ------------------- ---------- -----------
 OPTIONS                 BINARY_INTEGER      IN         DEFAULT
 SCHEMA                  VARCHAR2            IN         DEFAULT
 STARTSCN                NUMBER              IN         DEFAULT
 ENDSCN                  NUMBER              IN         DEFAULT
```

STARTTIME	DATE	IN	DEFAULT
ENDTIME	DATE	IN	DEFAULT
THREADS	VARCHAR2	IN	DEFAULT
LOGLOCATION	VARCHAR2	IN	DEFAULT
LOGNAMESPECIFIER	VARCHAR2	IN	DEFAULT

```
PROCEDURE REMOVE_LOGFILE
 Argument Name                Type                 In/Out     Default?
 ------------------------     -------------------  ---------  -----------
 LOGFILENAME                  VARCHAR2             IN


PROCEDURE START_LOGMNR
 Argument Name                Type                 In/Out     Default?
 ------------------------     -------------------  ---------  -----------
 STARTSCN                     NUMBER               IN         DEFAULT
 ENDSCN                       NUMBER               IN         DEFAULT
 STARTTIME                    DATE                 IN         DEFAULT
 ENDTIME                      DATE                 IN         DEFAULT
 DICTFILENAME                 VARCHAR2             IN         DEFAULT
 OPTIONS                      BINARY_INTEGER       IN         DEFAULT
```

另外，与 LogMiner 相关的动态性能视图是 v$logmnr_contents，查询该动态性能视图需要 select any transaction 的权限。

10.9.2 【实战】使用 LogMiner 分析重做日志信息

在了解了 LogMiner 的基本作用后，下面通过一个具体的示例演示如何使用它分析 Oracle 数据库的重做日志信息。

（1）使用 c##scott 用户登录数据库，并建立测试数据。

```
SQL> conn c##scott/tiger
SQL> create table logminer01(sid int,sname varchar2(20));
SQL> insert into logminer01 values(1,'Tom');
SQL> insert into logminer01 values(2,'Mary');
SQL> update logminer01 set sname='Tom123' where sid=1;
SQL> commit;
```

（2）切换到管理员用户，并确定当前日志组信息。

```
SQL> conn / as sysdba
SQL> select group#,archived,status from v$log;
```

输出信息如下。

```
GROUP#    ARC     STATUS
--------- ------- --------------------------
       1  NO      CURRENT
       2  YES     UNUSED
       3  YES     UNUSED
```

从输出的信息中可以看出,当前日志组是 1 号日志组。换句话说,重做日志信息将写入 1 号重做日志文件中。

(3)使用管理员将 1 号日志文件加入 LogMiner 的分析列表中。

```
SQL>exec
    dbms_logmnr.ADD_LOGFILE(LogFileName=>'/u01/app/oracle/oradata/
ORCL/redo01.log',options=>dbms_logmnr.NEW);
```

(4)建立 LogMiner 的数据字典,并执行 LogMiner 分析。

```
SQL>execute dbms_logmnr.start_logmnr(options=>dbms_logmnr.dict_from_online_
catalog);
```

(5)查看 LogMiner 分析的结果。

```
SQL> select SCN,operation,table_name,sql_redo,sql_undo
    from v$logmnr_contents
    where username='C##SCOTT' and table_name='LOGMINER01';
```

输出的信息如图 10-6 所示。

 从图 10-6 可以看出,使用 LogMiner 可以非常方便地找出数据库中每个操作的重做日志信息,包括每个操作进行时的 SCN。

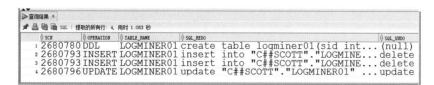

图 10-6　LogMiner 分析的结果

(6)关闭 LogMiner。

```
SQL> execute dbms_logmnr.end_logmnr;
```

使用 LogMiner 需要注意以下两个问题:

(1)使用 LogMiner 分析时,Oracle 数据库会将分析出的数据信息保存到当前会话的 PGA 中。因此上述过程中的步骤(3)~步骤(5)需要在同一个会话中。

(2)有时 LogMiner 没有分析出结果,可以尝试先切换 Oracle 数据库的日志模式或日志,再进行分析。

10.10　本章思考题

1. Oracle 数据库闪回技术有哪些优点?
2. Oracle 数据库支持哪些类型的闪回?

第11章

用户管理的备份与恢复

作为数据库管理员，在日常的数据库维护中应该掌握备份数据库的方法，而掌握恢复数据库的方法更加重要。当数据库出现介质失效等情况时，能够利用备份快速地恢复数据库。

本章重点与目标：

（1）了解用户管理的备份与恢复的特点。

（2）掌握如何以用户管理的方式完成数据的备份。

（3）掌握如何以用户管理的方式完成数据的恢复。

11.1　用户管理的备份与恢复简介

可以自定义用户管理的备份名称，因为备份与恢复的所有步骤都是手动执行的。其核心是使用操作系统提供的复制命令，将要备份的文件复制到其他位置上存储。

在使用用户管理的备份与恢复时，需要将要备份的数据库文件置于正确的状态，尤其是在数据库热备份的情况下，这一点很重要。否则，就会造成备份文件无法使用的情况。

用户管理的热备份大致步骤如下。

```
SQL> alter tablespace 要备份的表空间名称 begin backup;
SQL>host cp 要备份的数据文件 目标存储路径
SQL>alter tablespace 要备份的表空间名称 end backup;
```

11.2　用户管理的备份与恢复实战

在了解了用户管理的备份与恢复后，下面通过一个简单的示例演示如何使用 Linux 提供的 cp 命令完成 Oracle 数据库的备份与恢复。

11.2.1　【实战】执行用户管理的备份

为了更好地模拟实际生产环境的情况，这里将创建一个新的表空间，然后在该表空间上创建表，并插入一些测试的数据。具体的步骤如下。

（1）使用数据库管理员登录数据库，并创建新的表空间。

```
SQL> conn / as sysdba
SQL> create tablespace mytbs datafile '/home/oracle/mytbs01.dbf' size 50M;
SQL> alter user c##scott quota unlimited on mytbs;
```

（2）在新创建的表空间上使用 c##scott 用户创建表。

```
SQL> create table c##scott.usertable01 tablespace mytbs as select ename,sal
from c##scott.emp;
SQL> create table c##scott.usertable02 tablespace mytbs as select * from
c##scott.dept;
```

（3）验证 c##scott.usertable01 表中的记录数。

```
SQL> select count(*) from c##scott.usertable01;
```

输出信息如下。

```
COUNT(*)
```

```
----------
    14
```

（4）执行用户管理的备份。

```
SQL> alter tablespace mytbs begin backup;
SQL> host mkdir -p /home/oracle/backup/user/firstdemo/
SQL> host cp /home/oracle/mytbs01.dbf
/home/oracle/backup/user/firstdemo/mytbs01.dbf
SQL> alter tablespace mytbs end backup;
```

SQL*Plus 提供了 host 命令，用于直接调用操作系统的命令。

（5）查看目录 tree 命令下生成的备份文件。

```
SQL> host tree /home/oracle/backup/user/firstdemo/
```

输出信息如下。

```
/home/oracle/backup/user/firstdemo/
└── mytbs01.dbf
```

11.2.2 【实战】执行数据库破坏性操作

在成功完成了用户管理的备份后，就可以对数据库执行一些破坏性操作以模拟损坏或丢失数据库数据的场景。具体步骤如下。

（1）强制关闭数据库，并删除表空间的数据文件。

```
SQL> shutdown abort
SQL> host rm -rf /home/oracle/mytbs01.dbf
```

（2）重新启动数据库。

```
SQL> startup
```

此时，输出错误信息如下。

```
ORACLE instance started.
Total System Global Area 1660943872 bytes
Fixed Size                   9686528 bytes
Variable Size             1107296256 bytes
Database Buffers           536870912 bytes
Redo Buffers                 7090176 bytes
Database mounted.
ORA-01157: cannot identify/lock data file 11 - see DBWR trace file
ORA-01110: data file 11: '/home/oracle/mytbs01.dbf'
```

（3）查询具体的错误信息。

```
SQL> select file#,error from v$recover_file;
```

输出信息如下。

```
FILE#        ERROR
---------    ------------------
10           FILE NOT FOUND
```

（4）确定当前数据库的状态。

```
SQL> select open_mode from v$database;
```

输出信息如下。

```
OPEN_MODE
--------------------
MOUNTED
```

11.2.3　【实战】执行用户管理的恢复

在成功完成了数据库备份的基础上，便可以使用备份的文件进行数据库用户管理的恢复了。具体步骤如下。

（1）将备份复制回原来的位置。

```
SQL> host cp /home/oracle/backup/user/firstdemo/mytbs01.dbf
/home/oracle/mytbs01.dbf
```

（2）执行数据库文件的恢复。

```
SQL> recover datafile 10;
```

这里的数字 10 是丢失的数据文件编号，即 11.2.2 小节步骤（3）中输出的信息。

（3）打开数据库。

```
SQL> alter database open;
```

（4）验证 c##scott.usertable01 表中的记录数。

```
SQL> select count(*) from c##scott.usertable01;
```

输出信息如下。

```
  COUNT(*)
----------
  14
```

11.3　用户管理的备份

通过创建脚本文件，可以非常方便地实现用户管理的冷备份和热备份。下面通过具体示例进行演示。

11.3.1 【实战】使用冷备份脚本备份数据

用户管理的数据库冷备份是在数据库停机的状态下，针对数据库中的数据文件和控制文件进行的备份。具体步骤如下。

（1）确定当前数据库中的控制文件。

```
SQL> select 'host cp ' ||name ||' /home/oracle/backup/user/cold' from v$controlfile;
```

输出信息如下。

```
host cp /u01/app/oracle/oradata/ORCL/control01.ctl /home/oracle/backup/ user/cold
host cp /u01/app/oracle/fast_recovery_area/ORCL/control02.ctl /home/oracle/
backup/user/cold
```

（2）确定当前数据库中的数据文件。

```
SQL> select 'host cp ' ||file_name||' /home/oracle/backup/user/cold' from
dba_data_files;
```

输出信息如下。

```
host cp /u01/app/oracle/oradata/ORCL/system01.dbf /home/oracle/backup/user/ cold
host cp /u01/app/oracle/oradata/ORCL/sysaux01.dbf /home/oracle/backup/user/ cold
host cp /u01/app/oracle/oradata/ORCL/undotbs01.dbf /home/oracle/backup/ user/cold
host cp /u01/app/oracle/oradata/ORCL/users01.dbf /home/oracle/backup/user/ cold
```

（3）创建数据库冷备份存储的目录。

```
SQL> host mkdir -p /home/oracle/backup/user/cold
```

（4）根据步骤（1）和步骤（2）输出的信息，在/home/oracle/backup/user/目录下创建冷备份脚本文件 user_cold_bk.sql。脚本的内容如下。

```
shutdown immediate
host cp /u01/app/oracle/oradata/ORCL/control01.ctl /home/oracle/backup/ user/cold
host cp /u01/app/oracle/fast_recovery_area/ORCL/control02.ctl/home/oracle/
backup/user/cold
host cp /u01/app/oracle/oradata/ORCL/system01.dbf /home/oracle/backup/user/cold
host cp /u01/app/oracle/oradata/ORCL/sysaux01.dbf /home/oracle/backup/user/cold
host cp /u01/app/oracle/oradata/ORCL/undotbs01.dbf /home/oracle/backup/user/cold
host cp /u01/app/oracle/oradata/ORCL/users01.dbf /home/oracle/backup/user/cold
startup
```

（5）执行用户管理的数据库冷备份。

```
SQL> @/home/oracle/backup/user/user_cold_bk.sql
```

（6）验证生成的备份文件信息。

```
SQL> host tree /home/oracle/backup/user
```

输出信息如下。

```
/home/oracle/backup/user
├── cold
```

```
        |       ├────  control01.ctl
        |       ├────  control02.ctl
        |       ├────  sysaux01.dbf
        |       ├────  system01.dbf
        |       ├────  undotbs01.dbf
        |       └────  users01.dbf
        └──────  user_cold_bk.sql
```

11.3.2 【实战】使用热备份脚本备份数据

用户管理的数据库热备份是在数据库正常运行的状态下，针对数据库中的数据文件和控制文件进行的备份。具体步骤如下。

（1）开发 PL/SQL 程序，生成热备份脚本。

```
SQL> set serveroutput on
SQL> declare
  --定义游标得到所有的表空间，不包含临时表空间
  cursor ctablespace is select tablespace_name
                        from dba_tablespaces
                        where status='online' and tablespace_name not like
'%temp%';
  ptablespace dba_tablespaces.tablespace_name%type;

  --定义游标保存某个表空间中的所有数据文件
  cursor cdatafile(ptname varchar2) is select file_name
                                    from dba_data_files
                                        where tablespace_name=ptname;
  pfilename dba_data_files.file_name%type;
begin
  --创建热备份的目录
  dbms_output.put_line('host mkdir -p /home/oracle/backup/user/hot');
  -- 打开游标获取所有的表空间信息
  open ctablespace;
  loop
    --取一个表空间的名字
    fetch ctablespace into ptablespace;
    exit when ctablespace%notfound;

    --将表空间置于正确的状态
    dbms_output.put_line('alter tablespace ' ||ptablespace||' begin backup;');

    --得到该空间上的所有数据文件
    open cdatafile(ptablespace);
    loop
      --得到表空间中的数据文件
      fetch cdatafile into pfilename;
      exit when cdatafile%notfound;
```

```
    --生成数据文件备份脚本
    dbms_output.put_line('host cp ' || pfilename||' /home/oracle/backup/
user/hot');
    end loop;
    close cdatafile;
    dbms_output.put_line('alter tablespace ' ||ptablespace||' end backup;');
  end loop;
  close ctablespace;

  --生成控制文件备份脚本
  dbms_output.put_line('alter database backup controlfile to trace as
''/home/oracle/backup/user/hot/controlfile01.trc'';');
  dbms_output.put_line('alter database backup controlfile to
''/home/oracle/backup/user/hot/control01.ctl'';');
end;
/
```

（2）执行 PL/SQL 程序生成的热备份脚本。

```
host mkdir -p /home/oracle/backup/user/hot
alter tablespace SYSTEM begin backup;
host cp /u01/app/oracle/oradata/ORCL/system01.dbf /home/oracle/backup/user/hot
alter tablespace SYSTEM end backup;
alter tablespace SYSAUX begin backup;
host cp /u01/app/oracle/oradata/ORCL/sysaux01.dbf /home/oracle/backup/user/hot
alter tablespace SYSAUX end backup;
alter tablespace UNDOTBS1 begin backup;
host cp /u01/app/oracle/oradata/ORCL/undotbs01.dbf /home/oracle/backup/user/hot
alter tablespace UNDOTBS1 end backup;
alter tablespace USERS begin backup;
host cp /u01/app/oracle/oradata/ORCL/users01.dbf /home/oracle/backup/user/hot
alter tablespace USERS end backup;
alter database backup controlfile to trace as '/home/oracle/backup/user/
hot/controlfile01.trc';
alter database backup controlfile to '/home/oracle/backup/user/hot/
control01.ctl';
```

（3）将步骤（2）生成的脚本保存到/home/oracle/backup/user/user_hot_bk.sql 文件中。

（4）执行数据库的热备份。

```
SQL> @/home/oracle/backup/user/user_hot_bk.sql
```

（5）验证生成的备份文件信息。

```
SQL> host tree /home/oracle/backup/user
```

输出信息如下。

```
/home/oracle/backup/user
├── cold
│   ├── control01.ctl
```

```
        │       ├──── control02.ctl
        │       ├──── sysaux01.dbf
        │       ├──── system01.dbf
        │       ├──── undotbs01.dbf
        │       └──── users01.dbf
        ├──── hot
        │       ├──── control01.ctl
        │       ├──── controlfile01.trc
        │       ├──── sysaux01.dbf
        │       ├──── system01.dbf
        │       ├──── undotbs01.dbf
        │       └──── users01.dbf
        ├──── user_cold_bk.sql
        └──── user_hot_bk.sql
```

11.4 归档模式下用户管理的完全恢复

当数据库处于归档模式下时，所有的重做日志都不会丢失。因此，数据库如果发生了数据的丢失，就可以实现数据库的完全恢复。下面通过具体的示例演示在不同场景下如何使用用户管理的完全恢复来恢复 Oracle 数据库。

11.4.1 【实战】丢失了数据文件和控制文件的恢复

如果丢失了所有的数据文件和控制文件，当执行恢复时，需要先恢复控制文件，再恢复数据文件。

（1）建立测试数据。

```
SQL> create table c##scott.usertable03 as select * from c##scott.emp;
SQL> insert into c##scott.usertable03 select * from c##scott.emp;
SQL> commit;
```

（2）确定 c##scott.usertable03 表中的记录数。

```
SQL> select count(*) from c##scott.usertable03;
```

输出信息如下。

```
  COUNT(*)
----------
    28
```

　由于 c##scott.usertable03 表是新创建的，因此这张表是没有备份的。

（3）强制关闭数据库以模拟数据库产生了错误。

```
SQL> shutdown abort
```

（4）删除所有的数据文件。

```
cd /u01/app/oracle/oradata/ORCL
rm -rf sysaux01.dbf
rm -rf system01.dbf
rm -rf undotbs01.dbf
rm -rf users01.dbf
```

（5）删除所有的控制文件。

```
cd /u01/app/oracle/oradata/ORCL
rm -rf control01.ctl
cd /u01/app/oracle/fast_recovery_area/ORCL
rm -rf control02.ctl
```

此时，数据库肯定是无法正常启动的。

（6）启动数据库到 nomount 阶段以恢复控制文件。

```
SQL> startup nomount
```

（7）将备份的数据文件复制回原来的位置。

```
cd /home/oracle/backup/user/cold
cp sysaux01.dbf /u01/app/oracle/oradata/ORCL
cp system01.dbf /u01/app/oracle/oradata/ORCL
cp undotbs01.dbf /u01/app/oracle/oradata/ORCL
cp users01.dbf /u01/app/oracle/oradata/ORCL
```

将备份的数据文件复制回原来的位置，这个过程叫作转储。

（8）使用热备份目录下的 **/home/oracle/backup/user/hot/controlfile01.trc** 文件中 CREATE CONTROLFILE 脚本进行控制文件的恢复。脚本内容如下。

```
SQL> CREATE CONTROLFILE REUSE DATABASE "ORCL" NORESETLOGS  ARCHIVELOG
    MAXLOGFILES 16
    MAXLOGMEMBERS 3
    MAXDATAFILES 1024
    MAXINSTANCES 8
    MAXLOGHISTORY 292
LOGFILE
  GROUP 1 '/u01/app/oracle/oradata/ORCL/redo01.log'  SIZE 200M BLOCKSIZE 512,
  GROUP 2 '/u01/app/oracle/oradata/ORCL/redo02.log'  SIZE 200M BLOCKSIZE 512,
  GROUP 3 '/u01/app/oracle/oradata/ORCL/redo03.log'  SIZE 200M BLOCKSIZE 512
DATAFILE
  '/u01/app/oracle/oradata/ORCL/system01.dbf',
  '/u01/app/oracle/oradata/ORCL/sysaux01.dbf',
  '/u01/app/oracle/oradata/ORCL/undotbs01.dbf',
  '/u01/app/oracle/oradata/ORCL/pdbseed/system01.dbf',
```

```
    '/u01/app/oracle/oradata/ORCL/pdbseed/sysaux01.dbf',
    '/u01/app/oracle/oradata/ORCL/users01.dbf',
    '/u01/app/oracle/oradata/ORCL/pdbseed/undotbs01.dbf'
CHARACTER SET AL32UTF8;
```

（9）恢复数据文件。

```
SQL> recover database;
SQL> alter database open;
```

　　　　当丢失的数据文件不能通过备份进行恢复时，recover database 表示通过使用重做日志进行恢复。

（10）验证 c##scott.usertable03 表的数据是否恢复。

```
SQL> select count(*) from c##scott.usertable03;
```

输出信息如下。

```
  COUNT(*)
----------
    28
```

　　　　由于 c##scott.usertable03 表没有备份，因此需要使用重做日志恢复。

11.4.2　【实战】丢失了所有数据文件的恢复

　　丢失了所有数据文件的恢复，这其实是 11.4.1 小节介绍的情况的一个子集。由于控制文件没有丢失，因此恢复数据文件即可。

（1）建立测试数据。

```
SQL> create table c##scott.usertable04 as select * from c##scott.emp;
SQL> insert into c##scott.usertable04 select * from c##scott.emp;
SQL> commit;
```

（2）确定 c##scott.usertable04 表中的记录数。

```
SQL> select count(*) from c##scott.usertable04;
```

输出信息如下。

```
  COUNT(*)
----------
    28
```

　　　　由于 c##scott.usertable04 表是新创建的，因此这张表是没有备份的。

（3）强制关闭数据库以模拟数据库产生了错误。

```
SQL> shutdown abort
```

（4）删除所有数据文件。

```
cd /u01/app/oracle/oradata/ORCL
rm -rf sysaux01.dbf
rm -rf system01.dbf
rm -rf undotbs01.dbf
rm -rf users01.dbf
```

（5）尝试启动数据库。

```
SQL> startup
```

输出错误信息如下。

```
ORACLE instance started.

Total System Global Area 1660943872 bytes
Fixed Size                   9686528 bytes
Variable Size             1023410176 bytes
Database Buffers           620756992 bytes
Redo Buffers                 7090176 bytes
Database mounted.
ORA-01157: cannot identify/lock data file 1 - see DBWR trace file
ORA-01110: data file 1: '/u01/app/oracle/oradata/ORCL/system01.dbf'
```

 此时数据库的状态应该是 mount 状态。

（6）查看错误的详细信息。

```
SQL> select file#,error from v$recover_file;
```

输出信息如下。

```
FILE#      ERROR
--------   --------------------
 1         FILE NOT FOUND
 3         FILE NOT FOUND
 4         FILE NOT FOUND
 7         FILE NOT FOUND
```

（7）将备份的数据文件复制回原来的位置。

```
cd /home/oracle/backup/user/cold/
cp sysaux01.dbf /u01/app/oracle/oradata/ORCL
cp system01.dbf /u01/app/oracle/oradata/ORCL
cp undotbs01.dbf /u01/app/oracle/oradata/ORCL
cp users01.dbf /u01/app/oracle/oradata/ORCL
```

（8）执行数据库的恢复。

```
SQL> recover database;
```

```
SQL> alter database open;
```

（9）验证 c##scott.usertable04 表的数据是否恢复，参考 11.4.1 小节步骤（10），此处不再赘述。

11.4.3 【实战】丢失了一个数据文件的恢复

丢失了一个数据文件的恢复，这其实是 11.4.2 小节介绍的情况的一个子集。由于控制文件没有丢失，因此恢复丢失的数据文件即可。

（1）建立测试数据。

```
SQL> create table c##scott.usertable05 as select * from c##scott.emp;
SQL> insert into c##scott.usertable05 select * from c##scott.emp;
SQL> commit;
```

（2）确定 c##scott.usertable04 表中的记录数。

```
SQL> select count(*) from c##scott.usertable05;
```

输出信息如下。

```
  COUNT(*)
----------
     28
```

（3）强制关闭数据库以模拟数据库产生了错误。

```
SQL> shutdown abort
```

（4）删除 USER 表空间的数据文件。

```
cd /u01/app/oracle/oradata/ORCL
rm -rf users01.dbf
```

（5）尝试启动数据库。

```
SQL> startup
```

输出错误信息如下。

```
ORACLE instance started.

Total System Global Area 1660943872 bytes
Fixed Size                    9686528 bytes
Variable Size              1023410176 bytes
Database Buffers            620756992 bytes
Redo Buffers                  7090176 bytes
Database mounted.
ORA-01157: cannot identify/lock data file 7 - see DBWR trace file
ORA-01110: data file 7: '/u01/app/oracle/oradata/ORCL/users01.dbf'
```

（6）查看错误的详细信息。

```
SQL> select file#,error from v$recover_file;
```

输出信息如下。

```
FILE#   ERROR
-------  ------------------
7       FILE NOT FOUND
```

（7）将备份的数据文件复制回原来的位置。

```
cd /home/oracle/backup/user/cold/
cp users01.dbf /u01/app/oracle/oradata/ORCL
```

（8）执行数据文件的恢复。

```
SQL> recover datafile 7;
SQL> alter database open;
```

（9）验证 c##scott.usertable05 表的数据是否恢复，参考 11.4.1 小节步骤（10），此处不再赘述。

11.4.4 【实战】使用高可用模式的恢复

在前面的恢复示例中，都是先执行数据库的恢复，再打开数据库对外提供服务。因此，在打开数据库前，应用程序是不能访问数据库的。高可用模式是指先打开数据库，再执行数据库的恢复。因此，使用高可用模式的恢复对应用程序的影响最小。

下面以丢失了一个数据文件的恢复为例进行演示。

（1）建立测试数据。

```
SQL> create table c##scott.usertable06 as select * from c##scott.emp;
SQL> insert into c##scott.usertable06 select * from c##scott.emp;
SQL> commit;
```

（2）确定 c##scott.usertable04 表中的记录数。

```
SQL> select count(*) from c##scott.usertable06;
```

输出信息如下。

```
  COUNT(*)
----------
    28
```

（3）强制关闭数据库以模拟数据库产生了错误。

```
SQL> shutdown abort
```

（4）删除 USER 表空间的数据文件。

```
cd /u01/app/oracle/oradata/ORCL
rm -rf users01.dbf
```

（5）尝试启动数据库。

```
SQL> startup
```

输出错误信息如下。

```
ORACLE instance started.
```

```
Total System Global Area  1660943872 bytes
Fixed Size                   9686528 bytes
Variable Size             1023410176 bytes
Database Buffers           620756992 bytes
Redo Buffers                 7090176 bytes
Database mounted.
ORA-01157: cannot identify/lock data file 7 - see DBWR trace file
ORA-01110: data file 7: '/u01/app/oracle/oradata/ORCL/users01.dbf'
```

（6）查看错误的详细信息。

```
SQL> select file#,error from v$recover_file;
```

输出信息如下。

```
FILE#      ERROR
---------- ----------------
    7      FILE NOT FOUND
```

（7）使用高可用模式的恢复，将丢失的数据文件离线，并直接打开数据库。

```
SQL> alter database datafile 7 offline;
SQL> alter database open;
```

 由于此时数据库已经打开，因此应用程序可以正常访问数据库，但此时还不能访问 7 号数据文件上的数据。

（8）将备份的数据文件复制回原来的位置。

```
cd /home/oracle/backup/user/cold/
cp users01.dbf /u01/app/oracle/oradata/ORCL
```

（9）执行数据文件的恢复。

```
SQL> recover datafile 7;
```

输出信息如下。

```
ORA-00279: change 2658710 generated at 03/26/2022 11:14:45 needed for thread 1
ORA-00289: suggestion :
/u01/app/oracle/fast_recovery_area/ORCL/archivelog/2022_03_26/o1_mf_1_2_k3x
1y1l8_.arc
ORA-00280: change 2658710 for thread 1 is in sequence #2

Specify log: {<RET>=suggested | filename | AUTO | CANCEL}
```

（10）输入 auto，自动应用重做日志进行数据的恢复。

```
auto
```

输出信息如下。

```
ORA-00279: change 4660125 generated at 03/26/2022 11:25:53 needed for thread 1
ORA-00289: suggestion :
/u01/app/oracle/fast_recovery_area/ORCL/archivelog/2022_03_26/o1_mf_1_3_k3x
```

```
21gms_.arc
ORA-00280: change 4660125 for thread 1 is in sequence #3

Log applied.
Media recovery complete.
```

（11）将恢复的数据文件上线。

```
SQL> alter database datafile 7 online;
```

（12）验证 c##scott.usertable06 表的数据是否恢复，参考 11.4.1 小节步骤（10）。

11.4.5 【实战】使用重做日志的恢复

对于新创建的表空间，由于还没有执行数据库的备份操作，此时，如果发生了数据的丢失，就只能使用重做日志进行恢复。下面通过一个具体的示例演示操作步骤。

（1）创建一个新的表空间，并在该表空间上创建一张表。

```
SQL> create tablespace mytbs02 datafile '/home/oracle/mytbs02.dbf' size 50M;
SQL> alter user c##scott quota unlimited on mytbs02;
SQL> create table c##scott.usertable07 tablespace mytbs02 as select * from
c##scott.emp;
SQL> insert into c##scott.usertable07 select * from c##scott.emp;
SQL> commit;
```

（2）强制关机，并删除新创建的数据文件以模拟数据文件的丢失。

```
SQL> shutdown abort
SQL> host rm -rf /home/oracle/mytbs02.dbf
```

（3）尝试启动数据库。

```
SQL> startup
```

输出错误信息如下。

```
ORACLE instance started.

Total System Global Area 1660943872 bytes
Fixed Size                   9686528 bytes
Variable Size             1023410176 bytes
Database Buffers           620756992 bytes
Redo Buffers                 7090176 bytes
Database mounted.
ORA-01157: cannot identify/lock data file 9 - see DBWR trace file
ORA-01110: data file 9: '/home/oracle/mytbs02.dbf'
```

（4）查看错误信息。

```
SQL> select file#,error from v$recover_file;
```

输出信息如下。

```
FILE#   ERROR
```

```
------  ----------------
    9    FILE NOT FOUND
```

（5）创建一个空白的数据文件，用于执行数据文件的恢复。

```
SQL> alter database create datafile '/home/oracle/mytbs02.dbf';
```

（6）应用重做日志进行数据文件的恢复。

```
SQL> recover datafile 9;
```

（7）打开数据库。

```
SQL> alter database open;
```

（8）验证 c##scott.usertable07 表的数据是否恢复，参考 11.4.1 小节步骤（10）。

11.4.6 【实战】磁盘损坏时数据的恢复

当磁盘损坏时，数据不能恢复到原来的位置上，只能恢复到其他位置。恢复命令格式如下。

```
alter database rename file '旧文件的地址' to '新文件的地址';
```

下面通过一个具体的示例演示操作步骤。这里将直接使用用户表空间数据文件 /u01/app/oracle/oradata/ORCL/users01.dbf 进行演示。

（1）强制关机，并删除/u01/app/oracle/oradata/ORCL/users01.dbf 数据文件以模拟数据文件的丢失。

```
SQL> shutdown abort
SQL> host rm -rf /u01/app/oracle/oradata/ORCL/users01.dbf
```

（2）尝试启动数据库。

```
SQL> startup
```

输出错误信息如下。

```
ORACLE instance started.

Total System Global Area 1660943872 bytes
Fixed Size                   9686528 bytes
Variable Size             1023410176 bytes
Database Buffers           620756992 bytes
Redo Buffers                 7090176 bytes
Database mounted.
ORA-01157: cannot identify/lock data file 7 - see DBWR trace file
ORA-01110: data file 7: '/u01/app/oracle/oradata/ORCL/users01.dbf'
```

（3）查看错误信息。

```
SQL> select file#,error from v$recover_file;
```

输出信息如下。

```
FILE#    ERROR
```

```
-------  ----------------
    7    FILE NOT FOUND
```

（4）由于原来的磁盘已经损坏，因此需要将数据文件转储到其他位置。

```
SQL> host cp /home/oracle/backup/user/cold/users01.dbf /home/oracle/users01.dbf
SQL> alter database rename file '/u01/app/oracle/oradata/ORCL/users01.dbf'
     to '/home/oracle/users01.dbf';
```

（5）执行数据文件的恢复。

```
SQL> recover datafile 7;
```

输出信息如下。

```
ORA-00279: change 4925175 generated at 12/05/2021 11:47:11 needed for thread 1
ORA-00289: suggestion : /home/oracle/logarchive/a2/1_2_1090493431.dbf
ORA-00280: change 4925175 for thread 1 is in sequence #2
Specify log: {<RET>=suggested | filename | AUTO | CANCEL}
```

（6）输入 auto，自动应用重做日志。

```
auto
```

输出信息如下。

```
ORA-00279: change 6937273 generated at 12/05/2021 17:44:18 needed for thread 1
ORA-00289: suggestion : /home/oracle/logarchive/a2/1_3_1090493431.dbf
ORA-00280: change 6937273 for thread 1 is in sequence #3
ORA-00279: change 8938857 generated at 12/05/2021 18:06:47 needed for thread 1
ORA-00289: suggestion : /home/oracle/logarchive/a2/1_4_1090493431.dbf
ORA-00280: change 8938857 for thread 1 is in sequence #4
Log applied.
Media recovery complete.
```

（7）恢复完成后，直接打开数据库。

```
SQL> alter database open;
```

11.5 非归档模式下用户管理的不完全恢复

数据库在非归档模式下会发生重做日志的覆盖，从而造成日志的丢失。在这种情况下，Oracle 数据库就只能执行数据库的不完全恢复。通过执行下面的语句将数据库切换到非归档模式。

```
SQL> shutdown immediate
SQL> startup mount
SQL> alter database noarchivelog;
SQL> alter database open;
SQL> archive log list
```

输出信息如下。

```
Database log mode               No Archive Mode
Automatic archival              Disabled
Archive destination             /home/oracle/logarchive/a2
Oldest online log sequence      6
Current log sequence            8
```

 由于切换了 Oracle 数据库的日志模式，因此需要重新对数据库进行备份。由于在非归档模式下只能执行数据库的冷备份，因此可以使用 11.3.1 小节中生成的 user_cold_bk.sql 脚本文件。

下面通过几个具体的应用场景演示如何通过用户管理的方式执行数据库的不完全恢复。

11.5.1 【实战】日志被覆盖的不完全恢复

在重做日志被覆盖的情况下进行数据库的不完全恢复有可能会造成数据的丢失。因此，为了尽可能保证数据的完整性，在恢复数据时应该尽可能多地应用重做日志。下面通过一个具体的示例演示操作步骤。

（1）确定当前数据库的日志信息。

```
SQL> select group#,status from v$log;
```

输出信息如下。

```
GROUP#  STATUS
------  ----------------
   1    INACTIVE
   2    CURRENT
   3    UNUSED
```

 从步骤（1）输出的信息可以看出，当前数据库有 3 个日志组，如果切换 4 次日志组，就会发生日志的覆盖。

（2）确定 c##scott 用户下员工表的记录数。

```
SQL> select count(*) from c##scott.emp;
```

输出信息如下。

```
  COUNT(*)
----------
        14
```

 这里的 14 条记录是有备份的，因此即使在重做日志发生覆盖的情况下，也可以完全恢复这 14 条数据。

（3）向 c##scott 用户下员工表插入一条新的记录，并提交事务。

```
SQL> insert into c##scott.emp(empno,ename,sal,deptno) values(1,'Tom',1000,10);
SQL> commit;
```

（4）确定 c##scott 用户下员工表的记录数。

```
SQL> select count(*) from c##scott.emp;
```

输出信息如下。

```
  COUNT(*)
----------
    15
```

新插入的第 15 条记录是没有备份的。因此，在重做日志发生覆盖的情况下，这条新插入的记录可能就不能恢复，容易造成数据的丢失。

（5）切换 4 次日志。

```
SQL> alter system switch logfile;
SQL> alter system switch logfile;
SQL> alter system switch logfile;
SQL> alter system switch logfile;
```

（6）强制关闭数据库，用于模拟数据库的出错。

```
SQL> shutdown abort
```

（7）删除数据文件，用于模拟数据文件的丢失。

```
cd /u01/app/oracle/oradata/ORCL
rm -rf users01.dbf
```

（8）尝试启动数据库。

```
SQL> startup
```

输出错误信息如下。

```
ORACLE instance started.
Total System Global Area 1660943872 bytes
Fixed Size                  9686528 bytes
Variable Size            1006632960 bytes
Database Buffers          637534208 bytes
Redo Buffers                7090176 bytes
Database mounted.
ORA-01157: cannot identify/lock data file 7 - see DBWR trace file
ORA-01110: data file 7: '/u01/app/oracle/oradata/ORCL/users01.dbf'
```

（9）关闭数据库，执行数据库的恢复。

```
SQL> shutdown abort
```

由于是非归档模式，执行数据库的不完全恢复时需要转储所有文件，包括所有控制文件和数据文件。

（10）转储所有控制文件。

```
cd /home/oracle/backup/user/cold/
```

```
cp control01.ctl /u01/app/oracle/oradata/ORCL
cp control02.ctl /u01/app/oracle/fast_recovery_area/ORCL
```

（11）转储所有数据文件。

```
cp *.dbf /u01/app/oracle/oradata/ORCL
```

（12）将数据库启动到 mount 阶段。

```
SQL> startup mount
```

（13）执行数据库的恢复。

```
SQL> recover database until cancel;
```

recover database until cancel; 语句表示应用重做日志恢复数据时，能够应用多少日志，就应用多少日志进行数据的恢复。

（14）打开数据库时重置重做日志文件。

```
SQL> alter database open resetlogs;
```

（15）验证 c##scott.emp 表的记录数。

```
SQL> select count(*) from c##scott.emp;
```

输出信息如下。

```
  COUNT(*)
----------
    14
```

从恢复的结果可以看出，只恢复了表中的 14 条记录，第 15 条记录就无法恢复了。

11.5.2 【实战】基于 SCN 的不完全恢复

Oracle 数据库的 SCN 表示一个具体的时间戳。利用用户管理的恢复，可以在恢复过程中使用 SCN，将数据库中的数据恢复到过去的一个时间点上，从而达到数据库的不完全恢复的效果。

从功能上看，基于 SCN 的不完全恢复与 Oracle 数据库的闪回非常类似。

下面通过一个具体的示例演示操作步骤。

（1）记录当前的 SCN。

```
SQL> select timestamp_to_scn(sysdate) from dual;
```

输出信息如下。

```
TIMESTAMP_TO_SCN(SYSDATE)
-------------------------
      2657829
```

（2）向员工表 c##scott.emp 中插入一条新的记录，并确定表中的记录数。

```
SQL> insert into c##scott.emp(empno,ename,sal,deptno) values(1,'Tom',2233,10);
SQL> commit;
SQL> select count(*) from c##scott.emp;
```

输出信息如下。

```
  COUNT(*)
----------
    15
```

 此时表中有 15 条记录，但新插入的最后一条记录没有备份。

（3）强制关闭数据库，用于模拟数据库的出错。

```
SQL> shutdown abort
```

（4）删除所有数据文件。

```
cd /u01/app/oracle/oradata/ORCL
rm -rf system01.dbf undotbs01.dbf users01.dbf sysaux01.dbf
```

（5）将数据库启动到 mount 阶段执行数据库的恢复。

```
SQL> startup mount;
```

（6）转储所有数据文件。

```
cd /home/oracle/backup/user/cold/
cp *.dbf /u01/app/oracle/oradata/ORCL
```

（7）基于 SCN 执行不完全恢复，并打开数据库。

```
SQL> recover database until change 2657829;
SQL> alter database open resetlogs;
```

（8）验证数据是否恢复。

```
SQL> select count(*) from c##scott.emp;
```

输出信息如下。

```
COUNT(*)
----------
    14
```

 从恢复的结果可以看出，只恢复了表中的 14 条记录。

11.5.3 【实战】基于旧的控制文件的不完全恢复

基于旧的控制文件的不完全恢复主要用于误删除了表空间，进行数据库的恢复的场景。因为误删除了表空间，因此当前数据库的控制文件中就没有该表空间的信息，此时的恢复就需要使用一个旧的控制文件进行。下面通过一个具体的示例演示操作步骤。

（1）创建一个新的表空间，并使用 c##scott 用户在该表空间上创建一张表。

```
SQL> create tablespace mytbs datafile '/u01/app/oracle/oradata/ORCL/
mytbs03.dbf' size 20M;
SQL> alter user c##scott quota unlimited on mytbs;
SQL> create table c##scott.usertable08 tablespace mytbs as select * from
c##scott.emp;
```

（2）确认表中的数据记录数。

```
SQL> select count(*) from c##scott.usertable08;
```

输出信息如下。

```
  COUNT(*)
----------
    14
```

（3）重新生成用户管理的冷备份脚本文件/home/oracle/backup/user/user_coldnew.sql，内容如下。

```
shutdown immediate
host mkdir -p /home/oracle/backup/user/coldnew
host cp /u01/app/oracle/oradata/ORCL/control01.ctl /home/oracle/backup/
user/coldnew
host cp /u01/app/oracle/fast_recovery_area/ORCL/control02.ctl /home/oracle/
backup/user/coldnew
host cp /u01/app/oracle/oradata/ORCL/system01.dbf /home/oracle/backup/user/
coldnew
host cp /u01/app/oracle/oradata/ORCL/sysaux01.dbf /home/oracle/backup/user/
coldnew
host cp /u01/app/oracle/oradata/ORCL/undotbs01.dbf /home/oracle/backup/user/
coldnew
host cp /u01/app/oracle/oradata/ORCL/users01.dbf /home/oracle/backup/user/
coldnew
host cp /u01/app/oracle/oradata/ORCL/mytbs03.dbf /home/oracle/backup/user/
coldnew
startup
```

（4）执行用户管理的冷备份。

```
SQL> @/home/oracle/backup/user/user_coldnew.sql
```

（5）向 c##scott.usertable08 表插入一条新的数据。

```
SQL> insert into c##scott.usertable08(empno,ename,sal,deptno) values(1,'Tom',
1000,10);
SQL> commit;
```

（6）确认表中的数据记录数。

```
SQL> select count(*) from c##scott.usertable08;
```

输出信息如下。

```
COUNT(*)
----------
     15
```

新插入的第 15 条记录没有备份。

（7）误删除表空间，用于模拟数据库的出错。

```
SQL> drop tablespace mytbs including contents and datafiles;
```

（8）验证表空间是否删除。

```
SQL> select name from v$tablespace;
```

输出信息如下。

```
NAME
------------------------------
SYSAUX
SYSTEM
UNDOTBS1
USERS
TEMP
SYSTEM
SYSAUX
UNDOTBS1
TEMP
```

（9）验证数据文件是否删除。

```
SQL> select name from v$datafile;
```

输出信息如下。

```
NAME
--------------------------------------------------------------------------
/u01/app/oracle/oradata/ORCL/system01.dbf
/u01/app/oracle/oradata/ORCL/sysaux01.dbf
/u01/app/oracle/oradata/ORCL/undotbs01.dbf
/u01/app/oracle/oradata/ORCL/pdbseed/system01.dbf
/u01/app/oracle/oradata/ORCL/pdbseed/sysaux01.dbf
/u01/app/oracle/oradata/ORCL/users01.dbf
/u01/app/oracle/oradata/ORCL/pdbseed/undotbs01.dbf
```

从查询 v$tablespace 和 v$datafile 的信息中可以看出，当前数据库的控制文件中已不存在被删除表空间和数据文件的信息了。因此，在执行恢复时，不能使用当前的控制文件进行。

（10）关闭数据库，开始执行恢复。

```
SQL> shutdown abort
```

（11）转储旧的控制文件和所有数据文件。

```
cd /home/oracle/backup/user/coldnew
cp control01.ctl /u01/app/oracle/oradata/ORCL
cp control02.ctl /u01/app/oracle/fast_recovery_area/ORCL
cp *.dbf /u01/app/oracle/oradata/ORCL
```

（12）启动数据库到 mount 阶段。

```
SQL> startup mount
```

（13）确认控制文件中是否包含了误删除的表空间信息。

```
SQL> select name from v$tablespace;
```

输出信息如下。

```
NAME
------------------------------
SYSAUX
SYSTEM
UNDOTBS1
USERS
TEMP
SYSTEM
SYSAUX
UNDOTBS1
TEMP
MYTBS
```

（14）确认控制文件中是否包含了误删除的数据文件信息。

```
SQL> select name from v$datafile;
```

输出信息如下。

```
NAME
--------------------------------------------------------------------------------
/u01/app/oracle/oradata/ORCL/system01.dbf
/u01/app/oracle/oradata/ORCL/sysaux01.dbf
/u01/app/oracle/oradata/ORCL/undotbs01.dbf
/u01/app/oracle/oradata/ORCL/pdbseed/system01.dbf
/u01/app/oracle/oradata/ORCL/pdbseed/sysaux01.dbf
/u01/app/oracle/oradata/ORCL/users01.dbf
/u01/app/oracle/oradata/ORCL/pdbseed/undotbs01.dbf
/u01/app/oracle/oradata/ORCL/mytbs03.dbf
```

由于使用了旧的控制文件，从查询 v$tablespace 和 v$datafile 的信息中可以看出，当前数据库的控制文件已经包含了被删除的表空间（MYTBS）信息和数据文件（mytbs03.dbf）信息。

（15）恢复数据库。

```
SQL> recover database until cancel using backup controlfile;
```

输出信息如下。

```
Specify log: {<RET>=suggested | filename | AUTO | CANCEL}
```

（16）输入 CANCEL，应用重做日志。

```
CANCEL
```

输出信息如下。

```
Media recovery cancelled.
```

（17）打开数据库时重置重做日志。

```
SQL> alter database open resetlogs;
```

（18）验证数据是否恢复。

```
SQL> select count(*) from c##scott.usertable08;
```

输出信息如下。

```
COUNT(*)
----------
      14
```

从恢复的结果可以看出，只恢复了表中的 14 条记录。

11.6 本章思考题

1. Oracle 数据库用户管理的备份与恢复的本质是什么？
2. 什么是高可用模式的恢复？

第12章

RMAN 的备份与恢复

Oracle 数据库通过使用操作系统提供的复制命令可以实现数据库用户管理的备份与恢复。但是，这需要用户自己维护备份的信息，从而增加了日常运维工作的复杂度。因此，Oracle 数据库提供了 RMAN（Recovery Manager）来解决这一问题。

本章重点与目标：

（1）了解 RMAN 的备份与恢复的特点。

（2）掌握如何以 RMAN 的方式完成数据的备份。

（3）掌握如何以 RMAN 的方式完成数据的恢复。

12.1　RMAN 的体系架构

利用 RMAN 可以非常容易地完成对数据库的备份与恢复,也可以帮助数据库管理员轻松管理产生的备份信息。

　　Oracle 数据库推荐以 RMAN 的方式完成数据库的备份与恢复。

RMAN 是对 Oracle 数据库进行备份与恢复的客户端管理工具,通过使用 RMAN 还能够自动管理相关的备份策略。RMAN 的体系架构至少包含了以下两个组成部分。

（1）目标数据库（Target Database）:即需要进行备份与恢复的数据库,在 RMAN 命令行下通过 target 参数指定。

（2）RMAN 客户端:这是一个命令行工具,用于执行 RMAN 命令进行数据库备份与恢复操作。在默认情况下,RMAN 的客户端存放于$ORACLE_HOME/bin 目录下。

RMAN 的体系架构如图 12-1 所示。

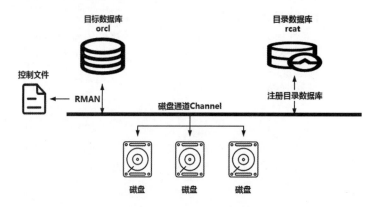

图 12-1　RMAN 的体系架构

　　在图 12-1 的 RMAN 体系架构中,还有一个目录数据库（Catalog Database）。该组成部分不是必需的。关于目录数据库将在 12.5.2 小节中进行介绍。

12.2　RMAN 备份基础

要使用 RMAN 完成对 Oracle 数据库的备份与恢复,就需要使用 RMAN 提供的命令。图 12-2 展示了 RMAN 提供的命令以及它们之间的相互关系。

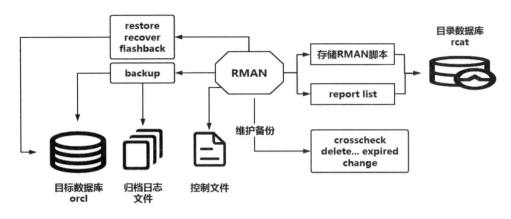

图 12-2　RMAN 提供的命令

在默认情况下，RMAN 将以备份集的方式保存生成的备份信息。除此之外，RMAN 还支持使用镜像副本的方式保存生成的备份信息。下面对比 Oracle 数据库的备份集与镜像副本之间的区别。

备份集指的是一个或多个数据文件或归档日志文件的副本，它是 RMAN 默认使用的备份存储方式。当使用备份集时不会存储空数据块，因此备份集在磁盘或磁带上占用的空间比较小。通过压缩备份集可进一步降低备份的空间要求。换句话说，在同一个备份集中备份的信息可能包含来自不同数据文件或归档日志文件。

镜像副本指的是数据文件或归档日志文件的副本，它类似于只使用操作系统命令复制文件。使用镜像副本进行备份时可能会存储空数据块。

备份集和镜像副本之间的关系如图 12-3 所示。

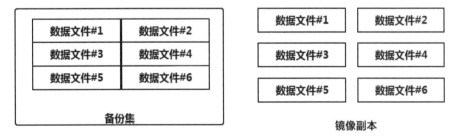

图 12-3　备份集和镜像副本

在了解了 RMAN 的基本指令后，下面通过具体的示例演示如何使用 RMAN 完成不同方式的备份与恢复。

12.2.1　【实战】备份整个数据库

下面通过一个简单的示例演示如何使用 RMAN 备份整个 Oracle 数据库，包括数据文件、控制文件、参数文件等。

（1）使用 RMAN 直接登录目标数据库。

```
rman target /
```

输出信息如下。

```
Recovery Manager: Release 21.0.0.0.0 - Production on Sun Mar 27 09:20:20 2022
Version 21.3.0.0.0
Copyright (c) 1982, 2021, Oracle and/or its affiliates.  All rights reserved.
connected to target database: ORCL (DBID=1618358864)
```

 这里的 DBID 代表目标数据库的 ID。

（2）执行数据库的备份。

```
RMAN> backup database;
```

此时将输出以下错误信息。

```
Starting backup at 27-MAR-22
using target database control file instead of recovery catalog
allocated channel: ORA_DISK_1
channel ORA_DISK_1: SID=84 device type=DISK
RMAN-00571: ===========================================================
RMAN-00569: =============== ERROR MESSAGE STACK FOLLOWS ===============
RMAN-00571: ===========================================================
RMAN-03002: failure of backup command at 03/27/2022 09:21:48
RMAN-06149: cannot BACKUP DATABASE in NOARCHIVELOG mode
```

 由于目标数据库是非归档模式，因此在这种日志模式下只能执行数据库的冷备份。要执行数据库的热备份，需要将 Oracle 数据库切换到归档模式上。

（3）切换 Oracle 数据库为归档模式，重新执行步骤（2）。输出信息如下。

```
Starting backup at 27-MAR-22
using target database control file instead of recovery catalog
allocated channel: ORA_DISK_1
channel ORA_DISK_1: SID=83 device type=DISK
channel ORA_DISK_1: starting full datafile backup set
channel ORA_DISK_1: specifying datafile(s) in backup set
input datafile file number=00001 name=/u01/app/oracle/oradata/ORCL/system01.dbf
input datafile file number=00003 name=/u01/app/oracle/oradata/ORCL/sysaux01.dbf
input datafile file number=00004 name=/u01/app/oracle/oradata/ORCL/undotbs01.dbf
input datafile file number=00007 name=/u01/app/oracle/oradata/ORCL/users01.dbf
channel ORA_DISK_1: starting piece 1 at 27-MAR-22
channel ORA_DISK_1: finished piece 1 at 27-MAR-22
piece handle=/u01/app/oracle/fast_recovery_area/ORCL/backupset/
2022_03_27/........
channel ORA_DISK_1: backup set complete, elapsed time: 00:00:15
channel ORA_DISK_1: starting full datafile backup set
channel ORA_DISK_1: specifying datafile(s) in backup set
input datafile file number=00006 name=/u01/app/oracle/oradata/ORCL/pdbseed/
```

```
sysaux01.dbf
input datafile file number=00005 name=/u01/app/oracle/oradata/ORCL/pdbseed/
system01.dbf
input datafile file number=00008
name=/u01/app/oracle/oradata/ORCL/pdbseed/undotbs01.dbf
channel ORA_DISK_1: starting piece 1 at 27-MAR-22
channel ORA_DISK_1: finished piece 1 at 27-MAR-22
piece handle=/u01/app/oracle/fast_recovery_area/ORCL/backupset/
2022_03_27/......
channel ORA_DISK_1: backup set complete, elapsed time: 00:00:07
Finished backup at 27-MAR-22

Starting Control File and SPFILE Autobackup at 27-MAR-22
piece handle=/u01/app/oracle/fast_recovery_area/ORCL/autobackup/
2022_03_27/....
Finished Control File and SPFILE Autobackup at 27-MAR-22
```

从输出的日志信息中可以得到以下结论。

① 在默认情况下，RMAN 使用控制文件来保存备份产生的元信息。对应的日志信息如下。

```
using target database control file instead of recovery catalog
```

② 在默认情况下，RMAN 使用备份集的方式保存产生的备份信息。对应的日志信息如下。

```
channel ORA_DISK_1: starting full datafile backup set
```

③ RMAN 执行备份时会自动分配一个通道 Channel 指向 Oracle 数据库快速恢复区存放生成的备份集。对应的日志信息如下。

```
...
allocated channel: ORA_DISK_1
...
piece handle=/u01/app/oracle/fast_recovery_area/ORCL/backupset/2022_03_27/...
...
```

通过使用自定义 Channel 可以将生成的备份集存放到任意路径上。

④ RMAN 执行备份时，产生的备份集信息如下。

```
...
channel ORA_DISK_1: starting full datafile backup set
...
channel ORA_DISK_1: backup set complete, elapsed time: 00:00:15
channel ORA_DISK_1: starting full datafile backup set
...
channel ORA_DISK_1: backup set complete, elapsed time: 00:00:07
```

⑤ RMAN 执行备份时将自动备份控制文件和参数文件。对应的日志信息如下。

```
...
Starting Control File and SPFILE Autobackup at 27-MAR-22
```

```
piece handle=/u01/app/oracle/fast_recovery_area/ORCL/autobackup/...
Finished Control File and SPFILE Autobackup at 27-MAR-22
```

（4）创建自定义目录用于存放 RMAN 产生的的备份信息。

```
mkdir -p /home/oracle/backup/rman/archive/full
```

（5）重新执行步骤（2）或执行以下 RMAN 脚本完成对数据库的完全备份。

```
RMAN> run{
  allocate channel c1 type disk format '/home/oracle/backup/rman/archive/
full/full_%d_%T_%s';
  backup database include current controlfile;
  release channel c1;
}
```

这里执行的 RMAN 脚本中自定义了一个 Channel，指向了步骤（4）中创建的目录，因此 RMAN 产生的备份信息将存入该目录。通配符 full_%d_%T_%s 表示的含义如下：

- %d：数据库的名称。
- %T：当前的日期。
- %s：RMAN 产生备份的序列号，该序列号可以用于标识产出的备份集的顺序。

（6）查看 RMAN 产生的备份信息。

```
RMAN> list backup;
```

输出信息如下。

```
List of Backup Sets
===================

BS Key  Type   LV Size    Device Type  Elapsed Time    Completion Time
------ ------ ---- ---- --------- ----- -------------- --------------------
1      Full       1.60G   DISK         00:00:13        27-MAR-22
       BP Key: 1   Status: AVAILABLE  Compressed: NO  Tag: TAG20220327T095049
Piece Name: /u01/app/oracle/fast_recovery_area/ORCL/backupset/2022_03_27/
k3zjqt9z_.bkp
  List of Datafiles in backup set 1
  File LV Type Ckp SCN   Ckp Time  Abs Fuz SCN Sparse Name
  ---- -- ---- ---------- --------- ----------- ------ ----
  1       Full 2656887   27-MAR-22 NO  /u01/app/oracle/oradata/ORCL/system01.dbf
  3       Full 2656887   27-MAR-22 NO  /u01/app/oracle/oradata/ORCL/sysaux01.dbf
  4       Full 2656887   27-MAR-22 NO  /u01/app/oracle/oradata/ORCL/undotbs01.dbf
  7       Full 2656887   27-MAR-22 NO  /u01/app/oracle/oradata/ORCL/users01.dbf

BS Key  Type   LV Size      Device Type Elapsed Time Completion Time
------ ------- ---- ---------- -------- ----- ------------- --------------------
2      Full        510.06M   DISK         00:00:03     27-MAR-22
...
```

（7）使用 tree 命令查看/home/oracle/backup/rman/archive/full 目录下生成的备份集信息。

```
tree /home/oracle/backup/rman/archive/full
```

输出信息如下。

```
/home/oracle/backup/rman/archive/full
├── full_ORCL_20220327_4
├── full_ORCL_20220327_5
└── full_ORCL_20220327_6
```

12.2.2 【实战】备份单个表空间

除了可以备份整个数据库中的文件外，RMAN 也可以只备份某个具体的表空间。下面通过一个简单的示例演示具体的操作步骤。

（1）使用 RMAN 登录目标数据库。

```
rman target /
```

（2）执行以下 RMAN 脚本。该脚本将 USERS 表空间备份到自定义的目录下。

```
RMAN> run{
allocate channel c2 type disk format
    '/home/oracle/backup/rman/archive/full/tbs_users_%d_%T_%s';
 backup tablespace users;
 release channel c2;
}
```

12.2.3 【实战】备份多个数据文件

除了可以备份整个数据库中的文件和某个具体的表空间外，RMAN 也可以备份指定的数据文件。下面通过一个简单的示例演示具体的操作步骤。

（1）确定要备份的数据文件 ID。

```
SQL> select file_id,file_name from dba_data_files;
```

输出信息如下。

```
    FILE_ID    FILE_NAME
------------    ------------------------------------------------
       1        /u01/app/oracle/oradata/ORCL/system01.dbf
       3        /u01/app/oracle/oradata/ORCL/sysaux01.dbf
       4        /u01/app/oracle/oradata/ORCL/undotbs01.dbf
       7        /u01/app/oracle/oradata/ORCL/users01.dbf
```

（2）执行 RMAN 脚本备份 1 号和 7 号数据文件。

```
RMAN> run{
 allocate channel c3 type disk format
    '/home/oracle/backup/rman/archive/full/datafile_1_7_%d_%T_%s';
 backup datafile 1,7;
```

```
    release channel c3;
    }
```

（3）查看/home/oracle/backup/rman/archive/full 目录下生成的备份信息。

```
tree /home/oracle/backup/rman/archive/full
```

输出信息如下。

```
/home/oracle/backup/rman/archive/full
├────── datafile_1_7_ORCL_20220327_10
├────── full_ORCL_20220327_4
├────── full_ORCL_20220327_5
├────── full_ORCL_20220327_6
└────── tbs_users_ORCL_20220327_8
```

12.3 深入 RMAN 的备份

通过创建脚本文件，可以非常方便地实现 RMAN 的冷备份和热备份。同时，RMAN 也支持以增量备份或镜像副本的方式备份数据库中的内容。下面通过具体的示例进行演示。

12.3.1 【实战】RMAN 的冷备份

用户管理的数据库冷备份是在数据库停机的状态下，针对数据库中的数据文件和控制文件进行的备份。使用 RMAN 执行数据库的冷备份的具体步骤如下。

（1）创建 RMAN 冷备份存放的目录。

```
mkdir -p /home/oracle/backup/rman/archive/cold
```

（2）执行 RMAN 的脚本对 Oracle 数据库进行冷备份。

```
RMAN>  run{
# 关闭数据库
shutdown immediate;
# 启动数据库到 mount 状态
startup mount;
# 分配备份的通道
allocate channel c1 type disk format'/home/oracle/backup/rman/archive/
cold/full_%d_%T_%s';
# 执行备份
backup database include current controlfile;
# 释放通道
release channel c1;
# 打开数据库
sql 'alter database open';
}
```

12.3.2 【实战】RMAN 的热备份

RMAN 的数据库热备份是在数据库正常运行的状态下，针对数据库中的数据文件和控制文件进行的备份。具体步骤如下。

（1）创建 RMAN 热备份存放的目录。

```
mkdir -p /home/oracle/backup/rman/archive/hot
```

（2）执行 RMAN 脚本进行 Oracle 数据库的热备份。

```
RMAN> run{
 # 执行数据库的检查点操作
 sql 'alter system checkpoint';
 # 切换数据库日志
 sql 'alter system switch logfile';
 # 分配备份的通道
 allocate channel c1 type disk format '/home/oracle/backup/rman/archive/
hot/full_%d_%T_%s';
 # 执行备份
 backup database include current controlfile;
 # 释放通道
 release channel c1;
 }
```

12.3.3 RMAN 的增量备份

数据库的增量备份是在上一次备份的基础上进行的备份，RMAN 的增量备份分为两种：差异增量备份和累计增量备份。

不管是差异增量备份还是累计增量备份，都必须要有零级备份。

1.【实战】差异增量备份

差异增量备份是在备份时只备份级别等于或小于当前级别的所有变化的数据块信息。图 12-4 所示的示例说明了差异增量备份执行备份的过程。从左向右看，在星期日执行了一个级别为 0 的备份，0 级备份是一个数据库的完全备份；星期一执行了一个级别为 2 的差异增量备份。由于差异增量备份是从级别小于或等于当前级别的备份开始执行备份，因此，星期一执行的备份将包含从星期日到星期一这一天时间内变化了的数据块信息。在星期二也执行了一个级别为 2 的差异增量备份。因此，星期二执行的备份将包含从星期一到星期二这一天时间内变化了的数据块信息。而在星期三执行了级别为 1 的差异增量备份，因此星期三执行的备份将包含从星期日到星期三这三天时间内变化了的数据块信息。

差异增量备份

	星期日	星期一	星期二	星期三	星期四	星期五	星期六	星期日
备份的级别	0	2	2	1	2	2	2	0
备份的天数	全	一	一	三	一	一	一	全

图 12-4　差异增量备份

差异增量备份是 RMAN 默认的增量备份方式,它具有备份工作量小,但恢复速度慢的特点。下面通过一个具体的示例演示如何使用 RMAN 完成对数据库的差异增量备份。

(1)创建 RMAN 差异增量备份信息保存的目录。

```
mkdir /home/oracle/backup/rman/archive/incremental/
```

(2)对 7 号数据文件执行一个 0 级备份。

```
RMAN> backup incremental level 0 datafile 7 format
        '/home/oracle/backup/rman/archive/incremental/datafile_7_%T_%s';
```

(3)对 7 号数据文件执行一个 2 级差异增量备份。

```
RMAN> backup incremental level 2 datafile 7 format
        '/home/oracle/backup/rman/archive/incremental/datafile_7_%T_%s';
```

2.【实战】累计增量备份

累计增量备份是在备份时只备份级别小于当前级别的所有变化的数据块信息。图 12-5 所示的示例说明了累计增量备份执行备份的过程。从左向右看,在星期日执行了一个级别为 0 的备份,0 级备份是一个数据库的完全备份;星期一执行了一个级别为 2 的累计增量备份。由于累计增量备份是从级别小于当前级别的备份开始执行备份,因此,星期一执行的备份将包含从星期日到星期一这一天时间内变化了的数据块信息。在星期二也执行了一个级别为 2 的累计增量备份。因此,星期二执行的备份将包含从星期日到星期二这两天时间内变化了的数据块信息。而在星期三执行了级别为 1 的差异增量备份,因此星期三执行的备份将包含从星期日到星期三这三天时间内变化了的数据块信息。

累计增量备份

	星期日	星期一	星期二	星期三	星期四	星期五	星期六	星期日
备份的级别	0	2	2	1	2	2	2	0
备份的天数	全	一	二	三	一	二	三	全

图 12-5　累计增量备份

累计增量备份的工作量大,但是恢复时的速度很快。下面通过一个具体的示例演示如何使用 RMAN 完成对数据库的累计增量备份。

(1)创建 RMAN 累计增量备份信息保存的目录。

```
mkdir /home/oracle/backup/rman/archive/cumulative/
```

(2)对 7 号数据文件执行一个 0 级备份。

```
RMAN> backup incremental level 0 cumulative datafile 7 format
        '/home/oracle/backup/rman/archive/cumulative/datafile_7_%T_%s';
```

（3）对 7 号数据文件执行一个 2 级累计增量备份。

```
RMAN> backup incremental level 2 cumulative datafile 7 format
        '/home/oracle/backup/rman/archive/cumulative/datafile_7_%T_%s';
```

12.3.4 【实战】RMAN 的镜像副本

RMAN 的镜像副本类似于用户管理的备份方式，换句话说，相当于通过操作系统的复制命令执行数据库的备份。但 RMAN 的镜像副本有着自己的命令，即使用 backup as copy 命令完成数据库镜像副本的备份。下面通过一个具体的示例演示如何使用 RMAN 完成对数据库的镜像副本。

（1）创建 RMAN 镜像副本信息保存的目录。

```
mkdir /home/oracle/backup/rman/archive/imagecopy/
```

（2）对 7 号数据文件执行一个 0 级备份。

```
RMAN> backup as copy datafile 7 format
    '/home/oracle/backup/rman/archive/imagecopy/df_7_%d_%T_%s';
```

输出信息如下。

```
Starting backup at 27-MAR-22
using channel ORA_DISK_1
channel ORA_DISK_1: starting datafile copy
...
Finished backup at 27-MAR-22
...
```

输出信息中的 starting datafile copy 表示 RMAN 以镜像副本的方式进行了备份。

12.3.5 【实战】控制文件和归档文件的备份

在默认情况下，RMAN 已经开启了控制文件的自动备份功能。如果要实现控制文件的手动备份，可以通过执行以下 RMAN 脚本来完成。

（1）创建控制文件备份信息保存的目录。

```
mkdir /home/oracle/backup/rman/archive/controlfile/
```

（2）执行控制文件的手动备份。

```
RMAN> backup current controlfile format
        '/home/oracle/backup/rman/archive/controlfile/controlfile_%d_%T_%s';
```

如果还想进一步备份 Oracle 数据库的归档日志文件，可以通过执行以下 RMAN 脚本来完成。

（3）创建归档日志文件备份信息保存的目录。

```
mkdir /home/oracle/backup/rman/archive/archivelog/
```

（4）执行归档日志文件的手动备份。

```
RMAN> backup archivelog all format
        '/home/oracle/backup/rman/archive/archivelog/archivelog_%d_%T_%s';
```

12.3.6 【实战】查看 RMAN 备份的信息

至此，已经使用 RMAN 完成了对 Oracle 数据库各种情况下的备份。最后可以查看一下 RMAN 备份时产生的所有的备份信息。

（1）查看/home/oracle/backup/rman/archive 目录下生成的备份文件。

```
tree /home/oracle/backup/rman/archive
```

输出信息如下。

```
/home/oracle/backup/rman/archive
├── archivelog
│   └── archivelog_ORCL_20220327_33
├── cold
│   ├── full_ORCL_20220327_12
│   ├── full_ORCL_20220327_13
│   └── full_ORCL_20220327_14
├── controlfile
│   └── controlfile_ORCL_20220327_30
├── cumulative
│   ├── datafile_7_20220327_24
│   └── datafile_7_20220327_26
├── full
│   ├── datafile_1_7_ORCL_20220327_10
│   ├── full_ORCL_20220327_4
│   ├── full_ORCL_20220327_5
│   ├── full_ORCL_20220327_6
│   └── tbs_users_ORCL_20220327_8
├── hot
│   ├── full_ORCL_20220327_16
│   ├── full_ORCL_20220327_17
│   └── full_ORCL_20220327_18
├── imagecopy
│   └── df_7_ORCL_20220327_28
└── incremental
    ├── datafile_7_20220327_20
    └── datafile_7_20220327_22
```

（2）在 RMAN 的命令行中使用 list backup 命令查看备份信息。

```
RMAN> list backup;
```

输出信息如下。

```
...
BS    Type    LV    Size    Device Type Elapsed Time Completion Time
----  ------- ----- ----- ------------- ------------- ----------------
10    Full          1.17G  DISK            00:00:08    27-MAR-22
      BP Key: 10  Status: AVAILABLE  Compressed: NO  Tag: TAG20220327T100641
      Piece Name: /home/oracle/backup/rman/archive/full/ datafile_1_7_
ORCL_20220327_10
  List of Datafiles in backup set 10
  File LV Type Ckp SCN  Ckp Time  Sparse Name
  ---- -- ---- ------- --------- -------- ----
   1      Full 2658463   27-MAR-22  NO  /u01/app/oracle/oradata/ORCL/ system01.dbf
   7      Full 2658463   27-MAR-22  NO  /u01/app/oracle/oradata/ORCL/ users01.dbf
......
BS    Type    LV   Size    Device Type   Elapsed Time      Completion Time
----  -------- ---------- ----------- -------------- ------------------ ----------------
20    Incr    0    2.65M    DISK          00:00:00          27-MAR-22
      BP Key: 20  Status: AVAILABLE  Compressed: NO  Tag: TAG20220327T102825
      Piece Name: /home/oracle/backup/rman/archive/incremental/
datafile_7_20220327_20
  List of Datafiles in backup set 20
  File LV Type Ckp SCN   Ckp Time   Sparse Name
  ---- -- ---- --------- ---------- ------ ----
   7    0 Incr 2660288   27-MAR-22  NO   /u01/app/oracle/oradata/ORCL/users01.dbf
...
```

通过这里输出的信息可以看出备份集中包含的备份信息。并且 **Type** 参数标识了这是一个完全备份还是增量备份；**LV** 参数标识了增量备份的级别。

12.4 RMAN 的恢复

在使用 RMAN 完成了数据库的备份后，当数据库发生故障造成数据丢失时，就可以通过 RMAN 完成数据库的恢复。由于 Oracle 数据库的日志模式分为归档模式和非归档模式，因此在恢复数据库时，需要分别讨论这两种情况。

12.4.1 归档模式下的 RMAN 的恢复

当数据库处于归档模式下时，所有重做日志都不会丢失。因此，数据库如果发生了数据的丢失，就可以实现数据库的完全恢复。下面通过具体的示例演示在不同场景下如何使用 RMAN 恢复 Oracle 数据库。

1.【实战】丢失了所有数据文件和控制文件的恢复

如果丢失了所有数据文件和控制文件，在使用 RMAN 执行恢复时，则需要先恢复控制文件，再恢复数据文件。

（1）确认 c##scott 用户下员工表中的记录数。

```
SQL> select count(*) from c##scott.emp;
  COUNT(*)
----------
    14
```

这里显示的 14 条数据是有备份的。

（2）向表中新插入一条记录。

```
SQL> insert into c##scott.emp(empno,ename,sal,deptno) values(1,'Tom',1000,10);
SQL> commit;
SQL> select count(*) from c##scott.emp;
  COUNT(*)
----------
    15
```

新插入的第 15 条记录没有备份。

（3）强制关闭数据库。

```
SQL> shutdown abort;  .
```

（4）模拟文件的丢失，删除所有的数据文件和控制文件。

```
cd /u01/app/oracle/oradata/ORCL
rm -rf *.dbf
cd /u01/app/oracle/oradata/ORCL
rm -rf control01.ctl
cd /u01/app/oracle/fast_recovery_area/ORCL
rm -rf control02.ctl
```

（5）启动数据库到 nomount 状态，恢复控制文件。

```
RMAN> startup nomount
```

（6）执行控制文件的恢复。

```
RMAN> restore controlfile from
    '/home/oracle/backup/rman/archive/cold/full_ORCL_20220327_14';
```

这里使用了冷备份恢复控制文件。如果生成的备份集有多个，体积较小的备份集中包含了控制文件的备份。

输出信息如下。

```
Starting restore at 27-MAR-22
allocated channel: ORA_DISK_1
channel ORA_DISK_1: SID=47 device type=DISK

channel ORA_DISK_1: restoring control file
channel ORA_DISK_1: restore complete, elapsed time: 00:00:01
output file name=/u01/app/oracle/oradata/ORCL/control01.ctl
output file name=/u01/app/oracle/fast_recovery_area/ORCL/control02.ctl
Finished restore at 27-MAR-22
```

（7）将数据库启动到 mount 状态，恢复数据文件。

```
RMAN> alter database mount;               # 将数据库启动到 mount 状态
RMAN> restore database;                   # 转储数据库文件
RMAN> recover database;                   # 恢复数据库
RMAN> alter database open resetlogs;      # 打开数据库
```

resetlogs 代表这是一个不完全恢复，但由于当前是在归档模式下，因此可以实现数据库的完全恢复。

（8）验证 c##scott 用户下员工表中的记录数。

```
SQL> select count(*) from c##scott.emp;
```

输出信息如下。

```
  COUNT(*)
----------
    15
```

员工表中的 15 条记录被成功恢复了。

2.【实战】丢失了所有数据文件的恢复

由于控制文件没有丢失，因此直接恢复数据文件即可。

（1）目前员工表中目前共有 15 条数据。

（2）强制关闭数据库。

```
SQL> shutdown abort;
```

（3）模拟文件的丢失，删除所有数据文件。

```
cd /u01/app/oracle/oradata/ORCL/
rm -rf *.dbf
```

（4）使用 RMAN 的脚本执行恢复。

```
RMAN> run{
 startup mount;          # 启动数据库到 mount 状态
 restore database;       # 转储数据库文件
```

```
recover database;        # 恢复数据库
alter database open;     # 打开数据库
}
```

输出信息如下。

```
Starting restore at 27-MAR-22
using target database control file instead of recovery catalog
allocated channel: ORA_DISK_1
channel ORA_DISK_1: SID=44 device type=DISK

...
channel ORA_DISK_1: starting datafile backup set restore
channel ORA_DISK_1: specifying datafile(s) to restore from backup set
channel ORA_DISK_1: restoring datafile 00001 to /u01/app/oracle/oradata/
ORCL/system01.dbf
channel ORA_DISK_1: restoring datafile 00003 to /u01/app/oracle/oradata/
ORCL/sysaux01.dbf
channel ORA_DISK_1: restoring datafile 00004 to /u01/app/oracle/oradata/
ORCL/undotbs01.dbf
channel ORA_DISK_1: restoring datafile 00007 to /u01/app/oracle/oradata/
ORCL/users01.dbf
channel ORA_DISK_1: reading from
backup piece /home/oracle/backup/rman/archive/cold/full_ORCL_20220327_12
...
channel ORA_DISK_1: restore complete, elapsed time: 00:00:15
Finished restore at 27-MAR-22

Starting recover at 27-MAR-22
using channel ORA_DISK_1

starting media recovery

archived log for thread 1 with sequence 2 is already on disk as file
...
media recovery complete, elapsed time: 00:00:01
Finished recover at 27-MAR-22
Statement processed
```

从输出的信息中可以看出，RMAN 在执行恢复时，首先从数据库的完全冷备份中进行数据文件的恢复；然后再从归档日志中恢复备份文件中没有备份的数据。

（5）验证 c##scott 用户下员工表中的记录数。

```
SQL> select count(*) from c##scott.emp;
```

输出信息如下。

```
  COUNT(*)
----------
```

15

3.【实战】丢失了部分数据文件的恢复

由于控制文件没有丢失，因此直接恢复丢失的数据文件即可。
（1）员工表中目前共有 15 条数据，确定数据库中数据文件的信息。

```
RMAN> select file_id,file_name from dba_data_files;
```

输出信息如下。

```
FILE_ID    FILE_NAME
---------  ----------------------------------------------
        1  /u01/app/oracle/oradata/ORCL/system01.dbf
        3  /u01/app/oracle/oradata/ORCL/sysaux01.dbf
        4  /u01/app/oracle/oradata/ORCL/undotbs01.dbf
        7  /u01/app/oracle/oradata/ORCL/users01.dbf
```

（2）强制关闭数据库。

```
RMAN> shutdown abort;
```

（3）模拟文件的丢失，删除 7 号数据文件。

```
cd /u01/app/oracle/oradata/ORCL/
rm -rf /u01/app/oracle/oradata/ORCL/users01.dbf
```

（4）启动数据库。

```
RMAN> startup
```

此时将输出以下错误信息。

```
connected to target database (not started)
Oracle instance started
database mounted
RMAN-00571: ===========================================================
RMAN-00569: =============== ERROR MESSAGE STACK FOLLOWS ===============
RMAN-00571: ===========================================================
RMAN-03002: failure of startup command at 03/27/2022 15:42:57
ORA-01157: cannot identify/lock data file 7 - see DBWR trace file
ORA-01110: data file 7: '/u01/app/oracle/oradata/ORCL/users01.dbf'
```

 从输出的错误信息中可以看出，找不到 7 号数据文件了。

（5）查看错误信息。

```
RMAN> select file#,error from v$recover_file;
```

输出信息如下。

```
FILE#      ERROR
---------  ----------------------------------------------
7          FILE NOT FOUND
```

（6）使用 RMAN 的脚本执行恢复。

```
RMAN> run{
 startup mount;              # 启动数据库到 mount 状态
 restore datafile 7;        # 转储 7 号数据文件
 recover datafile 7;        # 恢复 7 号数据文件
 alter database open;       # 打开数据库
 }
```

（7）验证 c##scott 用户下员工表中的记录数。

```
RMAN> select count(*) from c##scott.emp;
```

输出信息如下。

```
  COUNT(*)
----------
    15
```

4.【实战】使用高可用模式的恢复

在前面的恢复示例中，都是先执行数据库的恢复，再打开数据库对外提供服务。因此，在打开数据库前，应用程序是不能访问数据库的。高可用模式是指先打开数据库，再执行数据库的恢复。因此，使用高可用模式进行恢复对应用程序的影响最小。

下面以丢失了一个数据文件的恢复为例进行演示。

（1）目前员工表中目前共有 15 条数据，确定数据库中数据文件的信息。

```
RMAN> select file_id,file_name from dba_data_files;
```

输出信息如下。

```
FILE_ID    FILE_NAME
---------- ---------------------------------------------
     1     /u01/app/oracle/oradata/ORCL/system01.dbf
     3     /u01/app/oracle/oradata/ORCL/sysaux01.dbf
     4     /u01/app/oracle/oradata/ORCL/undotbs01.dbf
     7     /u01/app/oracle/oradata/ORCL/users01.dbf
```

（2）强制关闭数据库。

```
RMAN> shutdown abort;
```

（3）模拟文件的丢失，删除 7 号数据文件。

```
cd /u01/app/oracle/oradata/ORCL/
rm -rf /u01/app/oracle/oradata/ORCL/users01.dbf
```

（4）启动数据库。

```
RMAN> startup
```

此时将输出以下错误信息。

```
connected to target database (not started)
Oracle instance started
```

```
database mounted
RMAN-00571: ===========================================================
RMAN-00569: =============== ERROR MESSAGE STACK FOLLOWS ===============
RMAN-00571: ===========================================================
RMAN-03002: failure of startup command at 03/27/2022 15:42:57
ORA-01157: cannot identify/lock data file 7 - see DBWR trace file
ORA-01110: data file 7: '/u01/app/oracle/oradata/ORCL/users01.dbf'
```

（5）查看错误信息。

```
RMAN> select file#,error from v$recover_file;
```

输出信息如下。

```
FILE#   ERROR
-----  -----------------
   7    FILE NOT FOUND
```

（6）使用高可用模式进行数据库文件的恢复。

```
RMAN> run{
 startup mount;                                   # 启动数据库到 mount 状态
 sql 'alter database datafile 7 offline';  # 将 7 号数据文件离线
 alter database open;                             # 打开数据库
 restore datafile 7;                              # 转储 7 号数据文件
 recover datafile 7;                              # 恢复 7 号数据文件
 sql 'alter database datafile 7 online';   # 将 7 号数据文件上线
 }
```

 这里的 RMAN 恢复脚本首先将 7 号数据文件进行离线操作，这样就可以正常打开数据库。然后再恢复 7 号数据文件。恢复完成后，再将 7 号数据文件上线。

（7）验证 c##scott 用户下员工表中的记录数。

```
RMAN> select count(*) from c##scott.emp;
```

输出信息如下。

```
 COUNT(*)
----------
   15
```

5.【实战】没有备份使用日志的恢复

对于新创建的表空间，由于还没有执行数据库的备份操作，此时如果发生了数据的丢失，就只能使用重做日志进行恢复。下面通过一个具体的示例演示操作步骤。

（1）创建一个新的表空间。

```
RMAN> create tablespace mytbs03 datafile
     '/u01/app/oracle/oradata/ORCL/mytbs03_01.dbf' size 50M;
```

（2）授权 c##scott 用户使用新创建的表空间，并在新的表空间上创建一张表。

```
RMAN> alter user c##scott quota unlimited on mytbs03;
```

```
RMAN> create table c##scott.rmantable01 tablespace mytbs03 as select * from
c##scott.emp;
```

（3）向表中插入一条新的数据，并确认表中的记录数。

```
RMAN> insert into c##scott.rmantable01 select * from c##scott.emp;
RMAN> commit;
RMAN> select count(*) from c##scott.rmantable01;
```

输出信息如下。

```
  COUNT(*)
----------------
    30
```

（4）强制管理，并删除新创建表空间的数据文件。

```
RMAN> shutdown abort;
rm -rf /u01/app/oracle/oradata/ORCL/mytbs03_01.dbf
```

（5）启动数据库。

```
RMAN> startup
```

输出错误信息如下。

```
Oracle instance started
database mounted
RMAN-00571: ===========================================================
RMAN-00569: =============== ERROR MESSAGE STACK FOLLOWS ===============
RMAN-00571: ===========================================================
RMAN-03002: failure of startup command at 03/27/2022 16:02:10
ORA-01157: cannot identify/lock data file 9 - see DBWR trace file
ORA-01110: data file 9: '/u01/app/oracle/oradata/ORCL/mytbs03_01.dbf'
```

 从这里输出的错误信息可以看出，丢失了 9 号数据文件。

（6）确定错误信息。

```
RMAN> select file#,error from v$recover_file;
```

输出信息如下。

```
FILE#   ERROR
-----  ---------------
9       FILE NOT FOUND
```

（7）通过 RMAN 恢复 9 号数据文件。

```
RMAN> run{
    startup mount;                              # 启动数据库到 mount 状态
    sql 'alter database datafile 9 offline';    # 将 9 号数据文件离线
    alter database open;                        # 打开数据库
    restore datafile 9;                         # 转储 9 号数据文件
```

```
    recover datafile 9;                              # 恢复 9 号数据文件
    sql 'alter database datafile 9 online';          # 将 9 号数据文件上线
}
```

输出信息如下。

```
...
Starting restore at 27-MAR-22
allocated channel: ORA_DISK_1
channel ORA_DISK_1: SID=66 device type=DISK

creating datafile file number=9 name=/u01/app/oracle/oradata/ORCL/mytbs03_01.dbf
restore not done; all files read only, offline, excluded, or already restored
Finished restore at 27-MAR-22
...
```

注意：由于在备份时没有包含新创建的表空间信息，因此 RMAN 在执行恢复时将创建该表空间的数据文件，再应用日志进行恢复。

（8）验证数据是否恢复。

```
RMAN> select count(*) from c##scott.rmantable01;
```

输出信息如下。

```
  COUNT(*)
------------------
    30
```

6.【实战】磁盘损坏时的恢复

磁盘损坏后，不能将数据恢复到原来的位置上，只能使用 RMAN 将数据恢复到其他位置上。

（1）员工表中目前共有 15 条数据，确定数据库中数据文件的信息。

```
RMAN> select file_id,file_name from dba_data_files;
```

输出信息如下。

```
FILE_ID    FILE_NAME
---------  ------------------------------------------------
    1      /u01/app/oracle/oradata/ORCL/system01.dbf
    3      /u01/app/oracle/oradata/ORCL/sysaux01.dbf
    4      /u01/app/oracle/oradata/ORCL/undotbs01.dbf
    7      /u01/app/oracle/oradata/ORCL/users01.dbf
```

（2）强制关闭数据库。

```
RMAN> shutdown abort;
```

（3）模拟文件的丢失，删除 7 号数据文件。

```
cd /u01/app/oracle/oradata/ORCL/
rm -rf /u01/app/oracle/oradata/ORCL/users01.dbf
```

（4）启动数据库。

```
RMAN> startup
```

此时将输出以下错误信息。

```
connected to target database (not started)
Oracle instance started
database mounted
RMAN-00571: ===================================
RMAN-00569: === ERROR MESSAGE STACK FOLLOWS ===
RMAN-00571: ===================================
RMAN-03002: failure of startup command at 03/27/2022 15:42:57
ORA-01157: cannot identify/lock data file 7 - see DBWR trace file
ORA-01110: data file 7: '/u01/app/oracle/oradata/ORCL/users01.dbf'
```

（5）查看错误信息。

```
RMAN> select file#,error from v$recover_file;
```

输出信息如下。

```
FILE#  ERROR
-----  ------------------
    7  FILE NOT FOUND
```

（6）假设/u01/app/oracle/oradata/ORCL/路径的磁盘已经损坏，则执行恢复时需要指定其他路径。

```
RMAN> run{
    startup mount;                                      # 启动数据库到 mount 状态
    sql 'alter database datafile 7 offline';           # 将 7 号数据文件离线
    alter database open;                               # 打开数据库
    set newname for datafile 7 to '/home/oracle/users01.dbf'; # 设置新的转储位置
    restore datafile 7;                                # 转储 7 号数据文件
    switch datafile 7;                                 # 切换 7 号数据文件位置
    recover datafile 7;                                # 恢复 7 号数据文件
    sql 'alter database datafile 7 online';            # 将 7 号数据文件上线
}
```

 注意：由于原路径的磁盘已经损坏，因此将数据文件恢复到了新的路径 /home/oracle/users01.dbf 下。

（7）验证 c##scott 用户下员工表中的记录数。

```
RMAN> select count(*) from c##scott.emp;
```

输出信息如下。

```
  COUNT(*)
----------
    15
```

7.【实战】使用镜像副本进行恢复

到目前为止，RMAN 在执行恢复时采用的都是从备份集中恢复文件。通过在恢复过程中输出的日志信息判断这一点，例如：

```
channel ORA_DISK_1: starting datafile backup set restore
channel ORA_DISK_1: specifying datafile(s) to restore from backup set
```

RMAN 可以通过镜像副本进行数据库的恢复。相对于备份集的恢复，镜像副本恢复的速度会更快，但它所占用的磁盘空间也会更大。

下面通过一个具体的示例演示如何使用镜像副本进行数据库的恢复。

（1）确定数据库中数据文件的信息。

```
RMAN> select file_id,file_name from dba_data_files;
```

输出信息如下。

```
FILE_ID    FILE_NAME
--------   -------------------------------------------
     1     /u01/app/oracle/oradata/ORCL/system01.dbf
     3     /u01/app/oracle/oradata/ORCL/sysaux01.dbf
     4     /u01/app/oracle/oradata/ORCL/undotbs01.dbf
     7     /u01/app/oracle/oradata/ORCL/users01.dbf
     9     /u01/app/oracle/oradata/ORCL/mytbs03_01.dbf
```

（2）创建目录保存镜像副本的备份信息。

```
mkdir -p /home/oracle/backup/rman/copy/
```

（3）使用镜像副本备份 7 号数据文件。

```
RMAN> backup as copy datafile 7 format
      '/home/oracle/backup/rman/copy/copy_df_7_%T_%s';
```

输出信息如下。

```
Starting backup at 27-MAR-22
using channel ORA_DISK_1
channel ORA_DISK_1: starting datafile copy
...
channel ORA_DISK_1: datafile copy complete, elapsed time: 00:00:01
Finished backup at 27-MAR-22
```

 上面的语句说明了备份时使用了镜像副本的方式。

（4）向员工表中插入一条新的数据，并确定员工表中的记录数。

```
RMAN> insert into c##scott.emp(empno,ename,sal,deptno) values(1002,'Tom',1000,10);
RMAN> commit;
RMAN> select count(*) from c##scott.emp;
```

输出信息如下。

```
  COUNT(*)
--------------------
     16
```

（5）强制关闭数据库。

```
RMAN> shutdown abort;
```

（6）模拟文件的丢失，删除 7 号数据文件。

```
rm -rf /u01/app/oracle/oradata/ORCL/users01.dbf
```

（7）执行 RMAN 的脚本进行数据文件的恢复。

```
RMAN> run{
    startup mount;                               # 启动数据库到 mount 状态
    sql 'alter database datafile 7 offline';     # 将 7 号数据文件离线
    alter database open;                         # 打开数据库
    restore datafile 7;                          # 转储 7 号数据文件
    recover datafile 7;                          # 恢复 7 号数据文件
    sql 'alter database datafile 7 online';      # 将 7 号数据文件上线
}
```

输出信息如下。

```
...
input datafile copy RECID=4 STAMP=1100449940
    file name=/home/oracle/backup/rman/copy/copy_df_7_20220327_18
destination for restore of datafile 00007: /u01/app/oracle/oradata/ORCL/
users01.dbf
...
```

通过这里输出的日志信息可以说明恢复时使用了镜像副本的方式。

（8）验证数据是否恢复。

```
RMAN> select count(*) from c##scott.emp;
```

输出信息如下。

```
  COUNT(*)
--------------------
     16
```

8.【实战】使用增量备份进行恢复

RMAN 也支持使用增量备份进行数据文件的恢复。下面通过一个具体的示例演示操作步骤。

（1）确定数据库中数据文件的信息。

```
RMAN> select file_id,file_name from dba_data_files;
```

输出信息如下。

```
   FILE_ID   FILE_NAME
```

```
----------     --------------------------------------------
    1          /u01/app/oracle/oradata/ORCL/system01.dbf
    3          /u01/app/oracle/oradata/ORCL/sysaux01.dbf
    4          /u01/app/oracle/oradata/ORCL/undotbs01.dbf
    7          /u01/app/oracle/oradata/ORCL/users01.dbf
    9          /u01/app/oracle/oradata/ORCL/mytbs03_01.dbf
```

（2）对 7 号数据文件进行增量备份。

```
RMAN> backup incremental level 0 datafile 7 format
      '/home/oracle/backup/rman/archive/incremental/inc_level_0_datafile_
7_%T_%s';
RMAN> backup incremental level 2 datafile 7 format
      '/home/oracle/backup/rman/archive/incremental/inc_level_2_datafile_
7_%T_%s';
```

（3）查看 7 号数据文件的增量备份信息。

```
RMAN> list backup of datafile 7;
```

输出信息如图 12-6 所示。

```
BS Key  Type LV Size       Device Type Elapsed Time Completion Time
------- ---- -- ---------- ----------- ------------ ---------------
27      Incr 0  2.65M      DISK        00:00:00     27-MAR-22
        BP Key: 27   Status: AVAILABLE  Compressed: NO  Tag: TAG20220327T165004
        Piece Name: /home/oracle/backup/rman/archive/incremental/inc_level_0_datafile_7_20220327_21
  List of Datafiles in backup set 27
  File LV Type Ckp SCN    Ckp Time  Abs Fuz SCN Sparse Name
  ---- -- ---- ---------- --------- ----------- ------ ----
  7    0  Incr 9679843    27-MAR-22             NO     /u01/app/oracle/oradata/ORCL/users01.dbf

BS Key  Type LV Size       Device Type Elapsed Time Completion Time
------- ---- -- ---------- ----------- ------------ ---------------
29      Incr 2  48.00K     DISK        00:00:00     27-MAR-22
        BP Key: 29   Status: AVAILABLE  Compressed: NO  Tag: TAG20220327T165012
        Piece Name: /home/oracle/backup/rman/archive/incremental/inc_level_2_datafile_7_20220327_23
  List of Datafiles in backup set 29
  File LV Type Ckp SCN    Ckp Time  Abs Fuz SCN Sparse Name
  ---- -- ---- ---------- --------- ----------- ------ ----
  7    2  Incr 9679877    27-MAR-22             NO     /u01/app/oracle/oradata/ORCL/users01.dbf
```

图 12-6　数据文件的增量备份信息

（4）向员工表中插入一些新数据，并确定员工表中的记录数。

```
RMAN> insert into c##scott.emp(empno,ename,sal,deptno) values(1003,'Mike',
1000,10);
RMAN> commit;
RMAN> select count(*) from c##scott.emp;
```

输出信息如下。

```
  COUNT(*)
--------------------
    17
```

（5）强制关闭数据库。

```
RMAN> shutdown abort;
```

（6）模拟文件的丢失，删除 7 号数据文件。

```
rm -rf /u01/app/oracle/oradata/ORCL/users01.dbf
```

（7）执行 RMAN 的脚本进行数据文件的恢复。

```
RMAN> run{
startup mount;                              # 启动数据库到 mount 状态
sql 'alter database datafile 7 offline';   # 将 7 号数据文件离线
alter database open;                        # 打开数据库
restore datafile 7;                         # 转储 7 号数据文件
recover datafile 7;                         # 恢复 7 号数据文件
sql 'alter database datafile 7 online';     # 将 7 号数据文件上线
}
```

输出信息如下。

```
...
channel ORA_DISK_1: restoring datafile 00007 to
         /u01/app/oracle/oradata/ORCL/users01.dbf
channel ORA_DISK_1: reading from backup piece
         /home/oracle/backup/rman/archive/incremental/inc_level_0_datafile
_7_20220327_21
...
channel ORA_DISK_1: restored backup piece 1
channel ORA_DISK_1: restore complete, elapsed time: 00:00:01
Finished restore at 27-MAR-22

Starting recover at 27-MAR-22
using channel ORA_DISK_1
channel ORA_DISK_1: starting incremental datafile backup set restore
...
```

 通过这里输出的日志信息可以说明恢复时使用了增量备份进行数据文件的恢复。

（8）验证员工表中的数据记录数。

```
RMAN> select count(*) from c##scott.emp;
```

输出信息如下。

```
  COUNT(*)
---------------------------
    17
```

12.4.2 非归档模式下的 RMAN 的恢复

数据库在非归档模式下由于会发生重做日志的覆盖，从而造成日志的丢失。因此，在这种情况下，Oracle 数据库就只能执行数据库的不完全恢复。通过执行以下语句将数据库切换到非归档模式下。

```
SQL> shutdown immediate
SQL> startup mount
SQL> alter database noarchivelog;
SQL> alter database open;
SQL> archive log list
```

输出信息如下。

```
Database log mode              No Archive Mode
Automatic archival             Disabled
Archive destination            /home/oracle/logarchive/a2
Oldest online log sequence     6
Current log sequence           8
```

由于切换了 Oracle 数据库的日志模式，需要重新对数据库进行备份。由于在非归档模式下只能执行数据库的冷备份，可以使用 RMAN 执行以下语句对数据库进行冷备份。

（1）创建非归档模式下 RMAN 冷备份存放的目录。

```
mkdir -p /home/oracle/backup/rman/noarchive/cold
```

（2）执行 RMAN 的脚本对 Oracle 数据库进行冷备份。

```
RMAN> run{
 shutdown immediate;                    # 关闭数据库
 startup mount;                         # 启动数据库到 mount 状态
 # 分配备份的通道
 allocate channel c1 type disk format '/home/oracle/backup/rman/noarchive/
cold/full_%d_%T_%s';
 backup database include current controlfile; #  执行备份
 release channel c1;                    # 释放通道
 sql 'alter database open';            # 打开数据库
 }
```

下面通过几个具体的应用场景演示如何使用 RMAN 执行数据库的不完全恢复。

1.【实战】重做日志被覆盖的不完全恢复

在重做日志被覆盖的情况进行数据库的不完全恢复有可能会造成数据的丢失。因此，为了尽可能保证数据的完整性，当恢复数据时应该尽可能多地应用重做日志以尽量恢复数据。下面通过一个具体的示例演示操作步骤。

（1）确定当前数据库的日志信息。

```
SQL> select group#,status from v$log;
```

输出信息如下。

```
GROUP#      STATUS
----------  --------------------
     1      CURRENT
     2      INACTIVE
     3      INACTIVE
```

从输出的信息可以看出，当前数据库有 3 个日志组，如果切换 4 次日志组，就会发生日志的覆盖。

（2）确定 c##scott 用户下员工表的记录数。

```
SQL> select count(*) from c##scott.emp;
```

输出信息如下。

```
  COUNT(*)
----------
    17
```

 这里的 17 条记录是有备份的，因此，即使在重做日志发生覆盖的情况下，也可以完全恢复这 17 条数据。

（3）向 c##scott 用户下员工表插入一条新的记录，并提交事务。

```
SQL> insert into c##scott.emp(empno,ename,sal,deptno) values(1004,'Tom',1000,10);
SQL> commit;
```

（4）确定 c##scott 用户下员工表的记录数。

```
SQL> select count(*) from c##scott.emp;
```

输出信息如下。

```
  COUNT(*)
----------
    18
```

 新插入的第 18 条记录是没有备份的。因此，在重做日志发生覆盖的情况下，这条新插入的记录可能不能恢复，从而造成数据的丢失。

（5）切换 4 次日志。

```
SQL> alter system switch logfile;
SQL> alter system switch logfile;
SQL> alter system switch logfile;
SQL> alter system switch logfile;
```

（6）强制关闭数据库用于模拟数据库错误。

```
SQL> shutdown abort
```

（7）删除数据文件，用于模拟丢失了一个数据文件。

```
cd /u01/app/oracle/oradata/ORCL
rm -rf users01.dbf
```

（8）启动数据库。

```
SQL> startup
```

此时数据库肯定是不能正常启动的。

（9）关闭数据库，执行数据库的恢复。

```
SQL> shutdown abort
```

由于是非归档模式，执行数据库的不完全恢复时需要转储所有文件，包括所有控制文件和数据文件。

（10）将数据库启动到 nomount 状态，恢复控制文件。

```
RMAN> startup nomount;
RMAN> restore controlfile from
    '/home/oracle/backup/rman/noarchive/cold/full_ORCL_20220327_28';
```

（11）将数据库启动到 mount 状态，再恢复数据文件，最后打开数据库。

```
RMAN> alter database mount;
RMAN> restore database;
RMAN> recover database;
RMAN> alter database open resetlogs;
```

在输出的日志信息中，注意下面这一行信息：

```
RMAN-08187: warning: media recovery until SCN 10684356 complete
```

由于是数据库的不完全恢复，RMAN 只将数据库恢复到了 SCN 10684356 的时间点。该时间点后续的数据将会丢失。

（12）验证员工表中的数据是否恢复。

```
RMAN> select count(*) from c##scott.emp;
```

输出信息如下。

```
    COUNT(*)
---------------
        17
```

这里只恢复了 17 条数据，新插入的第 18 条数据就无法恢复了。

2.【实战】基于旧的控制文件的不完全恢复

基于旧的控制文件的不完全恢复主要用于误删了表空间，进行数据库恢复的场景。因为误删了表空间，因此当前数据库的控制文件中就没有该表空间的信息，此时就需要使用一个旧的控制文件进行恢复。下面通过一个具体的示例演示操作步骤。

（1）创建一个新的表空间，并使用 Scott 用户在该表空间上面创建一张新表。

```
RMAN> create tablespace mytbs04 datafile '/u01/app/oracle/oradata/ORCL/
```

```
mytbs0401.dbf'
    size 50M;
RMAN> alter user c##scott quota unlimited on mytbs04;
RMAN> create table c##scott.rmantable02 tablespace mytbs04 as select * from
c##scott.emp;
RMAN> select count(*) from c##scott.rmantable02;
```

输出信息如下。

```
  COUNT(*)
---------------------
    17
```

（2）执行 RMAN 的备份。

```
RMAN> run{
shutdown immediate;                                    # 关闭数据库
startup mount;                                         # 启动数据库到 mount 状态
# 分配备份的通道
allocate channel c1 type disk format '/home/oracle/backup/rman/noarchive/
cold/full_%d_%T_%s';
backup database include current controlfile;  # 执行数据库备份
release channel c1;                           # 释放通道
sql 'alter database open';                    # 打开数据库
}
```

（3）再向 c##scott.rmantable02 表中插入一条新的数据。

```
RMAN> insert into c##scott.rmantable02(empno,ename,sal,deptno) values(1,'Tom',
1234,10);
RMAN> commit;
RMAN> select count(*) from c##scott.rmantable02;
```

输出信息如下。

```
  COUNT(*)
-------------------
    18
```

（4）切换一下日志。

```
RMAN> alter system switch logfile;
```

（5）记录当前的 SCN。

```
RMAN> select timestamp_to_scn(systimestamp) from dual;
```

输出信息如下。

```
TIMESTAMP_TO_SCN(SYSTIMESTAMP)
-----------------------------------------------------------
        10693536
```

（6）删除新创建的表空间 mytbs04，以模拟数据的丢失。

```
RMAN> drop tablespace mytbs04 including contents and datafiles;
```

（7）确定表空间已删除。

```
RMAN> select name from v$tablespace;
```

输出信息如下。

```
NAME
----------------------------
SYSAUX
SYSTEM
UNDOTBS1
USERS
TEMP
SYSTEM
SYSAUX
UNDOTBS1
TEMP
MYTBS03
```

（8）确定数据文件已删除。

```
RMAN> select name from v$datafile;
```

输出信息如下。

```
NAME
--------------------------------------------------------------------------
/u01/app/oracle/oradata/ORCL/system01.dbf
/u01/app/oracle/oradata/ORCL/sysaux01.dbf
/u01/app/oracle/oradata/ORCL/undotbs01.dbf
/u01/app/oracle/oradata/ORCL/pdbseed/system01.dbf
/u01/app/oracle/oradata/ORCL/pdbseed/sysaux01.dbf
/u01/app/oracle/oradata/ORCL/users01.dbf
/u01/app/oracle/oradata/ORCL/pdbseed/undotbs01.dbf
/u01/app/oracle/oradata/ORCL/mytbs03_01.dbf
```

（9）关闭数据库，并重启数据库到 nomount 阶段恢复控制文件。

```
RMAN> shutdown immediate
RMAN> startup nomount;
RMAN> restore controlfile from
    '/home/oracle/backup/rman/noarchive/cold/full_ORCL_20220327_32';
```

（10）恢复数据库。

```
RMAN> alter database mount;                       # 打开数据库到 mount 状态
RMAN> restore database;                           # 转储数据库文件
RMAN> recover database until scn 10693536;        # 基于 SCN 的数据库恢复
RMAN> alter database open resetlogs;              # 打开数据库
```

recover database until scn 10693536；中的 scn 很重要，如果直接执行 recover database;，将是一个完全恢复，恢复成功的表空间又将重新被删除，即重做了以下语句。

```
drop tablespace mytbs04 including contents and datafiles;
```

（11）验证 c##scott.rmantable02 表中的记录数。

```
RMAN> select count(*) from c##scott.rmantable02;
```

输出信息如下。

```
  COUNT(*)
-----------------------
     18
```

由于重做日志并没有被覆盖，即使在非归档模式下也可以完全恢复数据库。

12.5　RMAN 的高级设置

RMAN 在使用过程中有相应的参数设置，一般情况下保持默认的参数值设置即可。但数据库管理员也可以根据需要修改这些参数的设置满足一些特殊场景的需要。另外，在 RMAN 中还可以通过配置目录数据库完成对 RMAN 备份信息的管理。

12.5.1　RMAN 的参数设置

通过在 RMAN 中执行 show all 命令，可以查看 RMAN 所有的参数设置。

```
RMAN> show all;
```

输出信息如下。

```
RMAN configuration parameters for database with db_unique_name ORCL are:
CONFIGURE RETENTION POLICY TO REDUNDANCY 1; # default
CONFIGURE BACKUP OPTIMIZATION OFF; # default
CONFIGURE DEFAULT DEVICE TYPE TO DISK; # default
CONFIGURE CONTROLFILE AUTOBACKUP ON;
CONFIGURE CONTROLFILE AUTOBACKUP FORMAT FOR DEVICE TYPE DISK TO '%F'; # default
CONFIGURE DEVICE TYPE DISK PARALLELISM 1 BACKUP TYPE TO BACKUPSET; # default
CONFIGURE DATAFILE BACKUP COPIES FOR DEVICE TYPE DISK TO 1; # default
CONFIGURE ARCHIVELOG BACKUP COPIES FOR DEVICE TYPE DISK TO 1; # default
CONFIGURE MAXSETSIZE TO UNLIMITED; # default
CONFIGURE ENCRYPTION FOR DATABASE OFF; # default
CONFIGURE ENCRYPTION ALGORITHM 'AES128'; # default
CONFIGURE COMPRESSION ALGORITHM 'BASIC' AS OF RELEASE 'DEFAULT' OPTIMIZE
FOR LOAD TRUE ; # default
CONFIGURE RMAN OUTPUT TO KEEP FOR 7 DAYS; # default
CONFIGURE ARCHIVELOG DELETION POLICY TO NONE; # default
CONFIGURE SNAPSHOT CONTROLFILE NAME TO '/u01/app/oracle/dbs/snapcf_orcl.f';
# default
```

各个参数的详细说明如下。

（1）设置 RMAN 备份时的冗余策略。

```
CONFIGURE RETENTION POLICY TO REDUNDANCY 1; # default
```

在默认情况下，RMAN 只会保留同一个备份的一个冗余。通过以下语句可以将冗余策略设置为2。

```
CONFIGURE RETENTION POLICY TO REDUNDANCY 2;
```

RMAN 备份的冗余也可以通过时间来设置。例如，以下语句表示可以将数据库恢复到 7 天以内的任何时间。

```
CONFIGURE RETENTION POLICY TO recovery window 7 days;
```

（2）设置 RMAN 的优化策略。

```
CONFIGURE BACKUP OPTIMIZATION OFF; # default
```

该参数表示在执行备份时是否跳过没有更改的文件。即文件如果没有更新，就不执行备份。可以通过执行以下语句启用该选项。

```
CONFIGURE BACKUP OPTIMIZATION ON;
```

（3）设置备份存储的位置。

```
CONFIGURE DEFAULT DEVICE TYPE TO DISK; # default
```

默认情况下，RMAN 的备份直接保存到 Oracle 的快速恢复区中。通过以下方式可以指定备份存放的目录。

```
CONFIGURE DEFAULT DEVICE TYPE TO DISK format '/home/oracle/ORCL_%d_%T_%s';
```

（4）开启控制文件的自动备份，确定备份的存储位置和备份文件的格式。

```
CONFIGURE CONTROLFILE AUTOBACKUP ON;
CONFIGURE CONTROLFILE AUTOBACKUP FORMAT FOR DEVICE TYPE DISK TO '%F';
```

默认情况下，RMAN 将开启控制文件的自动备份。通过以下语句可以关闭控制文件自动备份的功能。

```
CONFIGURE CONTROLFILE AUTOBACKUP OFF;
```

（5）设置使用镜像副本备份数据文件的并行度。

```
CONFIGURE DATAFILE BACKUP COPIES FOR DEVICE TYPE DISK TO 1;
```

（6）设置使用镜像副本备份归档日志时的并行度。

```
CONFIGURE ARCHIVELOG BACKUP COPIES FOR DEVICE TYPE DISK TO 1;
```

（7）设置生成的每个备份集大小，默认没有限制。

```
CONFIGURE MAXSETSIZE TO UNLIMITED;
```

（8）设置备份时是否加密并指定加密的算法，默认备份时不加密生成的备份文件。

```
CONFIGURE ENCRYPTION FOR DATABASE OFF;
CONFIGURE ENCRYPTION ALGORITHM 'AES128';
```

（9）设置备份时进行压缩并指定压缩时的算法。

```
CONFIGURE COMPRESSION ALGORITHM 'BASIC' AS OF RELEASE 'DEFAULT' OPTIMIZE
FOR LOAD TRUE;
```

（10）设置当备份归档日志完成后是否删除归档日志。

```
CONFIGURE ARCHIVELOG DELETION POLICY TO NONE;
```

（11）设置备份时是否创建控制文件的快照。

```
CONFIGURE SNAPSHOT CONTROLFILE NAME TO '/u01/app/oracle/dbs/snapcf_orcl.f';
```

如果 RMAN 在执行备份的同时也在更改控制文件，这时会先给控制文件创建一个快照，RMAN 备份的是这个快照。

12.5.2　目录数据库简介

在默认情况下，RMAN 将备份时产生的元信息保存到控制文件中。RMAN 在执行恢复时，就需要读取控制文件，从而找到备份的信息完成数据库的恢复。因此，如果控制文件发生了丢失和损坏，将导致数据库无法执行恢复。另外，随着备份的不断增多，也会导致控制文件的大小无限增长。为了更好地管理 RMAN 备份的元信息，Oracle 数据库使用了一个专门的备份信息存储地存储这些信息，这就是 RMAN 的目录数据库（Catalog Database）。如果 RMAN 备份的目标数据库已经注册到了目录数据库中，当备份时 Oracle 数据库就会使用目录数据库来取代控制文件，存储 RMAN 备份时产生的元信息。

在 RMAN 的备份过程中，使用目录数据库具有以下优点。

（1）取代控制文件用于存储 RMAN 备份的元信息。

（2）可以存储更长的备份历史记录。

（3）可以被多个目标数据库共享。

（4）可以存储 RMAN 的脚本。

图 12-7 展示了目标数据库和目录数据库之间的关系。

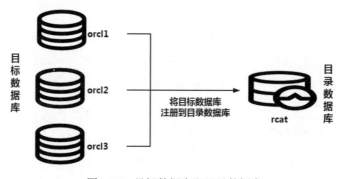

图 12-7　目标数据库和目录数据库

12.5.3 【实战】创建和使用目录数据库

在了解了什么是目录数据库后，下面将通过具体的操作步骤创建一个目录数据库，并将目标数据库注册到目录数据库中。

（1）根据 1.2.4 小节的步骤，使用 DBCA 创建一个新的数据库作为目录数据库使用。目录数据库的名称设置为 rcat，如图 12-8 所示。

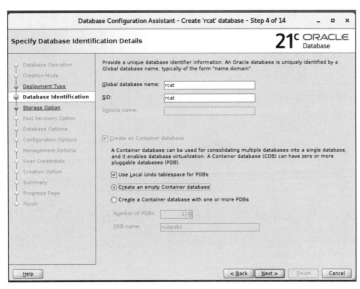

图 12-8　创建目录数据库

（2）登录目录数据库，创建 RMAN 存储备份信息的表空间。

```
sqlplus sys/password@rcat as sysdba
SQL> create tablespace rcat_tbs datafile '/home/oracle/rcat_tbs01.dbf' size 50M;
```

（3）给目录数据库创建用户，并授权用户能够使用 rcat_tbs 表空间。

```
SQL> create user c##rcat_owner identified by password;
SQL> alter user c##rcat_owner default tablespace rcat_tbs;
SQL> alter user c##rcat_owner quota unlimited on rcat_tbs;
SQL> grant recovery_catalog_owner to c##rcat_owner;
```

（4）使用 RMAN 并以 rcat_owner 用户进行登录。

```
rman catalog c##rcat_owner@rcat
```

（5）创建目录数据库所需要的表。

```
RMAN> create catalog;
```

（6）验证创建的目录数据库表。

```
sqlplus c##rcat_owner/password@rcat
SQL> select * from tab;
```

输出信息如下。

```
TNAME          TABTYPE       CLUSTERID
-------------- ------------- ----------
AL             TABLE
BCB            TABLE
BCF            TABLE
BCR            TABLE
BDF            TABLE
BP             TABLE
BRL            TABLE
BS             TABLE
BSF            TABLE
CCB            TABLE
CCF            TABLE
CDF            TABLE
CFS            TABLE
CKP            TABLE
CONF           TABLE
...
```

（7）使用 RMAN 连接目标数据库和目录数据库，并将目标数据库注册到目录数据库中。

```
rman target / catalog c##rcat_owner@rcat
RMAN> register database;
```

输出信息如下。

```
database registered in recovery catalog
starting full resync of recovery catalog
full resync complete
```

（8）登录目录数据库验证目标数据库的注册信息。

```
sqlplus c##rcat_owner/password@rcat
SQL> select db_id,reg_db_unique_name from db;
```

输出信息如下。

```
    DB_ID    REG_DB_UNIQUE_NAME
----------- ------------------------------
1618358864   ORCL
```

（9）在 RMAN 中执行一个简单的备份操作。

```
rman target / catalog c##rcat_owner@rcat
RMAN> backup datafile 7;
```

（10）登录目录数据库，检查目录数据库中的 RMAN 的备份信息。

```
SQL> select db_name,file#,backup_type from rc_backup_datafile;
```

输出信息如下。

```
DB_NAME   FILE#  BACKUP_TYPE
--------  ------  ------------------------
ORCL       7     D
```

　　从输出的信息可以看出，RMAN 在执行备份时将备份的元信息写入到了目录数据库中。

12.6　本章思考题

1. RMAN 的体系架构包含哪几个部分？
2. 什么是差异增量备份？什么是累计增量备份？
3. 什么是 RMAN 的目录数据库？

RMAN 的备份与恢复

第4篇
Oracle 数据库性能诊断与优化

本篇着重介绍 Oracle 数据库中的性能诊断与优化，这也是 Oracle 数据库管理员在日常运维工作中非常重要的一项内容。本篇的知识结构和详细内容如下所示。

第 **13** 章

Oracle 数据库性能诊断与优化基础

Oracle 数据库在运行的过程中，除了会发生故障造成数据丢失的问题以外，还会遇到性能的瓶颈。因此，如何快速地诊断数据库的性能、及时发现问题、查找问题原因并解决问题，将是一个范围广泛且复杂的问题。作为数据库管理员就必须要知道从哪里开始以及该做些什么。

本章重点与目标：

（1）了解为什么要进行数据库性能的优化。

（2）了解 Oracle 数据库性能诊断与优化的工具。

（3）掌握如何监控数据库的性能。

（4）掌握诊断与优化数据库临时空间与输入/输出。

13.1　性能诊断与优化的三大问题

在进行数据库诊断和优化时，有 3 个普遍的问题，即为什么要进行数据库的优化？谁来进行数据库的优化？如何进行数据库的优化？

1）为什么要进行数据库的优化

最根本的原因就是数据库执行慢。但是值得注意的是，这里的慢只是一个相对的概念，并不是指时间上的绝对慢。举个简单的例子，一条查询语句执行了 1 分钟，那么这里的 1 分钟是快还是慢呢？这要取决于它查询的数据量等因素。因此，只有当数据库不满足设计要求时，才可能进行数据库的诊断和优化。

2）谁来进行数据库的优化

优化数据库不仅仅是数据库管理员（DBA）的职责，也是与数据库相关的所有人员的职责，包括系统架构师、设计人员、开发人员、系统管理员和存储管理员。如果出现问题，通常首先由 DBA 尝试解决问题。因此，DBA 应当准确地了解数据库中所有应用程序的概况及其相互间的影响。DBA 在进行诊断和优化的过程中，需要相关人员的协助。例如，需要开发人员优化应用程序，需要系统管理员优化操作系统。

3）如何进行数据库优化

诊断和优化数据库时，需要借助 Oracle 数据库提供的诊断工具或性能报告。对于早期版本的 Oracle 数据库，还可以借助 Statspack 报告诊断和优化数据库。此外，许多 DBA 也开发了自己的优化工具和脚本。所有这些诊断优化工具都依赖于数据库统计信息、度量信息和动态性能视图中的信息。

13.2　数据库的性能诊断和优化工具

Oracle 数据库提供了丰富的性能诊断工具用于诊断数据库的性能问题。总体上可以把这些性能诊断工具划分成两大类：基本的性能诊断工具和 Oracle 数据库的性能报告。下面分别介绍这两大类中各自提供的工具以及它们的适用场景。

13.2.1　基本的性能诊断工具

基本的性能诊断工具主要包括告警日志、统计信息、执行计划、跟踪文件、autotrace 和动态性能视图。

1. 告警日志文件

告警日志文件是一种特殊的 Oracle 数据库跟踪文件。告警日志文件命名一般为 alert_<SID>.log，其中，SID 为 Oracle 数据库实例名称。Oracle 数据库告警日志文件是按时间顺序记录 message 和错误信息。关于告警日志文件的介绍可以参考 2.2.2 小节中的介绍。

2．统计信息

数据库的统计信息主要反映数据库中数据的分布情况。数据库的优化器会根据统计信息生成最佳的 SQL 执行计划。

3．执行计划

执行计划主要是指 select 查询语句的执行计划，它记录并描述了一条查询语句在 Oracle 数据库中执行的过程或访问的路径。如果要分析某条 SQL 的性能问题，通常需要先查看 SQL 的执行计划，看看 SQL 语句的每步执行是否存在问题。因此，读懂 SQL 的执行计划也就成为 SQL 优化的先决条件。通过执行计划可以定位性能问题，然后再通过建立索引、修改 SQL 等方式解决性能瓶颈的问题。

4．跟踪文件

Oracle 数据库的跟踪文件中记录了大量而详细的诊断和调试信息。通过解读和分析跟踪文件，可以帮助数据库管理员定位问题、分析问题和解决问题。跟踪文件的产生方式主要有两种：一种是由数据库的操作人员在应用程序中有意地为操作数据库生成相应的跟踪信息，这样有助于分析、调整和优化应用程序的性能，处理并解决问题；另一种则是由于数据库出现了故障而产生的跟踪信息。

5．autotrace

autotrace 也叫作自动跟踪，它是 SQL*Plus 用于分析 SQL 的执行计划和执行效率的一个非常简单方便的工具。利用 autotrace 工具提供的 SQL 执行计划和执行状态可以为优化 SQL 提供优化的依据，以及验证 SQL 优化后的效果。

6．动态性能视图

动态性能视图是以 v$符号开头的数据字典图，它只在数据库运行过程中有数据。因此，动态性能视图可以用于记录当前 Oracle 数据库实例在运行过程中的状态信息。动态性能视图对于诊断 Oracle 数据库的性能非常重要。

13.2.2　Oracle 数据库的性能报告

Oracle 提供了三大性能报告用于诊断数据库的性能问题，并优化数据库，分别是 AWR 报告、ADDM 报告和 ASH 报告。

1．AWR 报告

AWR 是 Automatic Workload Repository 的缩写，它的意思是自动工作负载信息库。AWR 通过收集数据库的统计信息，从而提供大量的数据库性能指标，能更好地帮助 DBA 发现数据库的性能瓶颈。AWR 报告是 Oracle 数据库安装好后自动启动的，不需要特别的设置。

2. ADDM 报告

ADDM 是 Automatic Database Diagnostic Monitor 的缩写，它是 Oracle 数据库内部的一个顾问系统，能够自动给出数据库的一些优化的建议，这些建议包括 SQL 的优化、索引的创建、统计量的收集等。

3. ASH 报告

ASH 是 Active Session History 的缩写，它会每秒采样一次会话中的信息，以记录活动会话等待的事件。

13.3　监控数据库性能

要管理 Oracle 数据库并使其能够正常运行，数据库管理员（DBA）必须通过定期监视性能查找瓶颈所在，然后更正问题。DBA 可以查看的性能度量有数百种，包括网络性能、磁盘输入/输出（I/O）速度、运行单个应用程序操作所花费的时间等所有方面。这些性能度量通常称为 Oracle 数据库度量。图 13-1 展示了数据库管理员在日常运维过程中需要监控的方面。

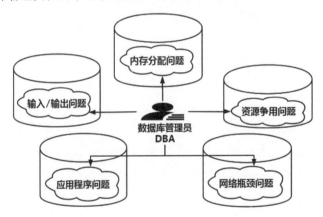

图 13-1　监控数据库性能

下面通过一个简单的示例演示如何利用 Oracle Enterprise Management Database Express（EM）进行可视化的数据库性能监控。

（1）使用数据库管理员登录 Oracle 数据库。

（2）执行以下查询语句产生一个大的笛卡尔集。

```
SQL> select count(*) from dba_objects,dba_objects;
```

在 dba_objects 的数据字典中包含了所有数据库对象。这里的查询语句由于没有指定任何的连接条件，因此会产生一个很大的笛卡尔集，从而严重影响数据库的性能。

（3）登录 EM 的 Web 控制台，选择"性能"下拉列表中的"性能中心"，如图 13-2 所示。

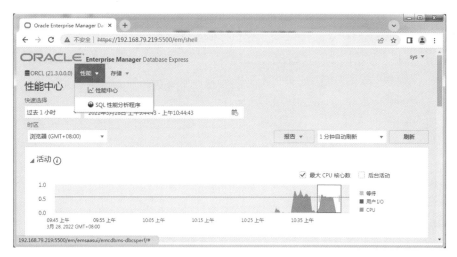

图 13-2　EM 性能中心

在性能中心的"活动"监视面板上，此时就可以监控到目前数据库的活动占用了很高的 CPU，如图 13-2 所示。

（4）进一步查看"活动"监视面板下方的"平均活动会话数"监视面板，可以看到 Oracle 数据库目前产生了 CPU+Wait for CPU 的等待事件，但还不能确定是由哪个数据库活动造成的该等待事件，如图 13-3 所示。

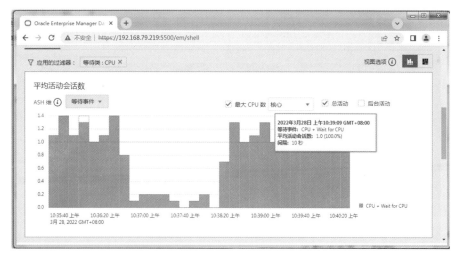

图 13-3　"平均活动会话数"监视面板

（5）进一步查看"平均活动会话数"监视面板下方的"SQL ID 按等待事件"监视面板，可以看到有一条 SQL 语句具有很高的活动占比。从图 13-4 中可以看出，SQL ID 为 bbp6j52nxa504 的 SQL 语句占用了 0.68 的平均活动会话数，而这条 SQL 语句就是在步骤（2）中执行的 SQL 语句。

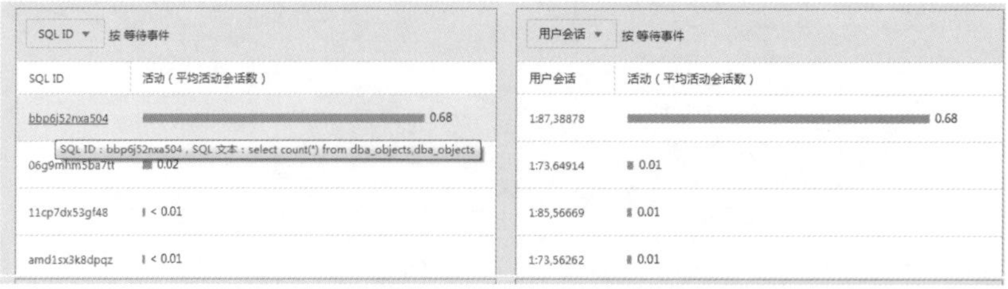

图 13-4 "SQL ID 按等待事件"监视界面

13.3.1 管理内存组件

在 Oracle 数据库中可以指定分配给实例的总内存，并可以根据需要在系统全局区（SGA）和程序全局区（PGA）之间动态重新分配内存。这是通过 Oracle 的自动内存管理（AMM）实现的，大大简化了数据库管理员内存管理任务。但 AMM 仅适用于支持动态释放内存的平台。另外，Oracle 数据库也提供内存指导，可以帮助数据库管理员在各种级别设置内存的参数，而具体使用哪个内存指导将取决于在哪个级别指定内存参数。如果启用了 AMM 机制，则只需要使用内存大小指导。

Oracle 数据库还提供了自动共享内存管理（ASMM），可以将 SGA 作为整体进行管理。SGA 中包含多个组件，其中许多组件的大小都可以在初始化参数限制范围内动态地进行调整，以便获得最佳性能。在启用了 AMM 后，ASMM 也会自动启用。如果只启用 ASMM 而未启用 AMM，则可以使用 SGA 的内存指导动态设置 SGA 中各个组件的内存大小。当 Oracle 数据库出现了与 SGA 或 PGA 组件大小相关的性能问题时，也可以使用内存指导确定适当的新设置。

图 13-5 所示为在 Oracle Database 12c 的 EM 管理页面上显示的内存监控界面。

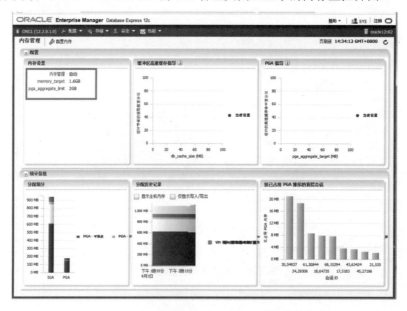

图 13-5 Oracle Database 12c 的 EM 内存监控界面

在 Oracle Database 21c 的 EM 管理界面上也有对内存资源的监控信息，但显示的相关信息非常少。所以这里以 Oracle Database 12c 中 EM 上显示的信息为例进行演示。

13.3.2　使用内存指导

在禁用了自动内存管理（AMM）和自动共享内存管理（ASMM）后，DBA 可以使用内存指导对内存结构的大小进行优化。表 13-1 列举了一些与内存指导相关的动态性能视图以及它们各自的作用。

表 13-1　常用的内存指导

内存指导	内存指导的作用
v$db_cache_advice	包含的信息可预测高速缓存的物理读取数和时间
v$shared_pool_advice	显示共享池在不同大小设置时，预计的分析时间
v$java_pool_advice	显示 Java 池在不同大小设置时，预计的分析时间
v$streams_pool_advice	显示流池在不同大小设置时，有关内存溢出的相关信息

下面以 v$db_cache_advice 为例，演示如何手动配置内存的大小，执行以下语句。

```
SQL> select size_for_estimate, estd_physical_read_factor from v$db_cache_advice;
```

输出信息如下。

```
SIZE_FOR_ESTIMATE ESTD_PHYSICAL_READ_FACTOR
----------------- -------------------------
               48                    2.0732
               96                    1.2789
              144                    1.1032
              192                    1.0053
              240                         1
              288                         1
              336                         1
              384                         1
              432                         1
              480                         1
              496                         1
              528                         1
              576                         1
              624                         1
              672                         1
              720                         1
              768                         1
              816                         1
              864                         1
```

其中，size_for_estimate 表示预设的内置值大小；estd_physical_read_factor 表示内存大小对物理读操作的影响。

从输出信息可以看出，当手动设置 Buffer Cache 大小时，可以将其设置为 240MB。因为，即使再增大内存，对物理读操作也没有任何影响。

13.3.3　使用统计信息的动态性能视图

要有效地诊断性能问题，就必须使用数据库的统计信息。Oracle 数据库会在不同粒度级别生成多种类型的统计信息。在系统范围级、会话级和服务级，均会计算出等待事件和累积统计信息。当分析任意范围内的性能问题时，通常只会查看某一时段内统计信息的变化，如所有可能存在的等待事件都存入了 v$event_name 的动态性能视图中。所有统计信息均编录在 v$statname 的动态性能视图中，Oracle 数据库大约有 480 种统计信息。

Oracle 数据库统计信息的动态性能视图大致可以分为两种不同功能的类别：累积统计信息的视图和等待事件的视图。图 13-6 所示为在这两种不同类别中具体包含了哪些动态性能视图。

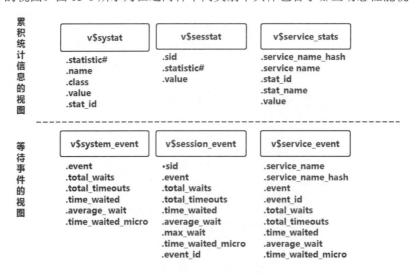

图 13-6　统计信息的动态性能视图

13.3.4　【实战】无效和不可用对象

无效对象主要是指无效的存储过程和存储函数。无效对象必须先进行重编译，然后才能使用。这就需要在执行尝试访问程序包、存储过程或存储函数的第一个操作之前花费一段时间进行编译。如果重编译未成功，则操作会因发生错误而失败。

不可用对象则主要指不可用的索引。Oracle 数据库的优化器会忽略不可用索引。如果 SQL 语句性能的好坏取决于已标记为不可用的索引，则只有重建索引才能改善性能。

以无效对象为例，以下语句将查询数据字典 dba_objects 以查看当前数据库中所有无效数据库对象。

```
SQL> select object_name, object_type from dba_objects where status = 'INVALID';
```

输出信息如下。

```
OBJECT_NAME     OBJECT_TYPE
-------------   ------------------
INSERT_NEW_ROW PROCEDURE
```

在默认情况下，Oracle 数据库会每隔 24 小时检查一次无效对象的度量。如果一个用户中有超过两个以上的无效对象，数据库就会自动发出预警。如果无效对象是因为代码错误引起的，则除了纠正代码的错误之外，没有其他方法；如果该无效对象在过去有效，最近才变为无效，则可选择以下两种方法解决这个问题。

（1）不做任何处理。大多数无效对象在调用时会自动重新编译，用户在对象重新编译的过程中会经历短暂的延迟。

（2）手动重新编译无效对象。

这里也可以使用数据字典 user_objects 查看当前用户下所有的无效数据库对象。

下面通过一个具体的示例演示无效数据库对象是如何产生的。

（1）使用 c##scott 用户登录数据库。

```
SQL> conn c##scott/tiger
```

（2）基于员工表 emp 和部门表 dept 创建一张视图。

```
SQL> create view myview
    as
    select dname,ename
    from emp,dept
    where emp.deptno=dept.deptno;
```

（3）查看数据字典 user_objects 中视图 myview 的状态。

```
SQL> select object_name,object_type,status from user_objects where
object_name='MYVIEW';
```

输出信息如下。

```
OBJECT_NAM OBJECT_TYPE STATUS
---------- ----------- ---------
MYVIEW     VIEW        VALID
```

（4）从视图 myview 中查询数据。

```
SQL> select * from myview;
```

输出信息如下。

```
DNAME          ENAME
------------   ----------
RESEARCH       SMITH
SALES          ALLEN
SALES          WARD
RESEARCH       JONES
SALES          MARTIN
SALES          BLAKE
```

```
ACCOUNTING      CLARK
RESEARCH        SCOTT
ACCOUNTING      KING
SALES           TURNER
RESEARCH         ADAMS
SALES           JAMES
RESEARCH        FORD
ACCOUNTING       MILLER
```

（5）使用 drop 语句删除员工表 emp。

```
SQL> drop table emp;
```

（6）再次查看数据字典 user_objects 中视图 myview 的状态。

```
SQL> select object_name,object_type,status from user_objects where
object_name='MYVIEW';
```

输出信息如下。

```
OBJECT_NAM   OBJECT_TYPE     STATUS
---------- -------------- -------------
MYVIEW       VIEW            INVALID
```

此时，视图 myview 的状态变成了 INVALID。

（7）执行闪回删除，从回收站中恢复删除的员工表。

```
SQL> flashback table emp to before drop;
```

（8）再次查看数据字典 user_objects 中视图 myview 的状态。

```
SQL> select object_name,object_type,status from user_objects where
object_name='MYVIEW';
```

输出信息如下。

```
OBJECT_NAM   OBJECT_TYPE    STATUS
---------- -------------- ------------
MYVIEW       VIEW            INVALID
```

（9）再次从视图 myview 中查询数据。

```
SQL> select * from myview;
```

（10）再次查看数据字典 user_objects 中视图 myview 的状态。

```
SQL> select object_name,object_type,status from user_objects where
object_name='MYVIEW';
```

输出信息如下。

```
OBJECT_NAM   OBJECT_TYPE    STATUS
----------- -------------- ---------
MYVIEW       VIEW            VALID
```

由于在步骤（9）中执行了查询语句，因此 Oracle 数据库会自动地对无效视图进行重新编译。编译完成后，视图 myview 的状态又变成了 VALID。

13.4　数据库的临时表空间

Oracle 数据库的临时表空间用于存储用户显式生成的临时数据或系统隐式生成的临时数据。临时表空间中存储的数据主要来自散列连接、分类、位图合并、位图索引的创建操作和临时表。有效地管理临时数据是执行查询的核心，因此临时表空间的性能对于数据库的整体性能的影响是非常大的。

13.4.1　管理临时表空间的最佳方式

Oracle 数据库中表空间主要有两种管理方式，即字典管理的表空间和本地管理的表空间。表 13-2 对比了这两种方式的特点。

表 13-2　临时表空间的管理方式

表空间的管理方式	说　明
字典管理的表空间	这种方式比较简单，它会将 Oracle 数据库中表空间的空间分配信息在数据字典中进行管理和维护
本地管理的表空间	在每个数据文件中的头部使用位图管理空间的分配，表空间中所有区的分配信息都保存在该表空间对应的数据文件的头部

本地管理的表空间具有分配空间速度快的优点，存储空间的分配和回收只是简单地改变数据文件头部中的位图信息，而不像字典管理方式那样需要更新数据库中数据字典的信息。因此，本地管理的方式可以改善存储管理的性能。另外，某些在字典管理方式下的存储分配会产生递归操作，从而影响了系统的性能。使用本地管理方式不会产生递归操作，也不会产生空间上的碎片，因而更易于 DBA 进行维护。

Oracle 数据库推荐使用本地管理方式进行表空间的管理。

13.4.2　【实战】使用 V$TEMPSEG_USAGE 监视临时表空间

Oracle 数据库提供了动态性能视图 v$tempseg_usage，用于监控临时表空间的使用情况。下面通过一个具体的示例介绍该视图的使用方法。

（1）使用数据库管理员登录 Oracle 数据库。

```
SQL> conn / as sysdba
```

（2）为了操作的方便，给 c##scott 用户授予 DBA 的角色。

```
SQL> grant dba to c##scott;
```

（3）切换到 c##scott 用户，并创建一张临时表。

```
SQL> conn c##scott/tiger
SQL> create global temporary table temptest1 tablespace temp as select *
from dba_objects;
```

（4）向新创建的临时表 temptest1 中多插入一些数据。

```
SQL> insert into temptest1 select * from dba_objects;
```

（5）通过 v$tempseg_usage 视图监视临时表空间。

```
SQL> select username,user,tablespace,contents,sql_id from v$tempseg_usage;
```

输出信息如下。

USERNAME	USER	TABLESPACE	CONTENTS	SQL_ID
C##SCOTT	C##SCOTT	TEMP	TEMPORARY	9sx7pj30jwvfj

13.4.3　【实战】使用临时表空间组

在早期的 Oracle 数据库版本中，同一用户的多个会话只可以使用同一个临时表空间。因为在给定的时间上，每个用户只拥有一个默认的临时表空间。因此，当多个会话同时操作临时数据时，必然会产生资源的争用从而造成数据库的性能瓶颈。为了解决这个潜在的问题，Oracle 数据库提供了临时表空间组来解决这一问题。临时表空间组是包含了多个临时表空间的集合。从逻辑上看，临时表空间组就相当于一个临时表空间。

下面通过一个具体的示例演示如何使用 Oracle 数据库提供的临时表空间组。

（1）使用数据库管理员创建三个临时表空间，后续这三个临时表空间将组成一个临时表空间组。

```
SQL> create temporary tablespace temp1 tempfile '/home/oracle/temp01.dbf'
size 10M;
SQL> create temporary tablespace temp2 tempfile '/home/oracle/temp02.dbf'
size 10M;
SQL> create temporary tablespace temp3 tempfile '/home/oracle/temp03.dbf'
size 10M;
```

（2）确定数据库中的临时数据文件。

```
SQL> select name from v$tempfile;
```

输出信息如下。

```
NAME
--------------------------------------------------------------------------
/u01/app/oracle/oradata/ORCL/temp01.dbf
/home/oracle/temp01.dbf
/home/oracle/temp02.dbf
/home/oracle/temp03.dbf
```

（3）确定数据库中的临时表空间。

```
SQL> select tablespace_name from dba_tablespaces where contents='TEMPORARY';
```

输出信息如下。

```
TABLESPACE_NAME
-------------------------------
TEMP
TEMP1
TEMP2
TEMP3
```

（4）将新创建的临时表空间 temp1、temp2 和 temp3 添加到临时表空间组 tempgrp 中。

```
SQL> alter tablespace temp1 tablespace group tempgrp;
SQL> alter tablespace temp2 tablespace group tempgrp;
SQL> alter tablespace temp3 tablespace group tempgrp;
```

（5）启用临时表空间组。

```
SQL> alter database default temporary tablespace tempgrp;
```

 如果 Oracle 数据库启用了临时表空间组，此时数据库中所有用户的默认临时表空间都将修改为启用的临时表空间组。

（6）查询临时表空间组的信息。

```
SQL> select * from dba_tablespace_groups;
```

输出信息如下。

```
GROUP_NAME      TABLESPACE_NAME
-------------   ------------------
TEMPGRP         TEMP1
TEMPGRP         TEMP2
TEMPGRP         TEMP3
```

（7）确定 c##scott 用户所使用的临时表空间信息。

```
SQL> select username,default_tablespace,temporary_tablespace
    from dba_users where username='C##SCOTT';
```

输出信息如下。

```
USERNAME   DEFAULT_TABLESPACE          TEMPORARY_TABLESPACE
---------  --------------------        -------------------------------
C##SCOTT   USERS                       TEMPGRP
```

13.5　数据库的输入与输出

Oracle 数据库中的数据最终是以文件的形式存储在数据文件中，当执行 SQL 语句读取数据时，服务器进程需要执行输入/输出（I/O）操作读写文件。因此，数据库的 I/O 也将决定数据库的整体性能。表 13-3 列举了与 Oracle 数据库 I/O 操作相关的等待事件。

表 13-3　与 I/O 操作相关的等待事件

I/O 操作等待事件的类型	等待事件的名称
与数据文件 I/O 相关的等待事件	db file sequential read
	db file scattered read
	db file parallel read
	direct path read
	direct path write
	direct path read(lob)
	direct path write(lob)
与控制文件 I/O 相关的等待事件	control file parallel write
	control file sequential read
	control file single write
与重做日志文件 I/O 相关的等待事件	log file parallel write
	log file sync
	log file sequential read
	log file single write
	switch logfile command
	log file switch completion
	log file switch (clearing log file)
	log file switch (checkpoint incomplete)
	log switch/archive
	log file switch (archiving needed)
与高速缓存区 I/O 相关的等待事件	db file parallel write
	db file single write
	write complete waits
	free buffer waits

13.5.1　减少物理 I/O

执行 SQL 时获取到的数据最终都来自 Oracle 数据库的数据文件，因此大量的 I/O 操作势必会影响数据库的性能。减少 Oracle 数据库在读写数据时的物理 I/O 的主要方式是建立索引和使用 db_file_multiblock_read_count 参数。

1.【实战】创建和使用索引

索引相当于一本书的目录，Oracle 数据库通过将表中行地址 rowid 保存到索引表中从而减少物理 I/O 的次数。Oracle 数据库建议将索引和表放在不同的表空间，以提高检索的效率。

关于索引的扫描方式，将在 17.4.3 小节中进行介绍。

在 Oracle 数据库中，索引的类型主要有 B 树索引、位图索引、反向索引、Hash 索引和复合索引。下面通过具体的示例演示如何创建这些不同类型的索引。

（1）使用数据库管理员登录数据库。

```
SQL> conn / as sysdba
```

（2）为索引创建一个单独存放的表空间。

```
SQL> create tablespace index_tbs datafile '/home/oracle/index_tbs.dbf' size 50M;
```

（3）创建 B 树索引。这是 Oracle 数据库默认的索引类型，它将采用 B 树的形式存放表的行地址 rowid。

```
SQL> create index c##scott.index1 on c##scott.emp(deptno) tablespace
index_tbs;
```

（4）创建位图索引。位图索引适合表中的列只有几个固定值且数据量比较大的情况。

```
SQL> create bitmap index c##scott.index2 on c##scott.emp(job) tablespace
index_tbs;
```

（5）创建反向索引。反向索引可以使索引分散在索引树中，从而避免当键值连续插入数据库时，所有的索引信息都连续写在同一个索引块上的情况。

```
SQL> create index c##scott.index3 on c##scott.emp(sal) tablespace index_tbs
reverse;
```

（6）创建 Hash 索引。通过计算某个列值的 Hash 值建立索引。使用 Hash 索引可以将数据打散进行存放，从而避免热块的产生。

```
SQL> create index c##scott.index4 on c##scott.emp hash(mgr) tablespace
index_tbs;
```

（7）创建复合索引。复合索引是在多个列上创建的索引，创建的原则是第一列尽量过滤多的数据。

```
SQL> create index c##scott.index5 on c##scott.emp(comm,hiredate) tablespace
index_tbs;
```

2. 使用 db_file_multiblock_read_count 参数

调整数据库实例的初始化参数减少数据库物理 I/O 的具体实现方式有两种。一种方式是通过内存缓存数据。例如，使用 Buffer Cache、LogBuffer 等缓冲区减少读写文件的物理 I/O 操作。另一种方式则是通过设置一次 I/O 操作时读取的数据块个数来实现，这个设置是由 db_file_multiblock_read_count 参数控制的。该参数的默认设置如下。

```
SQL> show parameter db_file_multiblock_read_count
```

输出信息如下。

NAME	TYPE	VALUE
db_file_multiblock_read_count	integer	128

对于 OLAP（Online Analytical Processing）类型的 Oracle 数据库，应当适当增大该参数的值。

13.5.2 【实战】分布式 I/O 的条带化

当多个进程同时访问一个磁盘时，就可能会出现磁盘的读写冲突。避免磁盘冲突是优化 Oracle 数据库 I/O 性能的一个重要目标，但是 I/O 性能的优化与其他数据库资源的优化（如优化 CPU 和内存）有着很大的区别。I/O 性能的优化最有效的手段是将 I/O 操作最大限度地进行平衡，而这种平衡的过程就是条带化，其本质就是分布式 I/O。

实现分布式 I/O 的条带化主要有以下两种方式。

1）操作系统层面的条带化

在阵列这一层实现文件的条带化，如 raid0、raid1、raid5、raid01、raid10 等技术都可以实现。

2）手工条带化

Oracle 数据库支持通过手工条带化的方式实现支持分布式的 I/O 操作，从而可以有效避免读写磁盘时的冲突。

这里将重点介绍 Oracle 数据库提供的手工条带化。

下面通过一个具体的示例演示如何在 Oracle 数据库中实现分布式 I/O 的文件条带化。

（1）以数据库管理员身份登录 Oracle 数据库。

```
SQL> conn / as sysdba
```

（2）查看 c##scott 用户下表的统计信息。

```
SQL> select owner,table_name,blocks,empty_blocks
    from dba_tables
    where owner='C##SCOTT';
```

输出信息如下。

OWNER	TABLE_NAME	BLOCKS	EMPTY_BLOCKS
C##SCOTT	DEPT	5	0
C##SCOTT	EMP	5	3（**注意这里的值**）
C##SCOTT	BONUS	0	0
C##SCOTT	SALGRADE	5	0

通过查看统计信息可以看出，当前的员工表只有 3 个数据块是空块。

（3）查看 c##scott 用户的表及其对应的表空间。

```
SQL> select table_name,tablespace_name from dba_tables where owner='C##SCOTT';
```

输出信息如下。

```
TABLE_NAME      TABLESPACE_NAME
-------------   -------------------------------
DEPT            USERS
EMP             USERS
BONUS           USERS
SALGRADE        USERS
```

（4）查看 USERS 表空间的数据文件。

```
SQL> select tablespace_name,file_name from dba_data_files where
tablespace_name='USERS';
```

输出信息如下。

```
TABLESPACE      FILE_NAME
-------------   -------------------------------------------
USERS           /u01/app/oracle/oradata/ORCL/users01.dbf
```

 此时只有一个用户使用的数据文件。当不同的进程操作数据库读写该文件时，就可能产生冲突。

（5）为 USERS 表空间添加两个新的数据文件。

```
SQL> alter tablespace users add datafile '/u01/app/oracle/oradata/ORCL/
users02.dbf' size 100M;
SQL> alter tablespace users add datafile '/u01/app/oracle/oradata/ORCL/
users03.dbf' size 100M;
```

（6）确认 USERS 表空间的数据文件。

```
SQL> select tablespace_name,file_name from dba_data_files where
tablespace_name='USERS';
```

输出信息如下。

```
TABLESPACE      FILE_NAME
-------------   -------------------------------------------------
USERS           /u01/app/oracle/oradata/ORCL/users01.dbf
USERS           /u01/app/oracle/oradata/ORCL/users02.dbf
USERS           /u01/app/oracle/oradata/ORCL/users03.dbf
```

（7）为 c##scott 用户下的员工表 emp 设置手工条带化，并预分配空间。

```
SQL> alter table c##scott.emp allocate extent
   (size 20M datafile '/u01/app/oracle/oradata/ORCL/users01.dbf');
SQL> alter table c##scott.emp allocate extent
   (size 30M datafile '/u01/app/oracle/oradata/ORCL/user02.dbf');
SQL> alter table c##scott.emp allocate extent
   (size 40M datafile '/u01/app/oracle/oradata/ORCL/user03.dbf');
```

（8）收集 c##scott.emp 表的统计信息。

```sql
SQL> analyze table c##scott.emp compute statistics;
```

（9）重新查看 c##scott 用户下表的统计信息。

```sql
SQL> select owner,table_name,blocks,empty_blocks
    from dba_tables
    where owner='c##scott';
```

输出信息如下。

OWNER	TABLE_NAME	BLOCKS	EMPTY_BLOCKS
C##SCOTT	DEPT	5	0
C##SCOTT	EMP	5	11523 **（注意这里的值发生了变化）**
C##SCOTT	BONUS	0	0
C##SCOTT	SALGRADE	5	0

对比步骤（2）和步骤（9）输出的统计信息可以看出，由于在 USERS 表空间中增加了数据文件并且采用了分布式 I/O 的条带化，员工表中空的数据块大幅增大了，而这些空的数据块对应不同的数据文件。当不同的进程读写数据时，I/O 操作就会分散到不同的文件上，从而避免冲突的产生。

13.6　本章思考题

Oracle 数据库提供的基本性能诊断工具有哪些？

第*14*章

基本的性能诊断与优化工具

Oracle 数据库为了方便数据库管理员和应用开发人员进行数据库的诊断和优化，尤其是 SQL 语句的诊断和优化，提供了一系列基于命令行的工具。有了这些诊断和优化的工具，就可以非常方便地诊断数据库中潜在的问题。

本章重点与目标：

（1）掌握如何查看 Oracle 数据库的告警日志。

（2）掌握如何查看 Oracle 数据库的统计信息与等待事件。

（3）掌握如何查看 Oracle 数据库 SQL 语句的执行计划。

（4）掌握如何使用 Oracle 数据库的跟踪文件与自动跟踪。

（5）掌握如何查看 Oracle 数据库的动态性能视图。

14.1 【实战】告警日志

每个数据库都有一个格式为 alert_<sid>.log 的告警日志文件。该文件除了会记录 Oracle 数据库的错误信息和警告信息，还会记录以下信息。

（1）数据库的启动和关闭信息。

（2）死锁信息。

（3）更改数据库结构的信息，如创建或修改了表空间。

在 2.2.2 小节和 7.2.3 小节中已经演示了告警记录中的前两种信息。下面通过一个简单的示例演示当数据库的结构发生变化时，在告警日志中所记录的信息。

（1）使用数据库管理员登录数据库。

```
SQL> conn / as sysdba
```

（2）创建一个新的表空间。

```
SQL> create tablespace mytbs datafile '/u01/app/oracle/oradata/ORCL
//mytbs01.dbf' size 10M;
```

（3）向表空间中添加一个新的数据文件。

```
SQL> alter tablespace mytbs add datafile '/u01/app/oracle/oradata/ORCL
//mytbs02.dbf' size 10M;
```

（4）查看告警日志文件存储的位置。

```
SQL> select name,value from v$diag_info;
```

输出信息如下。

```
NAME                    VALUE
--------------------    -------------------------------------------------------
Diag Enabled            TRUE
ADR Base                /u01/app/oracle
ADR Home                /u01/app/oracle/diag/rdbms/orcl/orcl
Diag Trace              /u01/app/oracle/diag/rdbms/orcl/orcl/trace
Diag Alert              /u01/app/oracle/diag/rdbms/orcl/orcl/alert
Diag Incident           /u01/app/oracle/diag/rdbms/orcl/orcl/incident
Diag Cdump              /u01/app/oracle/diag/rdbms/orcl/orcl/cdump
Health Monitor          /u01/app/oracle/diag/rdbms/orcl/orcl/hm
Default Trace File      /u01/app/oracle/diag/rdbms/orcl/orcl/trace/orcl_ora_73934.trc
Active Problem Count     0
Active Incident Count    0
ORACLE_HOME             /u01/app/oracle/product/21.3.0/dbhome_1
Attention Log           /u01/app/oracle/diag/rdbms/orcl/orcl/trace/attention_orcl.log
```

告警日志文件位于 Diag Trace 参数指定的目录下。

（5）进入/u01/app/oracle/diag/rdbms/orcl/orcl/trace 目录，并查看告警日志文件。

```
cat alert_orcl.log
```

输出信息如下。

```
...
2022-03-29T09:30:20.399074+08:00
create tablespace mytbs datafile '/u01/app/oracle/oradata/ORCL
//mytbs01.dbf' size 10M
 Completed: create tablespace mytbs datafile '/u01/app/oracle/oradata/ORCL
//mytbs01.dbf' size 10M
2022-03-29T09:30:25.756851+08:00
 alter tablespace mytbs add datafile '/u01/app/oracle/oradata/ORCL
//mytbs02.dbf' size 10M
 Completed: alter tablespace mytbs add datafile '/u01/app/oracle/oradata/ORCL
//mytbs02.dbf' size 10M
...
```

（6）当数据库运行了很长一段时间后，会导致告警日志文件占用大量的硬盘空间。可以使用以下语句清空告警日志文件。

```
cat /dev/null > alert_orcl.log
```

14.2 统计信息与等待事件

Oracle 数据库的统计信息和等待事件是衡量数据库运行状况的重要依据及指标，它们各自反映了数据库的不同健康状况。图 14-1 说明了统计信息和等待事件在数据库中的作用。

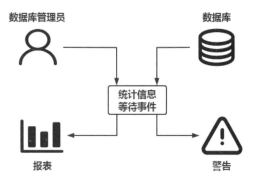

图 14-1 统计信息和等待事件

扫一扫，看视频

14.2.1 【实战】Oracle 数据库的统计信息

统计信息是数据库中所发生事件的计数器，是即将完成的有效工作量的指标。此外，统计信息还反映了数据在 Oracle 数据库中的分布情况，它描述了数据库中表和索引的大小与规模。例如，表的行数、块数、平均每行的大小、索引字段的行数和不同值的大小等都属于统计信息。统计信息存放在数据库的数据字典中，Oracle 数据库的优化器需要根据统计信息计算出 SQL 语句在不同访问路径下所花费的成本，最后选择成本最小的执行计划运行 SQL 语句。有些统计信息是静态信息，而有些统计信息通过动态地收集之后才会有数据。

在了解到统计信息的基本概念和作用以后，下面通过一个简单的示例演示如何收集并查看 Oracle 数据库的统计信息。

（1）使用数据库管理员登录数据库。

```
SQL> conn / as sysdba
```

（2）查看 c##scott 用户下表的数据分布情况。

```
SQL> select owner,table_name,blocks,empty_blocks from dba_tables where
owner='C##SCOTT';
```

输出信息如下。

```
OWNER       TABLE_NAME     BLOCKS     EMPTY_BLOCKS
-------     -------------  ---------  --------------------
C##SCOTT    DEPT
C##SCOTT    EMP
C##SCOTT    BONUS
C##SCOTT    SALGRADE
```

由于部门表 dept 和员工表 emp 中是存在数据的，因此占用的数据块肯定不为空。因此，这里数据的信息是不准确的。换句话说，Oracle 数据库还没有针对部门表 dept 和员工表 emp 进行相应统计信息的收集。

（3）使用 analyze table 语句收集员工表的统计信息。

```
SQL> analyze table c##scott.emp compute statistics;
```

收集表的统计信息还可以使用另外的一种形式，例如：

```
SQL> analyze table c##scott.emp estimate statistics;
```

当使用 compute 方式收集统计信息时，数据库会精确计算表中的每项指标，因此这样的方式适合对小表统计信息的收集。而 estimate 方式是估算表中的每项指标，因此得到的统计信息不一定准确，但它适合收集大表的统计信息。

（4）重新查看 c##scott 用户下表的数据分布情况。

```
SQL>select owner,table_name,blocks,empty_blocks from dba_tables where
owner='C##SCOTT'';
```

输出信息如下。

```
OWNER       TABLE_NAME     BLOCKS      EMPTY_BLOCKS
-------     -------------  ----------  ------------------
C##SCOTT    DEPT
C##SCOTT    EMP            5           3
C##SCOTT    BONUS
```

```
C##SCOTT      SALGRADE
```

从输出的结果可以看出，员工表中的数据一共占用了 5 个数据块，其中 3 个数据块是空块。换句话说，员工表的数据只占用了两个数据块的大小。

因此，步骤（4）输出的结果就比步骤（2）中的结果更加准确。而优化器根据步骤（4）的信息得到的执行计划也将更加准确。

（5）在员工表的职位 job 列上创建一个索引。

```
SQL> create index c##scott.myindex on c##scott.emp(job);
```

（6）针对新创建的索引收集统计信息。

```
SQL> analyze index c##scott.myindex validate structure;
```

使用 analyze 语句只能针对表或索引进行统计信息的收集。为了更好、更全面地收集数据库统计信息，Oracle 数据库提供了 dbms_stats 程序包帮助收集不同的统计信息。

（7）执行以下语句，查看 dbms_stats 程序包中提供的方法。

```
SQL> desc dbms_stats
```

输出信息如下。

```
...
PROCEDURE GATHER_DATABASE_STATS
Argument Name           Type                In/Out   Default?
----------------------  ------------------  -------  ----------
ESTIMATE_PERCENT        NUMBER              IN       DEFAULT
BLOCK_SAMPLE            BOOLEAN             IN       DEFAULT
METHOD_OPT             VARCHAR2            IN       DEFAULT
DEGREE                 NUMBER              IN       DEFAULT
GRANULARITY           VARCHAR2            IN       DEFAULT
CASCADE               BOOLEAN             IN       DEFAULT
STATTAB               VARCHAR2            IN       DEFAULT
STATID                VARCHAR2            IN       DEFAULT
OPTIONS               VARCHAR2            IN       DEFAULT
STATOWN               VARCHAR2            IN       DEFAULT
GATHER_SYS            BOOLEAN             IN       DEFAULT
NO_INVALIDATE        BOOLEAN             IN       DEFAULT
GATHER_TEMP           BOOLEAN             IN       DEFAULT
GATHER_FIXED          BOOLEAN             IN       DEFAULT
STATTYPE              VARCHAR2            IN       DEFAULT
OBJ_FILTER_LIST      OBJECTTAB           IN       DEFAULT
PROCEDURE GATHER_SCHEMA_STATS
Argument Name           Type                In/Out   Default?
----------------------  -------------       ---------  ----------
OWNNAME               VARCHAR2            IN
ESTIMATE_PERCENT        NUMBER              IN       DEFAULT
BLOCK_SAMPLE            BOOLEAN             IN       DEFAULT
```

```
METHOD_OPT              VARCHAR2          IN       DEFAULT
DEGREE                  NUMBER            IN       DEFAULT
GRANULARITY             VARCHAR2          IN       DEFAULT
CASCADE                 BOOLEAN           IN       DEFAULT
STATTAB                 VARCHAR2          IN       DEFAULT
STATID                  VARCHAR2          IN       DEFAULT
OPTIONS                 VARCHAR2          IN       DEFAULT
STATOWN                 VARCHAR2          IN       DEFAULT
NO_INVALIDATE           BOOLEAN           IN       DEFAULT
GATHER_TEMP             BOOLEAN           IN       DEFAULT
GATHER_FIXED            BOOLEAN           IN       DEFAULT
STATTYPE                VARCHAR2          IN       DEFAULT
FORCE                   BOOLEAN           IN       DEFAULT
OBJ_FILTER_LIST         OBJECTTAB         IN       DEFAULT
PROCEDURE GATHER_SYSTEM_STATS
Argument Name           Type              In/Out   Default?
----------------------- ----------------- -------- ------------
GATHERING_MODE          VARCHAR2          IN       DEFAULT
INTERVAL                NUMBER(38)        IN       DEFAULT
STATTAB                 VARCHAR2          IN       DEFAULT
STATID                  VARCHAR2          IN       DEFAULT
STATOWN                 VARCHAR2          IN       DEFAULT
PROCEDURE GATHER_TABLE_STATS
Argument Name           Type              In/Out   Default?
----------------------- ----------------- -------- ------------

...
```

这里只列举了部分与收集统计信息相关的方法。从方法的名称可以看出，通过使用 dbms_stats 程序包可以完成诊断数据库、针对方案（用户）、针对系统和针对表的统计信息收集。表 14-1 列举了该程序包中所有支持的统计信息的收集方式。

表 14-1 dbms_stats 程序包中的方法

程序包中的方法	方 法 说 明
GATHER_DATABASE_STATS	针对数据库中所有数据库对象进行统计信息的收集
GATHER_DICTIONARY_STATS	针对数据库中的数据字典进行统计信息的收集
GATHER_FIXED_OBJECTS_STATS	针对固定的数据库对象进行统计信息的收集
GATHER_INDEX_STATS	针对索引进行统计信息的收集
GATHER_SCHEMA_STATS	针对数据库中的方案（用户）进行统计信息的收集
GATHER_SYSTEM_STATS	针对系统进行统计信息的收集
GATHER_TABLE_STATS	针对数据库中的表和列进行统计信息的收集

（8）执行以下语句针对 c##scott 用户收集统计信息。

```
SQL> exec dbms_stats.gather_schema_stats(ownname=>'C##SCOTT');
```

（9）重新查看 c##scott 用户下表的数据分布情况。

```
SQL> select owner,table_name,blocks,empty_blocks from dba_tables where
owner='C##SCOTT';
```

输出信息如下。

```
OWNER      TABLE_NAME    BLOCKS      EMPTY_BLOCKS
--------   ------------  ----------  ----------------
C##SCOTT   DEPT          5           0
C##SCOTT   EMP           5           3
C##SCOTT   BONUS         0           0
C##SCOTT   SALGRADE      5           0
```

（10）在数据字典 v$statname 中保存了所有的统计信息名称。

```
SQL> select * from v$statname where rownum<10;
```

输出信息如下。

```
STATISTIC#  NAME                       CLASS  STAT_ID      DISPLAY_NAME               CON_ID
----------  -------------------------  -----  ----------   ------------------------   --------
        0   OS CPU Qt wait time        1      576270482    OS CPU Qt wait time        1
        1   Requests to/from client    1      3982115148   Requests to/from client   1
        2   logons cumulative          1      2666645286   logons cumulative         1
        3   logons current             1      3080465522   logons current            1
        4   opened cursors cumulative  1      85052502     opened cursors cumulative 1
        5   opened cursors current     1      2301954928   opened cursors current    1
        6   user commits               1      582481098    user commits              1
        7   user rollbacks             1      3671147913   user rollbacks            1
        8   user calls                 1      2882015696   user calls                1
...
```

数据字典 v$statname 中共有 2000 多条统计信息，这里只列举了前 8 条。

14.2.2　Oracle 数据库的等待事件

Oracle 数据库的等待事件是衡量数据库运行状况的重要依据及指标。在 Oracle 数据库中主要有两种不同类型的等待事件：空闲等待事件和非空闲等待事件。

空闲（Idle）等待事件是指 Oracle 数据库正在等待某种工作。举一个非常简单的例子，使用 SQL*Plus 登录数据库后，没有进一步执行任何命令或 SQL 语句。此时该会话就处于 SQL*Net message from/to client 的等待事件。

非空闲（Non-Idle）等待事件是专门针对在执行具体的 Oracle 数据库活动或执行应用程序时发生的等待。这类等待事件是数据库诊断和优化过程中需要重点关注的。

通过查询数据字典 v$event_name 可以获取 Oracle 数据库中所有等待事件的相关信息。

```
SQL> select name from v$event_name;
```

输出信息如下。

```
NAME
------------------------------
null event
logout restrictor
VKTM Logical Idle Wait
VKTM Init Wait for GSGA
IORM Scheduler Slave Idle Wait
near PGA limit throttle
Parameter File I/O
rdbms ipc message
remote db operation
...
```

14.3 执 行 计 划

在 13.2.1 小节中提到执行计划主要是指 select 查询语句的执行计划，它记录并描述了一条查询语句在 Oracle 数据库中执行的过程或访问的路径。执行计划通常以表格的形式展示，但实际上为树形查询。在 Oracle 数据库中可以通过 explain plan 语句获取执行计划，也可以通过查询数据字典 v$sql_plan 获取执行计划。下面分别介绍这两种方式。

14.3.1 【实战】使用 explain plan 语句获取执行计划

使用 explain plan 语句可以显示 Oracle 数据库优化器为 select、update、insert 和 delete 语句时生成的执行计划，该执行计划代表了 Oracle 数据库执行语句时的执行顺序。执行计划采用表格形式进行输出，每行包含以下信息。

（1）SQL 语句访问表的方式。

（2）Join 操作时，表的连接方式。

（3）对数据的操作，如过滤、排序和聚合。

（4）每个操作所消耗的成本。

explain plan 语句的语法格式如下。

```
explain plan
   [ set statement_id = string ]
   [ into [ schema. ] table_name [ @ dblink ] ]
for sql_statement;
```

其中，statement_id 代表 SQL 语句的唯一标识符，通过使用 SQL 语句的标识符，可以向一个执行计划表中存入多条 SQL 语句；sql_statement 代表要查看的执行计划的 SQL 语句；由于执行计划采用表格形式输出，因此可以将执行计划存储在表中，table_name 参数用于指定存储执行计划时的表名称。如果没有指定表名称，则 Oracle 数据库会使用表名 plan_table，表 14-2 列举了 plan_table 的结构。

表 14-2 plan_table 的结构

plan_table 中的列	类　　型	描　　述
STATEMENT_ID	VARCHAR2	SQL 语句的唯一标识符
PLAN_ID	NUMBER	SQL 语句在 plan_table 表中的唯一标识符
TIMESTAMP	DATE	SQL 语句的时间戳
REMARKS	VARCHAR2	注释
OPERATION	VARCHAR2	SQL 语句的操作类型
OPTIONS	VARCHAR2	SQL 语句的附加信息
OBJECT_NODE	VARCHAR2	如果是分布式操作,则代表引用对象的数据库链路;如果是并行操作,则代表操作的结果集
OBJECT_OWNER	VARCHAR2	对象所有者的名字
OBJECT_NAME	VARCHAR2	对象名称
OBJECT_ALIAS	VARCHAR2	对象的别名
OBJECT_INSTANCE	NUMBER	对象在 SQL 语句中的位置
OBJECT_TYPE	VARCHAR2	对象的类型,如表和索引
OPTIMIZER	VARCHAR2	SQL 语句的优化器
ID	NUMBER	执行计划的 ID
PARENT_ID	NUMBER	上一个操作的 ID
DEPTH	NUMBER	SQL 语句的深度
POSITION	NUMBER	如果两个步骤有相同的父操作,则低 POSITION 的步骤将先执行
COST	NUMBER	估算 SQL 语句执行的相对成本
CARDINALITY	NUMBER	估算 SQL 语句执行后返回的记录数
BYTES	NUMBER	估算 SQL 语句执行后返回的字节数
PARTITION_START	VARCHAR2	访问的分区范围的起始分区
PARTITION_STOP	VARCHAR2	访问的分区范围的结束分区
PARTITION_ID	NUMBER	分区的 ID
CPU_COST	NUMBER	估算 SQL 语句执行的 CPU 成本
IO_COST	NUMBER	估算 SQL 语句执行的 I/O 成本
TEMP_SPACE	NUMBER	估算 SQL 语句执行所使用的临时空间大小
ACCESS_PREDICATES	VARCHAR2	确定如何在 SQL 语句中记录子句
FILTER_PREDICATES	VARCHAR2	确定如何在 SQL 语句中记录过滤的子句
PROJECTION	VARCHAR2	记录返回的子句,通常代表 select 中的字段列表
TIME	NUMBER	估算 SQL 语句执行的时间消耗
QBLOCK_NAME	VARCHAR2	查询块的唯一标识符

下面以查询员工表为例演示如何使用 explain plan 语句输出对应 SQL 语句的执行计划。

(1)输出使用 SQL 语句统计 10 号部门的员工人数的执行计划。

```
SQL> explain plan for select count(*) from c##scott.emp where deptno=10;
SQL> select * from table(dbms_xplan.display);
```

输出信息如图 14-2 所示。

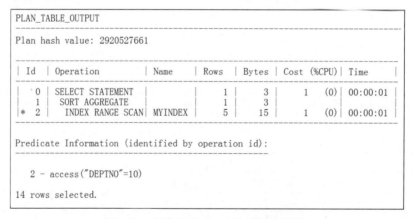

```
PLAN_TABLE_OUTPUT
----------------------------------------------------------------
Plan hash value: 2083865914

----------------------------------------------------------------
| Id | Operation         | Name | Rows | Bytes | Cost (%CPU)| Time     |
----------------------------------------------------------------
|  0 | SELECT STATEMENT  |      |    1 |     3 |    3   (0)| 00:00:01 |
|  1 |  SORT AGGREGATE   |      |    1 |     3 |           |          |
|* 2 |   TABLE ACCESS FULL| EMP |    5 |    15 |    3   (0)| 00:00:01 |
----------------------------------------------------------------

Predicate Information (identified by operation id):
----------------------------------------------------

   2 - filter("DEPTNO"=10)

14 rows selected.
```

图 14-2　无索引时 SQL 语句的执行计划

（2）在员工表的部门号 deptno 上创建索引，并重新获取执行计划。

```
SQL> create index c##scott.myindex on c##scott.emp(deptno);
SQL> explain plan for select count(*) from c##scott.emp where deptno=10;
SQL> select * from table(dbms_xplan.display);
```

输出信息如图 14-3 所示。

```
PLAN_TABLE_OUTPUT
----------------------------------------------------------------
Plan hash value: 2920527661

----------------------------------------------------------------
| Id | Operation         | Name    | Rows | Bytes | Cost (%CPU)| Time     |
----------------------------------------------------------------
|  0 | SELECT STATEMENT  |         |    1 |     3 |    1   (0)| 00:00:01 |
|  1 |  SORT AGGREGATE   |         |    1 |     3 |           |          |
|* 2 |   INDEX RANGE SCAN| MYINDEX |    5 |    15 |    1   (0)| 00:00:01 |
----------------------------------------------------------------

Predicate Information (identified by operation id):
----------------------------------------------------

   2 - access("DEPTNO"=10)

14 rows selected.
```

图 14-3　有索引时 SQL 语句的执行计划

通过执行 explain plan 语句获取的执行计划是理论上的计划，并不一定在执行时就会被使用。换句话说，它是一种预测，并不一定是 SQL 语句真正执行的过程。

14.3.2　【实战】使用数据字典 v$sql_plan 获取执行计划

由于使用 explain plan 语句获取的执行计划可能存在一定误差，为了更加准确地获取执行计划，Oracle 数据库提供了数据字典 v$sql_plan。以下语句展示该数据字典视图的结构。

```
SQL> desc v$sql_plan;
```

输出信息和主要字段的含义如下。

Name	Null?	Type	
...			
SQL_ID		VARCHAR2(13)	唯一代表 SQL 语句的 ID
PLAN_HASH_VALUE		NUMBER	该数值表示的执行计划
...			

在了解了数据字典 v$sql_plan 存储的信息以后，下面通过一个示例演示如何使用它获取 SQL 语句的执行计划。

（1）使用数据库管理员登录数据库，并执行 SQL 语句查询部门表中的信息。

```
SQL> conn / as sysdba
SQL> select count(*) from c##scott.dept;
```

（2）查询数据字典 v$sql 获取 SQL 语句的 ID。

```
SQL> select sql_id,sql_text from v$sql where sql_text like '%from c##scott.dept%';
```

输出信息如下。

```
SQL_ID          SQL_TEXT
--------------  -------------------------------------------------------------------
camnq7juk852t   select sql_id,sql_text from v$sql where sql_text like '%from
                c##scott.dept%'
64kgyp2tjpcpf   select count(*) from c##scott.dept
```

（3）查询数据字典 v$sql_plan 获取 SQL 语句的执行计划。

```
SQL> select sql_id,operation,object_owner,object_name,cpu_cost,io_cost
    from v$sql_plan where sql_id='64kgyp2tjpcpf';
```

输出信息如下。

```
OPERATION       OBJECT_OWNER     OBJECT_NAME      CPU_COST     IO_COST
------------    ---------------  ---------------  -----------  ----------
SELECT STATEMENT
SORT
INDEX           C##SCOTT         PK_DEPT          7921         1
```

14.3.3　读懂执行计划

扫一扫，看视频

对于一条复杂的 SQL 语句，它所对应的执行计划也相应会比较复杂。因此，如何读懂 SQL 语句的执行计划就显得非常重要，这对于 SQL 语句的诊断和优化都将有非常大的帮助。通过分析以下 SQL 语句将介绍如何读懂 Oracle 数据库 SQL 语句的执行计划。

```
SQL> explain plan for
    select e.ename,e.sal,d.avgsal
    from (select deptno,avg(sal) avgsal from c##scott.emp group by deptno)
d,c##scott.emp e
    where e.deptno=d.deptno and e.sal>d.avgsal;
```

输出信息如下。

```
ENAME           SAL         AVGSAL
---------    ----------   ----------------
ALLEN           1600        1566.66667
JONES           2975        2175
BLAKE           2850        1566.66667
SCOTT           3000        2175
KING            5000        2916.66667
FORD            3000        2175
```

TIP　这里的查询语句查询的是工资高于本部门平均工资的员工信息，并最终输出员工姓名、员工工资和部门的平均工资。

按照 14.3.1 小节中的步骤生成 SQL 语句的执行计划，如图 14-4 所示。

```
PLAN_TABLE_OUTPUT

Plan hash value: 269884559


| Id | Operation           | Name | Rows | Bytes | Cost (%CPU)| Time     |

|  0 | SELECT STATEMENT    |      |    3 |   177 |    7  (15)| 00:00:01 |
|* 1 |  HASH JOIN          |      |    3 |   177 |    7  (15)| 00:00:01 |
|  2 |   VIEW              |      |   14 |   364 |    4  (25)| 00:00:01 |
|  3 |    HASH GROUP BY    |      |   14 |   364 |    4  (25)| 00:00:01 |
|  4 |     TABLE ACCESS FULL| EMP  |   14 |   364 |    3   (0)| 00:00:01 |
|  5 |   TABLE ACCESS FULL | EMP  |   14 |   462 |    3   (0)| 00:00:01 |


Predicate Information (identified by operation id):
---------------------------------------------------

   1 - access("E"."DEPTNO"="D"."DEPTNO")
       filter("E"."SAL">"D"."AVGSAL")

Note
-----
   - dynamic statistics used: dynamic sampling (level=2)
```

图 14-4　SQL 语句的执行计划

其中，Id 表示执行序列 ID，但并不表示执行的先后顺序；Operation 表示当前执行的操作，表 14-3 列举了常见的操作；Name 表示操作对象；Rows 表示当前操作返回的结果集行数；Bytes 表示执行该操作后返回的字节数；Cost（%CPU）表示执行到该操作时的执行成本，用于说明 SQL 语句执行的代价；Time 表示当前操作的时间。

表 14-3　表、索引和表连接中常见的操作

执行的操作	选　　项	描　　述
表的访问路径 TABLE ACCESS	FULL	全表扫描
	CLUSTER	通过索引簇的键访问数据
	HASH	通过散列访问表中匹配特定的散列值的一条或多条记录
	BY INDEX ROWID	通过指定 ROWID 访问表中的单条记录
	BY USER ROWID	通过指定变量提供的 ROWID 访问表中的单条记录

执行的操作	选　项	描　述
表的访问路径 TABLE ACCESS	BY GLOBAL INDEX ROWID	通过由全局分区索引获得的 ROWID 进行访问
	BY LOCAL INDEX ROWID	通过由本地分区索引获得的 ROWID 进行访问
	SAMPLE	使用 SAMPLE 子句得到结果集的采样子集
索引操作 INDEX	UNIQUE SCAN	只返回一条记录的 ROWID 的索引扫描
	RANGE SCAN	按照范围扫描索引，用于返回多条记录的 ROWID
	FULL SCAN	按照索引的顺序扫描整个索引
	SKIP SCAN	索引的跳跃扫描，扫描时可能顺序不连续
	FULL SCAN(MAX/MIN)	检索最高或最低的索引条目进行扫描
	FAST FULL SCAN	按照块顺序扫描索引的每个条目
表的连接操作	CONNECT BY	对前一个操作的输出结果执行一个层次化自连接操作
	MERGE JOIN	对前一个操作的输出结果执行一次合并连接
	NESTED LOOPS	对前一个操作的输出结果执行嵌套循环连接，即对于前一个输出结果中的每一行，都会扫描下一个输出结果中的每行进行匹配
	HASH JOIN	对两个结果集进行散列连接

　　尽管执行计划是以表格的形式输出，但其本质是一个树形结构。执行计划执行的顺序采用最下最右原则。简单来说，就是从图 14-4 的表中最下方开始向上执行。为了方便，直观地构造出树的结构，可以根据执行计划中的 Id 进行。构造树的原则：如果 Operation 中缩进相同的 Id，则表示该操作在树中的同一深度上；先出现的 Operation 在父节点的左侧，而后出现的 Operation 在父节点的右侧。按照这个原则，图 14-4 中的执行计划对应的树形结构如图 14-5 所示。

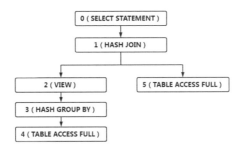

图 14-5　执行计划对应的树形结构

　　按照最下最右原则可以得到该条 SQL 语句执行的顺序是 4→3→5→2→1→0。简单来说，将图 14-5 中的树倒过来就是 SQL 语句执行的顺序。

14.4　跟 踪 文 件

　　Oracle 数据库的跟踪文件中记录了大量而详细的诊断和调试信息。通过解读和分析跟踪文件，可以帮助数据库管理员定位问题、分析问题和解决问题。要使用 Oracle 数据库的跟踪文件跟踪会话中的操作，必须首先开启会话的跟踪，在使用完成后还需要关闭会话的跟踪。否则，将会产生大量无用的跟踪的信息。跟踪文件的位置与告警日志文件在同一个目录下，可以通过以下方式查询跟踪文件的位置。

```
SQL> select name,value from v$diag_info;
NAME                         VALUE
--------------------         ------------------------------------------------
Diag Enabled                 TRUE
ADR Base                     /u01/app/oracle
ADR Home                     /u01/app/oracle/diag/rdbms/orcl/orcl
Diag Trace                   /u01/app/oracle/diag/rdbms/orcl/orcl/trace
...
```

 告警日志文件位于 Diag Trace 参数指定的目录下，并以后缀 trc 结尾。

查看/u01/app/oracle/diag/rdbms/orcl/orcl/trace 目录下的文件信息。此时会发现目录下有很多跟踪文件，如图 14-6 所示。

```
[oracle@oraclevm trace]$
[oracle@oraclevm trace]$ ls /u01/app/oracle/diag/rdbms/orcl/orcl/trace
alert_orcl.log              orcl_mz00_67698.trc      orcl_q002_69760.trc
attention_orcl.log          orcl_mz00_67698.trm      orcl_q002_69760.trm
orcl_arc1_72241.trc         orcl_mz00_69225.trc      orcl_q002_71217.trc
orcl_arc1_72241.trm         orcl_mz00_69225.trm      orcl_q002_71217.trm
orcl_c100_71272.trc         orcl_ora_67330.trc       orcl_q002_72495.trc
orcl_c100_71272.trm         orcl_ora_67330.trm       orcl_q002_72495.trm
orcl_d000_72191.trc         orcl_ora_67457.trc       orcl_q003_69765.trc
orcl_d000_72191.trm         orcl_ora_67457.trm       orcl_q003_69765.trm
orcl_dbrm_67386.trc         orcl_ora_67472.trc       orcl_q003_71219.trc
orcl_dbrm_67386.trm         orcl_ora_67472.trm       orcl_q003_71219.trm
orcl_dbrm_67621.trc         orcl_ora_67475.trc       orcl_qm02_69752.trc
orcl_dbrm_67621.trm         orcl_ora_67475.trm       orcl_qm02_69752.trm
orcl_dbrm_68203.trc         orcl_ora_67476.trc       orcl_qm02_71210.trc
orcl_dbrm_68203.trm         orcl_ora_67476.trm       orcl_qm02_71210.trm
orcl_dbrm_69459.trc         orcl_ora_67564.trc       orcl_rcbg_67721.trc
orcl_dbrm_69459.trm         orcl_ora_67564.trm       orcl_rcbg_67721.trm
orcl_dbrm_70884.trc         orcl_ora_67566.trc       orcl_rcbg_68293.trc
orcl_dbrm_70884.trm         orcl_ora_67566.trm       orcl_rcbg_68293.trm
orcl_dbrm_72138.trc         orcl_ora_67691.trc       orcl_rcbg_69541.trc
```

图 14-6　Oracle 数据库的跟踪文件

 如何确定当前会话的跟踪文件呢？下面将通过具体的操作步骤进行演示。

14.4.1　【实战】确定跟踪文件

要使用跟踪文件诊断 SQL 语句，首先就需要确定当前会话所对应的跟踪文件。下面通过一个示例演示具体的操作步骤。

（1）为了操作的方便，授予 c##scott 用户数据库管理员（DBA）的角色。

```
SQL> conn / as sysdba
SQL> grant dba to c##scott;
```

（2）切换到 c##scott 用户，确定会话 ID。

```
SQL> conn c##scott/tiger
SQL> select sid from v$mystat where rownum=1;
```

输出信息如下。

```
   SID
----------
    82
```

（3）根据会话 ID 确定会话的地址。

```
SQL> select paddr from v$session where sid=72;
```

输出信息如下。

```
PADDR
----------------------------
000000006F5A7160
```

（4）根据会话地址得到操作系统的进程号。

```
SQL> select spid from v$process where addr='000000006F5A7160';
```

输出信息如下。

```
SPID
------------------------
75678
```

 此时在/u01/app/oracle/diag/rdbms/orcl/orcl/trace 目录下并不包含 75678 的跟踪文件。要生成对应的跟踪文件，还需要手动开启会话的跟踪。

（5）开启会话的跟踪。

```
SQL> alter session set sql_trace=true;
```

（6）执行一个简单的查询。

```
SQL> select count(*) from emp;
```

（7）关闭会话的跟踪。

```
SQL> alter session set sql_trace=false;
```

 此时在 /u01/app/oracle/diag/rdbms/orcl/orcl/trace 目录下将会产生两个文件：orcl_ora_75678.trc 和 orcl_ora_75678.trm。这里的 trc 文件就是会话对应的跟踪文件；而 trm 文件是跟踪文件的元信息文件。

14.4.2 【实战】使用跟踪文件诊断数据库性能

确定了会话的跟踪文件后，下面通过一个具体的示例演示如何诊断会话中存在问题的 SQL 语句。
（1）开启会话的跟踪。

基本的性能诊断与优化工具

14

```
SQL> alter session set sql_trace=true;
```

（2）执行以下 SQL 语句。

```
SQL> select * from c##scott.emp where deptno=10;
SQL> select * from c##scott.emp where deptno=20;
SQL> select * from c##scott.emp where deptno=30;
SQL> select * from c##scott.emp where deptno=10;
```

这里的 4 条 SQL 语句除了 where 条件中的参数值不一样，其他部分都是一样的。这样的 SQL 语句叫作重复的 SQL。Oracle 数据库在执行时会解析每条 SQL 语句，并生成 SQL 语句的执行计划，但生成的执行计划都是一样的。因此，为重复的 SQL 语句生成执行计划必然会影响数据库的性能。

（3）关闭会话的跟踪。

```
SQL> alter session set sql_trace=false;
```

（4）生成的跟踪文件并不适合阅读，因此 Oracle 数据库提供了 tkprof 工具对跟踪文件进行格式化。执行以下命令。

```
tkprof
```

输出的 tkprof 帮助信息如下。

```
Usage: tkprof tracefile outputfile [explain= ] [table= ] [print= ] [insert= |
[sys= ] [sort= ]
  table=schema.tablename   Use 'schema.tablename' with 'explain=' option.
  explain=user/passwordConnect to ORACLE and issue EXPLAIN PLAN.
  print=integer            List only the first 'integer' SQL statements.
  pdbtrace=user/password   Connect to ORACLE to retrieve SQL trace records.
  aggregate=yes|no
  insert=filename   List SQL statements and data inside INSERT statements.
  sys=no            TKPROF does not list SQL statements run as user SYS.
  record=filename   Record non-recursive statements found in the trace file.
  waits=yes|no      Record summary for any wait events found in the trace file.
  sort=option       Set of zero or more of the following sort options:
   prscnt  number of times parse was called
   prscpu  cpu time parsing
   prsela  elapsed time parsing
   prsdsk  number of disk reads during parse
   prsqry  number of buffers for consistent read during parse
   prscu   number of buffers for current read during parse
   prsmis  number of misses in library cache during parse
   execnt  number of execute was called
   execpu  cpu time spent executing
   exeela  elapsed time executing
   exedsk  number of disk reads during execute
   exeqry  number of buffers for consistent read during execute
   execu   number of buffers for current read during execute
```

```
exerow  number of rows processed during execute
exemis  number of library cache misses during execute
fchcnt  number of times fetch was called
fchcpu  cpu time spent fetching
fchela  elapsed time fetching
fchdsk  number of disk reads during fetch
fchqry  number of buffers for consistent read during fetch
fchcu   number of buffers for current read during fetch
fchrow  number of rows fetched
userid  userid of user that parsed the cursor
```

（5）使用 tkprof 格式化跟踪文件。

```
tkprof orcl_ora_75678.trc /home/oracle/demo.txt sys=no sort=fchela
```

其中，sys=no 表示不输出由管理员操作生成的跟踪信息；sort=fchela 表示格式化时按照语句执行的时间进行排序。

（6）查看输出文件/home/oracle/demo.txt，并找到执行的 SQL 语句。

```
...
SQL ID: 757txubvag6kp Plan Hash: 3956160932
select * from c##scott.emp where deptno=10
...
SQL ID: 8g9f8dnw9hhgu Plan Hash: 3956160932
select * from c##scott.emp where deptno=20
...
SQL ID: a7ckzh48zdq5n Plan Hash: 3956160932
select * from c##scott.emp where deptno=30
...
SQL ID: cv079r1z7nbwr Plan Hash: 3956160932
select * from c##scott.emp where deptno=40
...
```

通过格式化后的跟踪信息发现，这里的 4 条 SQL 语句生成的 Plan Hash 都是 3956160932。这说明 Oracle 数据库每次解析 SQL 语句并生成了一样的执行计划。既然如此，就没有必要每次都生成相同执行计划，只需要第一次生成即可。

（7）使用绑定变量重新执行步骤（1）到步骤（5）的操作。操作的语句如下。

```
SQL> alter session set sql_trace=true;              -- 开启会话跟踪
SQL> variable dno number;                           -- 定义绑定变量
SQL> exec :dno:=10;                                 -- 给绑定变量赋值
SQL> select * from scott.emp where deptno=:dno;     -- 执行查询语句
SQL> exec :dno:=20;
SQL> select * from scott.emp where deptno=:dno;
SQL> exec :dno:=30;
SQL> select * from scott.emp where deptno=:dno;
SQL> exec :dno:=40;
SQL> select * from scott.emp where deptno=:dno;
SQL> alter session set sql_trace=false;
```

（8）再次使用 tkprof 格式化跟踪文件后，可以得到以下输出信息。

```
select * from scott.emp where deptno=:dno;
SQL ID: aqdnwc18qw0m9
Plan Hash: 2762842933

exec :dno:=20;
select * from scott.emp where deptno=:dno;
Plan Hash: 0

exec :dno:=30;
select * from scott.emp where deptno=:dno;
Plan Hash: 0

exec :dno:=40;
select * from scott.emp where deptno=:dno;
Plan Hash: 0
```

此时，只有第一次执行的 SQL 语句具有 SQL ID 和 Plan Hash，后面三条语句的 Plan Hash 值都为 0。这说明 Oracle 数据库没有为其生成执行计划，而是直接复用第一条语句的执行计划，从而解决了重复 SQL 语句带来的性能问题。

14.4.3 【实战】使用 dbms_system 开启会话跟踪

数据库管理员可以使用 dbms_system 程序包中提供的方法启用某个具体会话的跟踪，这主要是依靠 dbms_system 程序包中提供的 set_sql_trace_in_session()方法来实现。该方法的声明如下。

```
dbms_system.set_sql_trace_in_session(<sid>,<serial#>,true|false);
```

其中，sid 代表会话的 ID；serial#代表会话的序列号。该序列号主要用于在当前会话结束并重建会话时，会话 ID 可能会被重用。因此，为了区别不同的会话，增加一个序列号。通过会话 ID 与序列号的组合可以唯一确定一个会话。

下面通过一个简单的示例演示具体的操作步骤。

（1）使用数据库管理员登录数据库。

```
SQL> conn / as sysba
```

（2）确定需要开启跟踪的会话 ID 和序列号。

```
SQL> select sid,serial#,username from v$session where username='C##SCOTT';
```

输出信息如下。

```
 SID    SERIAL#     USERNAME
------  ---------  ----------------
 72     64796       C##SCOTT
```

（3）使用 dbms_system 程序包开启会话的跟踪。

```
SQL> exec dbms_system.set_sql_trace_in_session(72,64796,true);
```

（4）使用 dbms_system 程序包关闭会话的跟踪。

```
SQL> exec dbms_system.set_sql_trace_in_session(72,64796,false);
```

14.5　【实战】使用自动跟踪

autotrace（自动跟踪）是分析 SQL 语句的执行计划和执行效率时非常方便的一个工具。利用 autotrace 工具提供的 SQL 语句的执行计划和执行状态可以为诊断和优化 SQL 语句提供依据，也可以进行优化效果的对比。

在默认情况下，普通用户不能使用 autotrace。使用普通用户启用自动跟踪时，会出现以下错误。

```
SP2-0618: Cannot find the Session Identifier.  Check PLUSTRACE
role is enabled
SP2-0611: Error enabling STATISTICS report
```

下面通过一个示例演示如何开启用户的 autotrace 功能，并使用 autotrace 诊断会话中执行的 SQL 语句。

（1）使用普通用户登录数据库，如 c##scott 用户。

```
SQL> conn c##scott/tiger
```

（2）执行 Oracle 数据库提供的 SQL 脚本创建 PLAN_TABLE 表。

```
SQL> @$ORACLE_HOME/rdbms/admin/utlxplan.sql
```

（3）修改启用 autotrace 的授权 SQL 脚本$ORACLE_HOME/sqlplus/admin/plustrce.sql，修改后的内容如下。

```
set echo on

drop role c##plustrace;
create role c##plustrace;

grant select on v_$sesstat to c##plustrace;
grant select on v_$statname to c##plustrace;
grant select on v_$mystat to c##plustrace;
grant c##plustrace to dba with admin option;

set echo off
```

（4）使用数据库管理员执行脚本$ORACLE_HOME/sqlplus/admin/plustrace.sql。

```
SQL> conn / as sysdba
SQL> @$ORACLE_HOME/sqlplus/admin/plustrace.sql
```

（5）将 c##plustrace 角色授予 c##scott 用户。

```
SQL> grant c##plustrace to c##scott;
```

（6）切换到 c##scott/tiger 用户，并开启 autotrace 自动跟踪。

```
SQL> conn c##scott/tiger
SQL> set autotrace on
```

（7）执行一条简单的查询语句。

```
SQL> select * from dept;
```

输出信息如下。

```
DEPTNO    DNAME        LOC
--------  -----------  -------------
    10    ACCOUNTING   NEW YORK
    20    RESEARCH     DALLAS
    30    SALES        CHICAGO
    40    OPERATIONS   BOSTON


Execution Plan
----------------------------------------------------------
Plan hash value: 3383998547


--------------------------------------------------------------------------
| Id | Operation         | Name | Rows |Bytes | Cost (%CPU) |   Time     |
--------------------------------------------------------------------------
|  0 | SELECT STATEMENT  |      |   4  | 120  |   3   (0)   | 00:00:01   |
|  1 | TABLE ACCESS FULL | DEPT |   4  | 120  |   3   (0)   | 00:00:01   |
--------------------------------------------------------------------------


Note
-----
   - dynamic statistics used: dynamic sampling (level=2)


Statistics
----------------------------------------------------------
      38  recursive calls
      15  db block gets
      84  consistent gets
       0  physical reads
    3024  redo size
     860  bytes sent via SQL*Net to client
      52  bytes received via SQL*Net from client
       2  SQL*Net roundtrips to/from client
       6  sorts (memory)
       0  sorts (disk)
       4  rows processed
```

通过输出的信息可以看出，当启用了 autotrace 后，会话中执行的每条 SQL 语句，除了会输出执行的结果，还会将 SQL 语句的执行计划和统计信息一并输出。从统计信息中可以看出当前 SQL 物理读（Physical Reads）的次数为 0，这说明查询的数据都来自 Buffer Cache 的内存中。

（8）使用管理员用户登录数据库，并重启数据库实例。

```
SQL> shutdown immediate
SQL> startup
```

（9）重新执行步骤（7），此时输出的统计信息如下。

```
...
Statistics
----------------------------------------------------------
     39  recursive calls
      0  db block gets
     91  consistent gets
     10  physical reads
      0  redo size
    860  bytes sent via SQL*Net to client
     52  bytes received via SQL*Net from client
      2  SQL*Net roundtrips to/from client
      6  sorts (memory)
      0  sorts (disk)
      4  rows processed
```

通过输出的信息可以看出，此时执行的 SQL 语句发生了 10 次物理读，说明数据库执行了 I/O 操作读取了数据文件。如果 I/O 操作过多，势必也将影响 SQL 语句执行的性能。

14.6 动态性能视图

动态性能视图是 Oracle 数据库维护的有关实例操作和性能的一组动态数据，这些动态的数据以基于 Oracle 数据库服务器内部的内存结构构建的虚表为基础。换句话说，这些数据并不驻留在数据库中的数据文件中，它们只存在于当前实例的内存中。一般情况下，动态性能视图以 v$开头，通过查询 v$fixed_table 视图可列出所有动态视图。

下面以 v$sgainfo 和 v$librarycache 为例演示从动态性能视图中查询相关的数据信息。

（1）执行以下语句查询 SGA 的相关统计信息。

```
SQL> select name,bytes from v$sgainfo;
```

输出信息如下。

```
NAME                                  BYTES
------------------------------------- ----------------
```

```
Fixed SGA Size                       9686528
Redo Buffers                         7090176
Buffer Cache Size                    620756992
In-Memory Area Size                  0
Shared Pool Size                     318767104
Large Pool Size                      16777216
Java Pool Size                       16777216
Streams Pool Size                    0
Shared IO Pool Size                  50331648
Data Transfer Cache Size             0
Granule Size                         16777216
Maximum SGA Size                     1660943872
Startup overhead in Shared Pool      201328776
Free SGA Memory Available            671088640
```

 从输出信息中可以看出 SGA 中各个池的大小。

（2）执行以下语句查询共享池的相关统计信息。

```
SQL> select namespace,pins,pinhits,pinhitratio from v$librarycache;
```

 Library Cache 是共享池中最重要的组成部分。因此，一般意义上，共享池的效率取决于 Library Cache。

输出信息如下。

NAMESPACE	PINS	PINHITS	PINHITRATIO
SQL AREA	1027946	1008234	.980823895
TABLE/PROCEDURE	74589	62629	.839654641
BODY	2352	2234	.949829932
TRIGGER	197	137	.695431472
INDEX	6001	4180	.696550575
...			

其中，NAMESPACE 表示共享池中缓存的对象；PINS 表示请求共享池操作的次数；PINHITS 表示请求共享池操作命中的次数；PINHITRATIO 表示共享池的命中率。

14.7　本章思考题

1. Oracle 数据库的告警日志会记录哪些信息？
2. 什么是 SQL 语句的执行计划？
3. 什么是自动跟踪？

## 第 15 章

Oracle 数据库性能报告

为了进一步便于数据库管理员和应用开发人员进行数据库的诊断和优化，Oracle 数据库提供了三大性能报告。基于此，当数据库发生性能瓶颈时可以非常方便地诊断数据库，并为优化数据库提供依据。

本章重点与目标：

（1）了解什么是 Oracle 数据库的度量、预警与基线，以及它们的作用。

（2）掌握如何生成 Oracle 数据库的性能报告。

（3）学会使用 Oracle 数据库性能报告诊断数据库的问题。

（4）了解什么是 statspack 报告。

15.1 Oracle 数据库性能报告基础

Oracle 数据库的性能报告是以统计信息为基础的，在 14.2 节中介绍了 Oracle 数据库的统计信息，它反映数据的分布情况。数据库的优化器会根据统计信息生成最佳的执行计划。数据库管理员通过分析数据库的统计信息，可以使用度量设置数据库服务的预警，并且还可以设定数据库的性能基线。有了这样一些设置的标准，当数据库发生性能问题时，数据库管理员就可以进一步通过分析 Oracle 数据库的性能报告诊断相应的问题。因此，在学习如何使用性能报告前，有必要掌握与之相关的内容。

15.1.1 【实战】使用度量监控数据库的运行

数据库的预警以度量为基础，当数据库的度量超过了设定的范围时，Oracle 数据库将自动产生数据库的预警。下面分别进行介绍。

Oracle 数据库的度量是累加的统计信息的变化率，它反映了数据库在一定时间范围内的负载情况。通过这样的设置，数据库管理员可以监控数据库运行的状态，当发生故障或出现性能瓶颈时，可以及时地进行诊断和优化。

要使用度量监控数据库运行的状态，首先需要了解 Oracle 数据库提供的与之相关的数据字典。表 15-1 列举了一些常见的与度量相关的常见数据字典。

表 15-1 常见的与度量相关的数据字典

数据字典的名称	描 述
v$metricname	包含了所有度量的名称
v$sysmetric	包含了当前系统的度量信息
v$sessmetric	包含了当前会话的度量信息
v$servicemetric	包含了当前服务的度量信息
v$sysmetric_history	包含了 1 小时内的系统的度量信息
v$sessmetric_history	包含了 1 小时内的会话的度量信息
v$servicemetric_history	包含了 1 小时内的服务的度量信息

从表 15-1 中的数据字典名称可以看出，数据库的度量信息都是保存在动态性能视图当中。换句话说，它们的信息都是存储在当前实例的内存中。

下面通过一个具体的示例演示如何使用度量监控数据库的运行。

（1）使用数据库管理员登录数据库。

```
sqlplus / as sysdba
```

（2）清空 Buffer Cache 数据高速缓存。

```
SQL> alter system flush buffer_cache;
```

（3）清空 Shared Pool 共享池。

```
SQL> alter system flush shared_pool;
```

（4）新打开一个命令行窗口并使用 c##scott 用户登录。

```
sqlplus c##scott/tiger
```

（5）执行一个简单的查询。

```
SQL> select count(*) from emp;
```

输出信息如下。

```
  COUNT(*)
----------
    14
```

（6）回到管理员命令行窗口，确定 c##scott 用户登录的会话 ID。

```
SQL> select sid,serial#,username from v$session where username='C##SCOTT';
```

输出信息如下。

```
   SID    SERIAL#    USERNAME
------ ---------- ----------------
   95     14440    C##SCOTT
```

（7）查询 c##scott 用户会话的度量信息。

```
SQL> select session_id,
         physical_reads,            -- 物理读的次数
         logical_reads,             -- 逻辑读的次数
         hard_parses,               -- 硬解析的次数
         soft_parses                -- 软解析的次数
   from v$sessmetric where session_id=95;
```

输出信息如下。

```
SESSION_ID   PHYSICAL_READS   LOGICAL_READS   HARD_PARSES   SOFT_PARSES
----------- ---------------- -------------- ----------- -------------
    87            8               202            54            0
```

通过输出的信息可以确定会话中的物理读次数（physical_reads）、逻辑读次数（logical_reads）、硬解析的次数（hard_parses）和软解析的次数（soft_parses）。

15.1.2 【实战】为数据库设置预警

数据库管理员可以为度量设置一个上限值，这个上限值就是 Oracle 数据库度量的阈值。当某些指标超过了度量的阈值时，Oracle 数据库就会自动产生服务器的预警并通知数据库管理员。

要为 Oracle 数据库设置预警，首先需要了解 dbms_server_alert 程序包。下面展示了该程序包中提供的方法。

```
SQL> desc dbms_server_alert
```

输出信息如下。

```
FUNCTION EXPAND_MESSAGE RETURNS VARCHAR2
Argument Name                Type                In/Out      Default?
-------------------- ---------------- ------------ --------------------
USER_LANGUAGE                VARCHAR2            IN
MESSAGE_ID                   NUMBER             IN
ARGUMENT_1                   VARCHAR2           IN
ARGUMENT_2                   VARCHAR2           IN
ARGUMENT_3                   VARCHAR2           IN
ARGUMENT_4                   VARCHAR2           IN
ARGUMENT_5                   VARCHAR2           IN
OBJARGPOS                    NUMBER             IN          DEFAULT
PDB_NAME                     VARCHAR2           IN          DEFAULT
PROCEDURE GET_THRESHOLD
Argument Name                Type                In/Out  Default?
-------------------- ------------------ ------- --------------------
METRICS_ID                   BINARY_INTEGER     IN
WARNING_OPERATOR             BINARY_INTEGER     OUT
WARNING_VALUE                VARCHAR2           OUT
CRITICAL_OPERATOR            BINARY_INTEGER     OUT
CRITICAL_VALUE               VARCHAR2           OUT
OBSERVATION_PERIOD           BINARY_INTEGER     OUT
CONSECUTIVE_OCCURRENCES      BINARY_INTEGER     OUT
INSTANCE_NAME                VARCHAR2           IN
OBJECT_TYPE                  BINARY_INTEGER     IN
OBJECT_NAME                  VARCHAR2           IN
PROCEDURE SET_THRESHOLD
Argument Name                Type                In/Out  Default?
------------------------ ------------------ ------- --------------------
METRICS_ID                   BINARY_INTEGER     IN
WARNING_OPERATOR             BINARY_INTEGER     IN
WARNING_VALUE                VARCHAR2           IN
CRITICAL_OPERATOR            BINARY_INTEGER     IN
CRITICAL_VALUE               VARCHAR2           IN
OBSERVATION_PERIOD           BINARY_INTEGER     IN
CONSECUTIVE_OCCURRENCES      BINARY_INTEGER     IN
INSTANCE_NAME                VARCHAR2           IN
OBJECT_TYPE                  BINARY_INTEGER     IN
OBJECT_NAME                  VARCHAR2           IN
FUNCTION VIEW_THRESHOLDS RETURNS THRESHOLD_TYPE_SET
```

下面通过一个具体的示例演示如何为 Oracle 数据库设置预警。示例中设置：当表空间的使用率超过 60%时，Oracle 数据库将产生一个产生警告；当表空间的使用率超过 90%时，Oracle 数据库将产生一个严重警告。

（1）使用数据库管理员登录数据库，并创建一个新的表空间。

```
SQL> conn / as sysdba
SQL> create tablespace mytbs datafile '/home/oracle/mytbs01.dbf' size 2M;
```

（2）使用 dbms_server_alert 程序包给表空间设置阈值。

```
SQL> begin
  dbms_server_alert.set_threshold(
  metrics_id                => 9000,
  warning_operator          => 4,
  warning_value             => '60',
  critical_operator         => 4,
  critical_value            => '90',
  observation_period        => 1,
  consecutive_occurrences   => 1,
  instance_name             => NULL,
  object_type               => 5,
  object_name               => 'MYTBS');
end;
/
```

这里调用了 dbms_server_alert 程序包中的 set_threshold()方法为数据库对象 mytbs 设置了阈值，即当表空间的使用率超过 60%时，将产生一个警告；当表空间的使用率超过 90%时，将产生一个严重警告。

（3）查询表空间的阈值设置。

```
SQL> select metrics_name,warning_operator,warning_value,critical_operator,
critical_value
     from dba_thresholds where object_name='MYTBS';
```

输出信息如图 15-1 所示。

```
SQL> select metrics_name,warning_operator,warning_value,critical_operator,critical_value
  2 from dba_thresholds where object_name='MYTBS';

METRICS_NAME                 WARNING_OPER WARNING_VALUE  CRITICAL_OPE CRITICAL_VALUE
---------------------------- ------------ -------------- ------------ --------------
Tablespace Space Usage       GE           60             GE           90
```

图 15-1　表空间的阈值

（4）在表空间上创建表，并多插入几条数据，使之超过阈值的设定。

```
SQL> create table testwarning tablespace mytbs
          as select * from dba_objects where rownum<1000;
SQL> insert into testwarning select * from dba_objects where rownum<1000;
SQL> insert into testwarning select * from dba_objects where rownum<1000;
SQL> insert into testwarning select * from dba_objects where rownum<1000;
SQL> insert into testwarning select * from dba_objects where rownum<1000;
SQL> insert into testwarning select * from dba_objects where rownum<1000;
SQL> insert into testwarning select * from dba_objects where rownum<1000;
SQL> insert into testwarning select * from dba_objects where rownum<1000;
```

此时将输出以下错误信息。

```
ERROR at line 1:
ORA-01653: unable to extend table SYS.testwarning by 128 in tablespace MYTBS
```

（5）通过数据字典 dba_outstanding_alerts 查看数据库活动警报信息。

```
SQL> select reason,message_level from dba_outstanding_alerts where object_name=
'MYTBS';
```

输出信息如下。

```
REASON                                            MESSAGE_LEVEL
-------------------------------------------------- -------------------------
Tablespace [MYTBS@CDB$ROOT] is [100 percent] full          1
```

 Oracle 数据库产生预警时会有一定的延迟。如果没有查询到预警信息，则等待一段时间后再查询。如果使用早期版本的 Oracle 数据库，如 Oracle Database 11g R2，则可以直接使用 EM 控制台设置 Oracle 数据库的预警，如图 15-2 所示。

图 15-2　使用 EM 控制台设置 Oracle 数据库的预警

15.2　Oracle 数据库的性能基线

基线是 Oracle 数据库运行稳定时的一组统计信息的快照集合。在进行数据库性能比较时，会把当前数据库的运行状态与设定的基线进行比较，从而诊断数据库是否存在性能问题。

 从 Oracle Database 11g 开始，Oracle 数据库自带一个默认的基线 system_moving_window，它将使用最近 8 天的统计信息快照作为创建基线的标准。

通过执行以下语句，查看基线 system_moving_window 的相关信息。

```
SQL> select baseline_name,moving_window_size from dba_hist_baseline;
```

输出信息如下。

```
BASELINE_NAME                    MOVING_WINDOW_SIZE
------------------------         -----------------------
SYSTEM_MOVING_WINDOW                    8
```

15.2.1 基线的作用

数据库管理员既可以使用基线设置预警的度量阈值并进行性能的监控，也可以使用基线对比数据库的性能报表。图 15-3 展示了基线的作用。

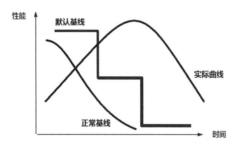

图 15-3　基线的作用

如图 15-3 所示，对于运行良好的数据库，正常基线都应该位于 Oracle 数据库默认基线的下方，而在实际生产环境中得到的性能曲线（即"实际曲线"）就有可能高于默认基线设定的标准。对于实际曲线高出的部分，数据库在这段时间内就有可能存在性能问题，需要数据库管理员进一步诊断。

15.2.2 【实战】创建自定义基线

使用 dbms_workload_repository 程序包中提供的方法可以创建自定义基线，下面列出了创建基线的相关方法。

```
dbms_workload_repository.create_baseline(
    start_snap_id       IN   NUMBER,
    end_snap_id         IN   NUMBER,
    baseline_name       IN   VARCHAR2,
    dbid                IN   NUMBER DEFAULT NULL,
    expiration          IN   NUMBER DEFAULT NULL);

dbms_workload_repository.create_baseline(
    start_snap_id       IN   NUMBER,
    end_snap_id         IN   NUMBER,
    baseline_name       IN   VARCHAR2,
    dbid                IN   NUMBER DEFAULT NULL,
    expiration          IN   NUMBER DEFAULT NULL)
 RETURN NUMBER;
```

```
dbms_workload_repository.create_baseline(
    start_time          IN  DATE,
    end_time            IN  DATE,
    baseline_name       IN  VARCHAR2,
    dbid                IN  NUMBER DEFAULT NULL,
    expiration          IN  NUMBER DEFAULT NULL);

dbms_workload_repository.create_baseline(
    start_time          IN  DATE,
    end_time            IN  DATE,
    baseline_name       IN  VARCHAR2,
    dbid                IN  NUMBER DEFAULT NULL,
    expiration          IN  NUMBER DEFAULT NULL);
    RETURN NUMBER;
```

下面通过示例演示如何创建用户自定义基线。

（1）由于基线是基于统计信息的快照创建的，因此首先需要创建统计信息的快照。

```
SQL> exec dbms_workload_repository.create_snapshot
SQL> exec dbms_workload_repository.create_snapshot
SQL> exec dbms_workload_repository.create_snapshot
SQL> exec dbms_workload_repository.create_snapshot
SQL> exec dbms_workload_repository.create_snapshot
```

此时，通过手动执行 dbms_workload_repository 程序包中的 create_snapshot()方法创建了 5 个统计信息的快照。Oracle 数据库默认会每隔 1 小时自动创建统计信息的快照。

（2）查询数据字典，确定当前数据库中统计信息的快照。

```
SQL> select snap_id,begin_interval_time from dba_hist_snapshot order by 1;
```

输出信息如下。

```
SNAP_ID    BEGIN_INTERVAL_TIME
--------   --------------------------------
    1      06-DEC-21 10.29.30.000 AM
    2      30-MAR-22 09.08.36.174 AM
    3      30-MAR-22 09.58.54.626 AM
    4      30-MAR-22 10.14.02.189 AM
    5      30-MAR-22 10.17.34.422 AM
    6      30-MAR-22 10.17.37.017 AM
    7      30-MAR-22 10.17.39.043 AM
```

（3）基于 2～7 号统计信息的快照创建基线。

```
begin
  dbms_workload_repository.create_baseline(
    start_snap_id        => 2,                  -- 基线的起始快照
    end_snap_id          => 7,                  -- 基线的结束快照
    baseline_name        => 'mybaseline');   -- 基线的名称
end;
```

```
/
```

（4）确定新创建的基线信息。

```
SQL> select baseline_name,start_snap_id,end_snap_id,moving_window_size
     from dba_hist_baseline;
```

输出信息如下。

```
BASELINE_NAME             START_SNAP_ID END_SNAP_ID MOVING_WINDOW_SIZE
------------------------- ------------- ----------- ----------------------
mybaseline                2             7
SYSTEM_MOVING_WINDOW      1             7           8
```

（5）修改系统默认移动基线 system_moving_window 时间窗口的大小。

```
SQL> begin
         dbms_workload_repository.modify_baseline_window_size
         (window_size => 5,dbid => 1618358864);
     end;
     /
```

dbid 为数据库的 ID，可以通过查询数据字典 v$database 得到。

（6）重新查询基线的信息。

```
SQL> select baseline_name,start_snap_id,end_snap_id,moving_window_size
     from dba_hist_baseline;
```

输出信息如下。

```
BASELINE_NAME             START_SNAP_ID END_SNAP_ID MOVING_WINDOW_SIZE
------------------------- ------------- ----------- ----------------------
mybaseline                2             7
SYSTEM_MOVING_WINDOW      1             7           5
```

15.2.3 【实战】设置基线的模板

到目前为止，创建的性能基线都是基于已经存在的统计信息快照，Oracle 数据库也支持使用未来的统计信息快照创建基线，这就是基线的模板。创建基线的模板需要用到 dbms_workload_repository 程序包中的 create_baseline_template()方法，下面列出了该方法的声明信息。

```
dbms_workload_repository.create_baseline_template(
    start_time              IN DATE,
    end_time                IN DATE,
    baseline_name           IN VARCHAR2,
    template_name           IN VARCHAR2,
    expiration              IN NUMBER,
    dbid                    IN NUMBER   DEFAULT NULL);

dbms_workload_repository.create_baseline_template(
```

```
   day_of_week                 IN VARCHAR2,
   hour_in_day                 IN NUMBER,
   duration                    IN NUMBER,
   start_time                  IN DATE,
   end_time                    IN DATE,
   baseline_name_prefix        IN VARCHAR2,
   template_name               IN VARCHAR2,
   expiration                  IN NUMBER,
   dbid                        IN NUMBER    DEFAULT NULL);
```

下面通过具体的示例演示如何创建基线的模板。

（1）使用明天和后天的统计信息快照创建单一基线模板。

```
SQL> begin
   dbms_workload_repository.create_baseline_template (
   start_time=> sysdate +1,            -- 基线模板的起始时间
   end_time => sysdate+2,              -- 基线模板的结束时间
   baseline_name=>'mybaseline2',       -- 基线的名称
   template_name=>'template1',         -- 基线模板的名称
   expiration=> null                   -- 基线模板的过期时间
   );
end;
/
```

（2）使用未来一个月内每个星期一晚 10 点到 12 点的统计信息快照创建重复基线模板。

```
SQL> begin
   dbms_workload_repository.create_baseline_template(
       day_of_week=>'MONDAY',                  -- 指定每个星期一
       hour_in_day=>22,                        -- 指定晚上 10 点
       duration=>2,                            -- 指定持续时间为 2 小时
       start_time=> sysdate,                   -- 基线模板的起始时间
       end_time=> sysdate+30,                  -- 基线模板的结束时间
       baseline_name_prefix=>'mybaseline3',    -- 基线模板的名称
       template_name=>'template2');            -- 基线模板的过期时间
end;
/
```

（3）查询新创建的基线模板。

```
SQL> select template_name,template_type from dba_hist_baseline_template;
```

输出信息如下。

```
TEMPLATE_NAME        TEMPLATE_TYPE
---------------      --------------------
template1            SINGLE
template2            REPEATING
```

15.3　Oracle 数据库的三大性能报告

有了数据库统计信息作为基础，就可以为 Oracle 数据库生成相应的性能报告，从而进一步诊断数据库的性能问题。Oracle 数据库提供了三大性能报告，分别是 AWR 报告、ADDM 报告和 ASH 报告。

 在诊断 Oracle 数据库性能瓶颈时，AWR 报告是最重要的性能报告。

15.3.1　AWR 报告

AWR 报告简称 AWR，它是为 Oracle 数据库组件提供服务的基础结构。AWR 主要用于收集、维护和利用统计信息以检测问题并进行自优化。

1. AWR 简介

AWR 的全称是 Automatic Workload Repository，翻译成中文是"自动工作资料档案库"。AWR 的基础结构由两个主要部分组成。

1）内存中统计信息的收集工具

AWR 使用 dbms_workload_repository 程序包中的方法进行统计信息的收集。出于性能方面的考虑，AWR 会将收集到的统计信息存入内存中。存储在内存中的统计信息可以通过动态性能视图访问。

2）AWR 快照

AWR 快照可以将内存中收集到的统计信息进行持久化保存，并可以通过数据字典获取相关的信息。Oracle 数据库出于以下三方面的考虑，会把内存中的统计信息进行持久化保存。

（1）要求统计信息在实例崩溃后仍然可用。

（2）某些类型的分析场景需要使用历史的统计信息进行比较。

（3）统计信息存入内存中，可能导致内存溢出。

Oracle 数据库会定期通过一个名叫 MMON 的后台进程将内存中的统计信息持久化保存到磁盘上。默认情况下 Oracle 数据库将保存 8 天内的统计信息快照。

 简单来说，AWR 其实是一个用于诊断 Oracle 数据库性能的框架。可以使用下面的公式说明它的组成：

```
AWR = dbms_workload_repository 程序包 + MMON + 200 多张存储统计信息的表
```

2.【实战】访问 AWR 的信息

要访问 Oracle 数据库的 AWR 信息，可以通过查询数据字典。下面通过几个示例演示具体的操作步骤。

（1）使用数据库管理员登录数据库。

```
SQL> conn / as sysdba
```

（2）通过数据字典 dba_hist_wr_control 查询 AWR 参数设置。

```
SQL> select snap_interval,retention from dba_hist_wr_control;
```

输出信息如下。

```
SNAP_INTERVAL          RETENTION
------------------     ------------------
+00000 01:00:00.0    +00008 00:00:00.0
```

其中，snap_interval 表示 AWR 收集统计信息的间隔时间，默认 1 小时收集一次；retention 表示 AWR 快照保存的时间，默认保存最近 8 天内的快照。

（3）查询 AWR 中已有的快照 ID。

```
SQL> select distinct snap_id from sys.wrh$_active_session_history;
```

输出信息如下。

```
 SNAP_ID
----------
    1
    2
    3
    4
...
```

（4）查看 statistics_level 参数。

```
SQL> show parameter statistics_level
```

输出信息如下。

```
NAME                          TYPE        VALUE
--------------------------    ----------  ----------
client_statistics_level       string      TYPICAL
statistics_level              string      TYPICAL
```

（5）通过查询数据字典 v$statistics_level，可以获取 statistics_level 的取值含义。

```
SQL> select statistics_name,activation_level from v$statistics_level order by 2;
```

输出信息如下。

```
STATISTICS_NAME                          ACTIVATION_LEVEL
--------------------------------------   --------------------
Timed OS Statistics                      ALL
Plan Execution Statistics                ALL
Timed Statistics                         TYPICAL
Segment Level Statistics                 TYPICAL
PGA Advice                               TYPICAL
Shared Pool Advice                       TYPICAL
Modification Monitoring                  TYPICAL
Longops Statistics                       TYPICAL
Bind Data Capture                        TYPICAL
Ultrafast Latch Statistics               TYPICAL
Threshold-based Alerts                   TYPICAL
Global Cache Statistics                  TYPICAL
```

Active Session History	TYPICAL
Undo Advisor, Alerts and Fast Ramp up	TYPICAL
Streams Pool Advice	TYPICAL
Time Model Events	TYPICAL
Plan Execution Sampling	TYPICAL
Automated Maintenance Tasks	TYPICAL
Automatic DBOP Monitoring	TYPICAL
SQL Monitoring	TYPICAL
Adaptive Thresholds Enabled	TYPICAL
V$IOSTAT_* statistics	TYPICAL
OLAP row load time precision	TYPICAL
Column Tracking Level	TYPICAL
Object Activity Tracking	TYPICAL
Buffer Cache Advice	TYPICAL
MTTR Advice	TYPICAL

当 statistics_level 参数设置为 TYPICAL 时，AWR 在收集统计信息时除了 Timed OS Statistics 和 Plan Execution Statistics 这两项不进行收集外，其他的统计信息都会收集。

15.3.2　ADDM 报告

ADDM（Automatic Database Diagnostic Monitor）报告通过诊断和分析 AWR 报告中得到的信息推断数据库可能存在的问题，从而进一步给出相应的优化建议。Oracle 数据库会在每次运行完 AWR 报告后，自动生成一个 ADDM 报告并将结果存储在共享池中。数据库管理员可以根据 ADDM 报告中的建议，对数据库进行调整从而解决问题。要生成 ADDM 报告，可以使用 Oracle 数据库提供的相关脚本$ORACLE_HOME/rdbms/admin/addmrpt.sql。

15.3.3　ASH 报告

ASH 报告以数据字典 v$session 为基础，每隔 1s 记录一次活动会话等待的事件。因而使用 ASH 报告能够细粒度地分析数据库的状态和行为。要生成 ASH 报告，可以使用 Oracle 数据库提供的相关脚本$ORACLE_HOME/rdbms/admin/ashrpt.sql。

15.4　使用三大性能报告诊断数据库

在了解了 Oracle 数据库的三大性能报告以后，下面通过具体的示例演示如何使用性能报告进行数据库的性能诊断。

15.4.1 【实战】生成 Oracle 数据库的性能报告

为了达到实验的效果，这里将使用一段 PL/SQL 程序向数据库表中插入数据，进而得到数据库的性能报告，诊断数据库是否存在性能方面的问题。

（1）使用 c##scott 用户登录数据库，并创建一张用于存放测试数据的表。

```
SQL> conn c##scott/tiger
SQL> create table mytest(myid number, myname varchar2(200));
```

（2）执行以下 PL/SQL 测试程序。

```
SQL> declare
    sql_text varchar2(200);  -- 定义字符串变量用于保存 SQL 语句
begin
    for i in 1..300000
    loop
    sql_text := 'insert into mytest values('||i||',''''||'hello'||i||'''')';
-- 通过拼加方式生成 SQL 语句
    execute immediate sql_text;                -- 执行 SQL 语句

    if mod(i,1000) = 0 then                -- 每执行 1000 条 SQL 语句提交一次
      commit;
    end if;
  end loop;
  commit;
end;
/
```

这段 PL/SQL 程序中的 sql_text 是一条 insert 的插入语句，但是该语句采用了字符串拼接的方式生成对应 SQL 语句。由于循环语句循环了 30 万次，因此这里将产生 30 万条的 sql_text。Oracle 数据库在执行时，每次都会解析该语句并生成相应的执行计划。通过 14.4.2 小节中的介绍，这些叫作重复的 SQL 语句。当数据库中存在大量的重复 SQL 语句时，必然会引起数据库性能的下降，从而造成数据库性能的瓶颈。

（3）新打开一个命令行窗口，并使用数据库管理员用户登录数据库。在步骤（2）的执行过程中，通过以下语句执行统计信息的快照。

```
SQL> exec dbms_workload_repository.create_snapshot
```

为了使生成的 AWR 报告更加准确，这里可以在 PL/SQL 程序执行过程中生成 4～5 次的快照信息。

（4）执行 Oracle 数据库提供的命令脚本生成 AWR 报告。

```
SQL> @$ORACLE_HOME/rdbms/admin/awrrpt.sql
```

输出信息如下。

```
Specify the Report Type
~~~~~~~~~~~~~~~~~~~~~~~~
```

AWR reports can be generated in the following formats. Please enter the name of the format at the prompt. Default value is 'html'.

'html'   HTML format (default)
'text'   Text format
'active-html' Includes Performance Hub active report

Enter value for report_type: ----> 此处直接按 **Enter** 键，使用默认的 **HTML** 格式生成报告

Current Instance
~~~~~~~~~~~~~~~~~

DB Id	DB Name	Inst Num	Instance	Container Name
1618358864	ORCL	1	orcl	CDB$ROOT

Instances in this Workload Repository schema
~~~~~~

DB Id	Inst Num	DB Name	Instance	Host
* 1618358864	1	ORCL	orcl	oraclevm

Using 1618358864 for database Id
Using   1 for instance number

Specify the number of days of snapshots to choose from
~~~~~~
Entering the number of days (n) will result in the most recent
(n) days of snapshots being listed. Pressing <return> without
specifying a number lists all completed snapshots.

Enter value for num_days: 1 ----> 此处输入 **1**，表示使用 **1** 天内的快照生成报告

Listing the last day's Completed Snapshots

下面会列出 **1** 天之内的所有统计信息快照

Instance	DB Name	Snap Id	Snap Started	Snap Level
orcl	ORCL	1	30 Mar 2022 10:48	1
		2	30 Mar 2022 13:48	1
		3	30 Mar 2022 13:56	1
		4	30 Mar 2022 13:57	1
		5	30 Mar 2022 13:57	1
		6	30 Mar 2022 13:57	1
		7	30 Mar 2022 13:58	1
		8	30 Mar 2022 13:58	1
		9	30 Mar 2022 13:58	1

Specify the Begin and End Snapshot Ids

```
~~~~~~~~~~~~~~~~~~~~~~~~~~~~~~~~~~~~~~~~~~~~~~
Enter value for begin_snap: 2      ----> 此时输入报告起始的快照 ID
Begin Snapshot Id specified: 2

Enter value for end_snap: 8        ----> 此时输入报告结束的快照 ID
End Snapshot Id specified: 8

Specify the Report Name
~~~~~~~~~~~~~~~~~~~~~~~~~~
The default report file name is awrrpt_1_2_8.html.  To use this name,
press <return> to continue, otherwise enter an alternative.

Enter value for report_name: /home/oracle/awrrpt_1_2_8.html ----> 此时输入报
告的名称
```

 在输入了报告的名称并按 Enter 键后，将打印大量的 HTML 代码，这就是生成的 AWR 报告。

（5）执行 Oracle 数据库提供的命令脚本生成 ADDM 报告。

```
SQL> @$ORACLE_HOME/rdbms/admin/addmrpt.sql
```

输出信息如下。

```
...
Specify the Begin and End Snapshot Ids
~~~~~~~~~~~~~~~~~~~~~~~~~~~~~~~~~~~~~~~~~
Enter value for begin_snap: 2
Begin Snapshot Id specified: 2

Enter value for end_snap: 8
End Snapshot Id specified: 8

Specify the Report Name
~~~~~~~~~~~~~~~~~~~~~~~~~~
The default report file name is addmrpt_1_2_8.txt.  To use this name,
press <return> to continue, otherwise enter an alternative.

Enter value for report_name: /home/oracle/addmrpt_1_2_8.txt
...
```

 生成 ADDM 报告时，选择的起始快照 ID 为 2，结束快照 ID 为 8。这与生成 AWR 报告时是一致的。生成的 ADDM 报告将保存到/home/oracle/addmrpt_1_2_8.txt 文件中。

（6）执行 Oracle 数据库提供的命令脚本生成 ASH 报告。

```
SQL> @$ORACLE_HOME/rdbms/admin/ashrpt.sql
```

输出信息如下。

```
...
Defaults to -15 mins
Enter value for begin_time: -1
...
Enter value for report_name: /home/oracle/ashrpt_1_0330_1421.html
```

生成 ASH 报告时，输入的起始时间为-1，表示在 ASH 报告中包含过去一小时内的会话活动信息。生成的 ASH 报告将保存到文件/home/oracle/ashrpt_1_0330_1421.html 中。

15.4.2 分析 Oracle 数据库的性能报告

生成了 Oracle 数据库的性能报告后，就可以利用报告进行数据库的性能诊断了。这里最重要的就是分析 AWR 报告。

1.【实战】分析 AWR 报告

使用浏览器打开 15.4.1 小节生成的 AWR 报告文件 awrrpt_1_2_8.html。要分析 AWR 报告，重点可以从 Report Summary 部分开始入手，这里将结合 15.4.1 小节中开发的 PL/SQL 程序进行分析。

1）Load Profile

Load Profile 显示了数据库的负载信息，如图 15-4 所示。

Load Profile

	Per Second	Per Transaction	Per Exec	Per Call
DB Time(s):	0.1	0.5	0.00	1.91
DB CPU(s):	0.1	0.4	0.00	1.48
Background CPU(s):	0.0	0.1	0.00	0.00
Redo size (bytes):	59,966.6	258,966.5		
Logical read (blocks):	687.4	2,968.4		
Block changes:	318.3	1,374.7		
Physical read (blocks):	2.5	10.7		
Physical write (blocks):	2.4	10.5		
Read IO requests:	2.5	10.7		
Write IO requests:	1.0	4.2		
Read IO (MB):	0.0	0.1		
Write IO (MB):	0.0	0.1		
IM scan rows:	0.0	0.0		
Session Logical Read IM:	0.0	0.0		
User calls:	0.1	0.3		
Parses (SQL):	122.5	529.0		
Hard parses (SQL):	107.8	465.5		
SQL Work Area (MB):	0.6	2.4		
Logons:	0.0	0.1		
User logons:	0.0	0.0		
Executes (SQL):	188.2	812.7		
Rollbacks:	0.0	0.0		
Transactions:	0.2			

图 15-4 Load Profile

从图 15-4 中可以看出，数据库每秒执行的 SQL 解析（Parses）为 122.5 次，每秒执行的 SQL 硬解析为 107.8 次，这说明了大部分的解析都是硬解析。Oracle 数据库在执行硬解析时需要编译 SQL 语句，并为其生成执行计划。因此，应当在数据库操作中尽量避免硬解析。

造成数据库中的硬解析太多的一个主要原因就是存在太多重复的 SQL 语句。

2）Instance Efficiency Percentages (Target 100%)

Instance Efficiency Percentages 显示了数据库实例的百分比效率，理想情况下的效率应该是 100%，如图 15-5 所示。

Instance Efficiency Percentages (Target 100%)

Buffer Nowait %:	100.00	Redo NoWait %:	100.00
Buffer Hit %:	99.64	In-memory Sort %:	100.00
Library Hit %:	59.23	Soft Parse %:	12.00
Execute to Parse %:	34.91	Latch Hit %:	99.99
Parse CPU to Parse Elapsd %:	79.71	% Non-Parse CPU:	37.44
Exadata Cache Hit %:	0.00		

图 15-5　Instance Efficiency Percentages（Target 100%）

从图 15-5 中可以看出，Library Hit 的命中率只有 59.23%，这说明共享池的命中率太低了。Oracle 数据库会将执行过的 SQL 语句和执行计划缓存在共享池中，从而提高效率。共享池命中率太低，也就说明了 Oracle 数据库在执行时需要解析新的 SQL 语句，而不是从共享池中取出 SQL 语句和执行计划。另外，软解析的命中率只有 12%。软解析比例太低也就说明了硬解析的比例太高。 综合以上两方面和 Load Profile 中的信息，可以初步得出结论：当前数据库的性能瓶颈源于存在大量重复的 SQL 语句。

一般来说，如果数据库的命中率低于 90%，就表明数据库可能存在性能方面的问题。

3）Top 10 Foreground Events by Total Wait Time

这一部分显示了当前影响数据库性能最严重的 10 个等待事件，如图 15-6 所示。

Top 10 Foreground Events by Total Wait Time

Event	Waits	Total Wait Time (sec)	Avg Wait	% DB time	Wait Class
DB CPU		56.3		77.5	
latch: shared pool	282	.4	1.40ms	.5	Concurrency
db file sequential read	1,192	.2	161.24us	.3	User I/O
library cache: mutex X	7	.1	17.34ms	.2	Concurrency
library cache: bucket mutex X	2	0	16.45ms	.0	Concurrency
direct path write	36	0	704.22us	.0	User I/O
PGA memory operation	324	0	28.52us	.0	Other
control file sequential read	788	0	4.18us	.0	System I/O
latch: redo allocation	3	0	1.05ms	.0	Other
latch: enqueue hash chains	2	0	1.39ms	.0	Other

图 15-6　Top 10 Foreground Events by Total Wait Time

4）Main Report 中的 SQL Statistics

这里显示了数据库中与 SQL 相关的统计信息，如图 15-7 所示。可以看到，SQL Id 为 8wgvzt3h00232 的 SQL 语句占用了很长的执行时间。而这条 SQL 语句就是在 15.4.1 小节中执行的 PL/SQL 程序。

通过分析 AWR 报告，最终找到了引起数据库性能瓶颈的 SQL 语句，就是 SQL Id 为 8wgvzt3h00232 的 SQL 语句。单击 SQL Id 就可以查看完整的语句内容。

SQL ordered by Elapsed Time

- Resources reported for PL/SQL code includes the resources used by all SQL statements called by the code.
- % Total DB Time is the Elapsed Time of the SQL statement divided into the Total Database Time multiplied by 100
- %Total - Elapsed Time as a percentage of Total DB time
- %CPU - CPU Time as a percentage of Elapsed Time
- %IO - User I/O Time as a percentage of Elapsed Time
- Captured SQL account for 11.4% of Total DB Time (s): 73
- Captured PL/SQL account for 114.5% of Total DB Time (s): 73

Elapsed Time (s)	Executions	Elapsed Time per Exec (s)	%Total	%CPU	%IO	SQL Id	SQL Module	PDB Name	SQL Text
57.38	0		78.93	81.39	0.00	8wgvzt3h00232	SQL*Plus	CDB$ROOT	declare sql_text varchar2(200)...
22.77	5	4.55	31.33	57.97	0.99	cbg8aua031a9g	sqlplus@oraclevm (TNS V1-V3)	CDB$ROOT	BEGIN dbms_workload_repository...
2.48	5	0.50	3.41	61.28	0.07	6ajkhukk78nsr		CDB$ROOT	begin prvt_hdm.auto_execute(...
1.64	2	0.82	2.26	97.89	0.02	7kub1nvw8wmq3		CDB$ROOT	insert into wrh$_mvparameter (...
0.68	3	0.23	0.94	38.65	0.00	22356bkgsdcnh		CDB$ROOT	SELECT COUNT(*) FROM X$KSPPI A ...
0.35	6	0.06	0.48	57.81	0.00	bugd7y1rzhsgb		CDB$ROOT	UPDATE wrh$_seg_stat_obj ob S...
0.33	722	0.00	0.46	63.30	0.00	121ffmrc95v7g		CDB$ROOT	select i.obj#, i.ts#, i.file#,...
0.32	12,426	0.00	0.44	64.24	0.00	0sbbcuruzd66f		CDB$ROOT	select /*+ rule */ bucket_cnt,...
0.30	30	0.01	0.42	38.27	0.00	49s332uhbnsma		CDB$ROOT	declare vsn varchar2(20); beg...
0.29	468	0.00	0.40	56.09	35.38	c3zymn7x3k6wy		CDB$ROOT	select obj#, dataobj#, part#,...

图 15-7　SQL Statistics

2.【实战】分析 ADDM 报告

通过 AWR 报告可以分析数据库的性能瓶颈发生的原因。Oracle 数据库通过 ADDM 报告会给出一些优化数据库的建议。下面展示在 15.4.1 小节中生成的 ADDM 报告文件/home/oracle/addmrpt_1_2_8.txt 中的概要内容。

```
Summary of Findings
-------------------
   Description            Active Sessions        Recommendations
                          Percent of Activity
   ---------------        -------------------    ----------------
1  Hard Parse             .51 | 42.89            0
2  Soft Parse             .27 | 22.73            1
3  Top SQL Statements     .1  | 8.62             1
```

从 ADDM 报告的概要内容可以看出，Oracle 数据库建议从 Hard Parse、Soft Parse 和 Top SQL Statements 三方面优化数据库，下面分别进行介绍。

1）Hard Parse

下面展示了 ADDM 报告中关于硬解析的说明。可以看出，Oracle 数据库针对硬解析没有提出优化的建议。

```
Finding 1: Hard Parse
Impact is .51 active sessions, 42.89% of total activity.
---------------------------------------------------------
...
   No recommendations are available.
```

2）Soft Parse

下面展示了 ADDM 报告中关于软解析的说明。可以看出，Oracle 数据库针对软解析提出的建议是增大 session_cached_cursors 参数的值。增大该参数的值意味着可以在会话中缓存更多的 SQL 语句和执行计划，从而提高性能。

```
Finding 2: Soft Parse
Impact is .27 active sessions, 22.73% of total activity.
--------------------------------------------------------
  ...
```

```
  Action
    Consider increasing the session cursor cache size by increasing the
    value of parameter "session_cached_cursors".
```

3) Top SQL Statements

下面展示了 ADDM 报告中关于最重要 SQL 语句的说明。可以看出，Oracle 数据库建议优化 SQL_ID 为 8wgvzt3h00232 的语句。

```
Finding 3: Top SQL Statements
Impact is .1 active sessions, 8.62% of total activity.
-------------------------------------------------------
SQL statements consuming significant database time were found. These
statements offer a good opportunity for performance improvement.

  Recommendation 1: SQL Tuning
  Estimated benefit is .1 active sessions, 8.62% of total activity.
  -----------------------------------------------------------------
  Action
    Investigate the PL/SQL statement with SQL_ID "8wgvzt3h00232" for
    possible performance improvements. You can supplement the information
    given here with an ASH report for this SQL_ID.
    Related Object
      SQL statement with SQL_ID 8wgvzt3h00232.
      declare
      sql_text varchar2(100);
      begin
      for i in 1..3000000
      loop
      sql_text := 'insert into mytest
      values('||i||','''||'hello'||i||''')';
      execute immediate sql_text;
      if mod(i,1000) = 0 then
      commit;
      end if;
      end loop;
      commit;
      end;
```

3. 分析 ASH 报告

通过分析 ASH 报告可以对数据库进行细粒度的分析。但值得注意的是，ASH 报告一般只用于验证 AWR 报告分析的结果，而并不直接使用 ASH 报告进行分析。图 15-8 展示了 ASH 报告中与 AWR 报告相同的结果。

Top SQL with Top Events

SQL ID	Plan	Sans	%ivity	Event	% Event	Tc	% RwSrc	SQL Text
8wgvzt3h00232		1	9.68	CPU + Wait for CPU	9.68	** Row S	9.68	declare sql_text varchar2(100)...
dayg182sk41ks	38047	7	1.73	CPU + Wait for CPU	1.73	** Row S	1.73	insert into wrh$_memory_target...
bunssg950snhf	26940	11	1.59	CPU + Wait for CPU	1.59	FIXED T.	1.59	insert into wrh$_sga_target_ad...
62yyzw3309d6a	8675	9	1.30	CPU + Wait for CPU	1.30	FIXED T.	1.30	SELECT VALUE FROM V$SESSION_FI...
b92u4gf9av6ky		7	1.01	CPU + Wait for CPU	0.58	** Row S	0.58	begin dbms_stats.gather_table_...

图 15-8　Top SQL with Top Events 界面

15.5　【实战】使用 statspack 报告

要使用 Oracle 数据库提供的三大性能报告是有前提条件的。首先，版本必须是 Oracle Database 9i 之后的；其次，性能报告只包含在 Oracle 数据库企业版中。只有满足以上两个条件，数据库管理员才可以使用 Oracle 数据库提供的 statspack 报告进行数据库性能的诊断。

statspack 报告本质上是 AWR 报告的一个子集。换句话说，AWR 包含了 statspack 报告中所有信息，因此 AWR 报告的信息会更全。

下面通过具体的示例演示如何在 Oracle 数据库中生成 statspack 报告。

（1）使用数据库管理员登录数据库，并创建一个新的表空间用于存放 statspack 报告的统计信息。

```
SQL> conn / as sysdba
SQL> create tablespace pftbs datafile '/home/oracle/pftbs01.dbf' size 300M;
```

Oracle 数据库要求存放 statspack 报告信息的表空间大小至少为 200MB，因此这里指定了表空间大小为 300MB。

（2）执行 Oracle 数据库提供的脚本，创建 statspack 报告需要的表结构。

```
SQL> @$ORACLE_HOME/rdbms/admin/spcreate.sql
```

输出信息如下。

```
Session altered.
Choose the PERFSTAT user's password
-----------------------------------
Not specifying a password will result in the installation FAILING

Enter value for perfstat_password: password  -----> 此处设定 perfstat 用户的密码
password


Choose the Default tablespace for the PERFSTAT user
---------------------------------------------------
Below is the list of online tablespaces in this database which can
store user data.  Specifying the SYSTEM tablespace for the user's
default tablespace will result in the installation FAILING, as
```

```
using SYSTEM for performance data is not supported.

Choose the PERFSTAT users's default tablespace.  This is the tablespace
in which the STATSPACK tables and indexes will be created.

TABLESPACE_NAME       CONTENTS     STATSPACK DEFAULT TABLESPACE
----------------      -----------  ----------------------------
PFTBS                 PERMANENT
SYSAUX                PERMANENT         *
USERS                 PERMANENT

Pressing <return> will result in STATSPACK's recommended default
tablespace (identified by *) being used.

Enter value for default_tablespace: PFTBS  -----> 此处指定存储 statspack 报表信
息的表空间

Using tablespace PFTBS as PERFSTAT default tablespace.

Choose the Temporary tablespace for the PERFSTAT user
-----------------------------------------------------
Below is the list of online tablespaces in this database which can
store temporary data (e.g. for sort workareas).  Specifying the SYSTEM
tablespace for the user's temporary tablespace will result in the
installation FAILING, as using SYSTEM for workareas is not supported.

Choose the PERFSTAT user's Temporary tablespace.

TABLESPACE_NAME           CONTENTS     DB DEFAULT TEMP TABLESPACE
------------------        -----------  --------------------------
TEMP                      TEMPORARY         *

Pressing <return> will result in the database's default Temporary
tablespace (identified by *) being used.

Enter value for temporary_tablespace: TEMP -----> 此处指定存储信息的表空间
...
Synonym created.
Table created.
Synonym created.
Table created.
...

No errors.

NOTE:
SPCPKG complete. Please check spcpkg.lis for any errors.
```

（3）启动定时任务，用于创建统计信息的快照。

```
SQL> @$ORACLE_HOME/rdbms/admin/spauto.sql
```

> 这里创建的定时任务将每隔一小时收集一次统计信息，用于创建统计信息的快照。也可以使用以下语句手动创建快照。

```
SQL> exec statspack.snap
```

（4）生成 statspack 报告。

```
SQL> @$ORACLE_HOME/rdbms/admin/spreport.sql
```

输出信息如下。

```
...
Listing all Completed Snapshots
                        Snap
Instance   DB Name  Snap Id   Snap Started           Level Comment
--------   -------- --------- --------------------   ----------------
orcl       ORCL         1     30 Mar 2022 10:56        5
                        2     30 Mar 2022 10:56        5
                        3     30 Mar 2022 10:58        5
                        4     30 Mar 2022 10:58        5
                        5     30 Mar 2022 10:58        5


Specify the Begin and End Snapshot Ids
~~~~~~~~~~~~~~~~~~~~~~~~~~~~~~~~~~~~~~~~
Enter value for begin_snap: 2   -----> 此处输入报告起始的快照 ID
Begin Snapshot Id specified: 2

Enter value for end_snap: 4    -----> 此处输入报告结束的快照 ID
End   Snapshot Id specified: 4

Specify the Report Name
~~~~~~~~~~~~~~~~~~~~~~~~~
The default report file name is sp_2_4.  To use this name,
press <return> to continue, otherwise enter an alternative.

Enter value for report_name: /home/oracle/statspack.txt ----->此处输入报告起
始存储的位置和名称
...
```

（5）查看生成的 statspack 报告文件 /home/oracle/statspack.txt，内容如下。

```
STATSPACK report for

Database    DB Id    Instance   Inst Num  Startup Time     Release    RAC
~~~~~~~~   --------  ---------  --------- ---------------  ---------- ------
         1618358864    orcl        1      06-Dec-21 10:29   21.0.0.0.0 NO

Host Name              Platform           CPUs   Cores   Sockets   Memory (G)
~~~~ ----------------  ----------------  ------- -------  --------- ----------
     oraclevm          Linux x86 64-bit    1       1         1        3.8
```

```
Snapshot        Snap Id     Snap Time          Sessions    Curs/Sess Comment
~~~~~~~~        -----------  ------------------ ----------- ----------- ---------
Begin Snap:     2           30-Mar-22 10:56:55   61         1.3
  End Snap:     4           30-Mar-22 10:58:30   61         1.3

        Elapsed:       1.58 (mins) Av Act Sess:     0.0
        DB time:       0.01 (mins)    DB CPU:       0.01 (mins)

Cache Sizes          Begin         End
~~~~~~~~~~~          -------------  ----------
    Buffer Cache:        544M      Std Block Size:      8K
    Shared Pool:         304M      Log Buffer:          6,616K

Load Profile         Per Second    Per Transaction    Per Exec    Per Call
~~~~~~~~~~~~          -------------  ----------------   ----------- ----------
DB time(s):              0.0            0.2              0.00        0.11
DB CPU(s):               0.0            0.2              0.00        0.10
Redo size:           40,623.8      1,929,632.0
Logical reads:         104.6          4,966.0
Block changes:          71.7          3,407.0
Physical reads:          0.0              0.5
Physical writes:         0.7             34.5
User calls:              0.0              2.0
Parses:                  1.9             90.5
Hard parses:             0.5             21.5
W/A MB processed:        0.4             18.1
Logons:                  0.0              0.0
Executes:                9.0            428.0
Rollbacks:               0.0              0.0
Transactions:            0.0

Instance Efficiency Indicators
~~~~~~~~~~~~~~~~~~~~~~~~~~~~~~~~
            Buffer Nowait   %:  100.00       Redo NoWait %:  100.00
            Buffer  Hit     %:   99.99   Optimal W/A Exec%:  100.00
            Library Hit     %:   94.69       Soft Parse  %:   76.24
          Execute to Parse  %:   78.86       Latch Hit   %:   99.99
Parse CPU to Parse Elapsd   %:   50.00     % Non-Parse CPU:   93.83
...
```

分析 statspack 报告时，可以采用与分析 AWR 报告类似的方法。

15.6　本章思考题

1．Oracle 数据库的性能报告有哪些？
2．Oracle 数据库性能基线的作用有哪些？
3．什么是 AWR 报告？

第16章

优化 Oracle 数据库的内存

对内存进行优化历来都是数据库管理员优化数据库的重中之重。在 Oracle 数据库体系中，内存结构的优化也是性能优化的关键，这里所说的内存结构主要是指系统全局区（SGA）和程序全局区（PGA）。Oracle 数据库管理员通过优化内存结构提高数据库的整体性能。

尽管目前 Oracle 数据库采用了自动内存管理（AMM）和自动共享内存管理（ASMM）的方式管理内存，但是内存的优化依然是 Oracle 数据库管理员日常运维工作中非常重要的部分。

本章重点与目标：

（1）理解 Oracle 数据库的内存结构。
（2）掌握诊断与优化 Oracle 数据库的 Buffer Cache。
（3）掌握诊断与优化 Oracle 数据库的 Shared Pool。
（4）掌握诊断与优化 Oracle 数据库的 PGA。

16.1　优化缓存区高速缓存

在 2.2.4 小节中提到，高速缓存区 Buffer Cache 用于缓存从数据库文件中查询的数据块。因此，Buffer Cache 可以降低磁盘的 I/O，从而提高数据访问的效率。要进行 Buffer Cache 的优化，首先需要了解它的结构。

16.1.1　Buffer Cache 的结构

Buffer Cache 是 SGA 的一个组成部分，Oracle 数据库利用 Buffer Cache 管理从数据文件中读入的数据块。Buffer Cache 的内部结构和客户端执行 SQL 语句读取数据的过程如图 16-1 所示。

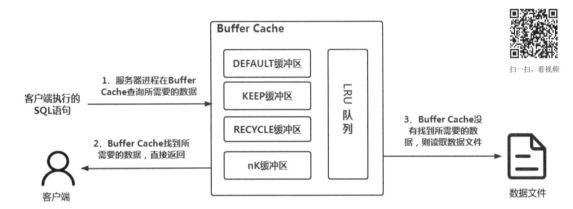

扫一扫，看视频

图 16-1　Buffer Cache 的内部结构和客户端执行 SQL 语句读取数据的过程

 Oracle 数据库在 Buffer Cache 中查找到了需要的数据，叫作 Buffer Cache 的一次命中。理想情况下，Buffer Cache 的命中率为 100%。

Buffer Cache 内部可以分为几个不同的缓存区，它们分别是：
（1）DEFAULT 缓存区；
（2）KEEP 缓存区；
（3）RECYCLE 缓存区；
（4）nK 缓存区。

 关于 Buffer Cache 中的缓存区，请参考表 2-2 的介绍。

Oracle 数据库在执行查询语句时，首先会搜索 Buffer Cache 中是否存在需要的数据，只有当 Buffer Cache 中没有所需的数据时，才会读取数据文件。图 16-2 展示了服务器进程是如何在 Buffer Cache 中进行搜索的。

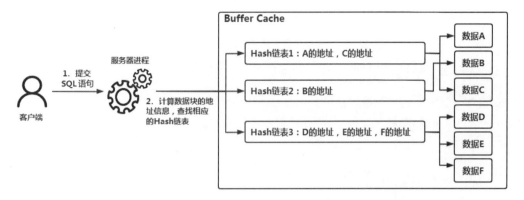

图 16-2　服务器进程在 Buffer Cache 中搜索数据的过程

从图 16-2 中可以看出，Buffer Cache 维护了一系列的 Hash 链表用于保存存储在 Buffer Cache 中数据的地址。当客户端提交 SQL 语句查询数据时，Oracle 数据库的服务器进程会首先计算出所需数据的地址信息，并在 Buffer Cache 维护的 Hash 链表上查询对应的数据块地址。如果成功找到，则直接返回 Buffer Cache 中对应的数据，这时就命中了一次 Buffer Cache；否则会将数据文件中对应的数据加载入 Buffer Cache 中。因此，在理想的情况下，客户端查询的所有数据都来自 Buffer Cache。

16.1.2　【实战】Buffer Cache 的数据字典与命中率

数据库管理员可以通过查询 Oracle 数据库提供的动态性能视图获取 Buffer Cache 相关的信息。与 Buffer Cache 相关的数据字典主要有 v$buffer_pool、v$buffer_pool_statistics 和 v$db_cache_advice。下面通过具体的示例说明 Buffer Cache 数据字典中的信息以及如何计算 Buffer Cache 的命中率。

（1）使用数据库管理员账户登录数据库。

```
SQL> conn / as sysdba
```

（2）通过以下语句查看 Buffer Cache 中各个池的大小。

```
SQL> show parameter cache_size
```

输出信息如下。

```
NAME_COL_PLUS_SHOW_PARAM      TYPE          VALUE
----------------------------  ------------  ---------
client_result_cache_size      big integer   0
data_transfer_cache_size      big integer   0
db_16k_cache_size             big integer   0
db_2k_cache_size              big integer   0
db_32k_cache_size             big integer   0
db_4k_cache_size              big integer   0
db_8k_cache_size              big integer   0
db_cache_size                 big integer   0
db_flash_cache_size           big integer   0
db_keep_cache_size            big integer   0
db_recycle_cache_size         big integer   0
```

（3）设置 Buffer Cache 中 KEEP 池的大小。

```
SQL> alter system set db_keep_cache_size=32M;
```

（4）设置 Buffer Cache 中 RECYCLE 池的大小。

```
SQL> alter system set db_recycle_cache_size=16M;
```

（5）通过查询 v$buffer_pool 获取 Buffer Cache 中各个缓冲池的详细信息。

```
SQL> select name,block_size,resize_state,current_size from v$buffer_pool;
```

输出信息如下。

```
NAME      BLOCK_SIZE  RESIZE_STATE   CURRENT_SIZE
-------   ----------  ------------   ------------
KEEP      8192        STATIC         32
RECYCLE   8192        STATIC         16
DEFAULT   8192        STATIC         432
```

NAME 列表示 Buffer Cache 中的缓冲池。值得注意的是，KEEP 池和 RECYCLE 池只在标准数据块大小的缓存区有值，二者均不支持非标准块。在默认情况下，Oracle 数据库数据块的标准大小为 8KB，该值通过查询参数 block_size 获取。

RESIZE_STATE 列表示当前缓存区正在执行的动作，它的取值有以下几种：

- STATIC，表示无动作。
- ALLOCATING，表示此缓存区正在分配内存中，此时用户可以取消此操作。
- ACTIVING，表示此缓存区已经分配内存完毕，并正在使用中。此时用户不能取消已完成的分配操作。
- SHRINKING，表示正在收回分配的缓存区，此时用户可以取消操作。

CURRENT_SIZE 列表示当 Oracle 数据库自动共享内存管理时，数据库为各数据缓存区分配的实际的大小。

（6）通过查询 v$buffer_pool_statistics 获取 Buffer Cache 的统计信息。

通过查询 v$buffer_pool_statistics 中的统计信息，可以计算出 Buffer Cache 的命中率。计算公式如下：

> Buffer Cache 的命中率 = 1 - 物理读的次数/（一致性读的次数 + 读取数据块的次数）

```
SQL> select physical_reads, consistent_gets,db_block_gets
    from v$buffer_pool_statistics;
```

输出信息如下。

```
PHYSICAL_READS    CONSISTENT_GETS    DB_BLOCK_GETS
--------------    ---------------    -------------
      0                 0                  0
      0                 0                  0
   21940             416587             135587
```

通过输出得到的信息，可以计算出当前 Buffer Cache 的命中率为

Buffer Cache 的命中率= 1 - 21940/(416587+135587) = 0.960266148

一般情况下，当命中率低于90%时，数据库就有可能存在潜在的性能瓶颈。

（7）也可以通过查询数据字典 v$sysstat 计算 Buffer Cache 的命中率。

```
SQL> select name, value from v$sysstat
    where name in ('db block gets from cache',
                   'consistent gets from cache',
                   'physical reads cache');
```

输出信息如下。

```
NAME                                         VALUE
-------------------------------------- --------------
db block gets from cache                     135684
consistent gets from cache                   418089
physical reads cache                          21940
```

通过输出得到的信息，可以计算出当前 Buffer Cache 的命中率为

Buffer Cache 的命中率= 1 − 21940/(418089+135684) = 0.960380878

对比步骤（6）和步骤（7），可以看出这两种方式计算出的 Buffer Cache 命中率基本是一致的。

（8）通过查询数据字典 v$db_cache_advice 可以获取 Oracle 数据库提供的 Buffer Cache 建议指导信息。

```
SQL> select name,size_for_estimate,size_factor from v$db_cache_advice;
```

输出信息如下。

```
NAME            SIZE_FOR_ESTIMATE  SIZE_FACTOR
--------------- ------------------ ---------------
KEEP                    16              .5
KEEP                    32              1
KEEP                    48              1.5
KEEP                    64              2
RECYCLE                 16              1
RECYCLE                 32              2
DEFAULT                 48              .0938
DEFAULT                 96              .1875
DEFAULT                144              .2813
DEFAULT                192              .375
DEFAULT                240              .4688
DEFAULT                288              .5625
DEFAULT                336              .6563
DEFAULT                384              .75
DEFAULT                432              .8438
DEFAULT                480              .9375
DEFAULT                512              1
DEFAULT                528              1.0313
```

DEFAULT	576	1.125
DEFAULT	624	1.2188
DEFAULT	672	1.3125
DEFAULT	720	1.4063
DEFAULT	768	1.5
DEFAULT	816	1.5938
DEFAULT	864	1.6875
DEFAULT	912	1.7813
DEFAULT	960	1.875

其中，NAME 列表示 Buffer Cache 中的缓冲池；SIZE_FOR_ESTIMATE 列表示预估缓冲池的大小；SIZE_FACTOR 列表示在预估大小值的设置下，对缓冲池性能的影响因子。当该影响因子为 1 时，表示对缓冲池性能的影响最小。

由于 Oracle 数据库推荐使用自动共享内存的管理方式管理内存，因此，数据字典 v$db_cache_advice 中的指导建议只在手动设置内存大小时有用。以 Buffer Cache 中的 DEFAULT 池为例，当手动设置缓存区大小时，可以将其设置为 512MB 以达到最佳的性能效果。

在早期的 Oracle 数据库版本中，如 Oracle Database 11gR2，可以非常方便且直观地使用 EM 控制台手动设置 Buffer Cache 的大小。图 16-3 展示了在 Oracle Database 11gR2 中的相应设置页面。

图 16-3　Oracle Database 11gR2 EM 的内存设置界面

16.1.3　Buffer Cache 相关的等待事件

与缓存区高速缓存 Buffer Cache 相关的等待事件包括 latch free、buffer busy waits 和 free buffer waits，下面分别进行介绍。

1）latch free 等待事件

通过图 16-2 可以看出，当在 Buffer Cache 中搜索数据时会从相应的搜索链表上获取相应数据块的地址信息。latch free 等待事件中产生的锁（latch）将用于保护对搜索链表的并发操作。

2）buffer busy waits 等待事件

当一个会话在读取或修改 Buffer Cache 中的内存数据块时，首先必须获得 cache buffers chains latch。如果该内存数据块已经被其他会话占用，此时就会产生 buffer busy waits 等待事件。

3）free buffer waits 等待事件

当 Buffer Cache 中没有所需要的数据时，Oracle 数据库会读取数据文件并将请求的数据加载进 Buffer Cache 中。但是，在此之前，Oracle 数据库的服务器进程必须为即将加载的数据块获得一个对应的可用内存区域。如果此时无法获取该内存区域，就会产生 free buffer waits 等待事件。

 要想知道 Buffer Cache 中曾经发生过的等待事件，可以通过查询动态性能视图 v$system_event 和 v$session_event。

16.2　优化共享池

共享池（Shared Pool）是 SGA 中最关键的内存区域。共享池中主要保存了频繁使用的 SQL 语句、PL/SQL 程序代码以及 SQL 语句的执行计划。因此，优化共享池将成为整个数据库内存优化中最核心的内容。

16.2.1　共享池的结构

要进行共享池的优化，首先需要掌握共享池的结构。图 16-4 展示了共享池的内部组成以及每个组成部分的作用。

 共享池中最重要的部分是库缓存（Library Cache）；而库缓存最重要的部分是 SQL Area。

当服务器在执行 SQL 语句时，如果在共享池中找到了需要的执行计划，便会直接执行，这就叫作共享池发生了一次命中。理想情况下，共享池的命中率为 100%。

扫一扫，看视频

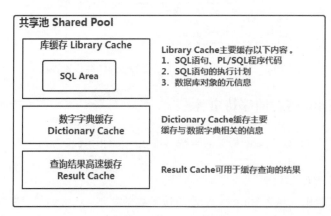

图 16-4　共享池的内部组成

16.2.2 共享池的数据字典与命中率

表 16-1 列举了与共享池相关的数据字典及其作用。

表 16-1 与共享池相关的数据字典及其作用

数据字典名称	说　明
v$sgainfo	用于查询 SGA 的各个组件大小
v$sgastat	SGA 中内存分配的细节
v$librarycache	用于查询库缓存中各个组件的统计信息；同时可用于计算共享池命中率
v$library_cache_memory	Libracy Cache 中每个组件的内存大小
v$sqlarea	持续跟踪所有 Shared Pool 中的共享游标，Shared Pool 中的每条 SQL 语句都对应一列。在分析 SQL 语句资源使用方面非常重要

在了解了共享池的数据字典后，下面通过具体的示例查看共享池的相关信息，并计算共享池的命中率。

（1）查看共享池中各个缓存区的大小。

```
SQL> select name,bytes from v$sgainfo;
```

输出信息如下。

```
NAME                             BYTES
-------------------------------- --------------
Fixed SGA Size                   9686528
Redo Buffers                     7090176
Buffer Cache Size                620756992
In-Memory Area Size              0
Shared Pool Size                 318767104
Large Pool Size                  16777216
Java Pool Size                   16777216
Streams Pool Size                0
Shared IO Pool Size              50331648
Data Transfer Cache Size         0
Granule Size                     16777216
Maximum SGA Size                 1660943872
Startup overhead in Shared Pool  201309576
Free SGA Memory Available        671088640
```

在 v$sgainfo 中包含了 Oracle 数据库给 SGA 中各个缓存区分配的内存大小，如 Buffer Cache Size、Shared Pool Size、Large Pool Size、Java Pool Size 和 Java Pool Size。

（2）以共享池为例，查看 SGA 中内存分配的细节，如共享池空闲的内存等。

```
SQL> select pool,name,bytes from v$sgastat where pool='shared pool';
```

输出信息如下。

```
POOL          NAME                     BYTES
------------- ------------------------ ------------------
```

```
shared pool    free memory                50057464
shared pool    ksbxic target obj          2608
shared pool    object temp hash buckets   262144
shared pool    archive_lag_target         9632
...
```

（3）查询共享池 Library Cache 中各个组件的统计信息，该统计信息用于计算共享池的命中率。

```
SQL> select namespace,pins,pinhits,pinhitratio,reloads,invalidations from
v$librarycache;
```

输出信息如下。

NAMESPACE	PINS	PINHITS	PINHITRATIO	RELOADS	INVALIDATIONS
SQL AREA	153361	139704	.910948677	2378	285
TABLE/PROCEDURE	394108	384745	.976242553	2192	0
BODY	1269	1086	.855791962	25	0
TRIGGER	161	123	.763975155	0	0
INDEX	474	176	.371308017	10	0

其中，NAMESPACE 列表示共享池中的缓冲池；PINS 列表示共享池中缓冲池请求的次数；PINHITS 列表示共享池中缓冲池命中的次数；PINHITRATIO 列表示共享池中缓冲池的命中率；RELOADS 列表示语句重新加载的次数；INVALIDATIONS 列表示执行无效语句的次数。如果无效语句的执行次数太多，势必会影响数据库的性能。例如，事务一直在执行 rollback 回滚。

由于共享池中最重要的部分是 Library Cache，而 Library Cache 中最重要的部分是 SQL Area。因此一般情况下，可以把 SQL Area 的命中率看作共享池的命中率。从输出的信息可以看出，SQL Area 目前的命中率为 0.910948677。

（4）查询共享池 Library Cache 中每个组件的内存大小。

```
SQL> select lc_namespace,lc_inuse_memory_objects from v$library_cache_memory;
```

输出信息如下。

LC_NAMESPACE	LC_INUSE_MEMORY_OBJECTS
SQL AREA	223
TABLE/PROCEDURE	37
BODY	0
TRIGGER	0
INDEX	0
CLUSTER	0
OBJECT	0
PIPE	0
JAVA SOURCE	0
JAVA RESOURCE	0
JAVA DATA	0
OTHER/SYSTEM	0

（5）查询 SQL Area 中 SQL 语句的统计信息。

```
SQL> select * from c##scott.emp where deptno=10;
SQL> select * from c##scott.emp where deptno=20;
SQL> select sql_id, sql_text, loads,parse_calls,executions
    from v$sqlarea
    where sql_text like 'select * from c##scott.emp where deptno%';
```

输出信息如下。

```
SQL_ID       SQL_TEXT                        LOADS     PARSE_CALLS      EXECUTIONS
---------- ------------------------------- --------- ---------------- -----------
8g9f8dnw9hhgu  select * from c##scott.emp   1         1                1
             where deptno=20
757txubvag6kp   select * from c##scott.emp  1         1                1
             where deptno=10
```

从输出信息可以看出，这两条查询语句各自加载了一次，解析了一次，执行了一次。

16.2.3　诊断和优化共享池

由于库缓存是共享池中最重要的部分，因此，一般意义上，诊断和优化共享池就是诊断和优化共享池中的库缓存。库缓存的优化方式主要有三种：避免硬解析、避免软解析和避免碎片的产生。

下面分别通过具体的示例演示操作步骤。

1.【实战】避免硬解析

硬解析会对 SQL 语句进行语法检查，并通过查询数据字典检查 SQL 语句中涉及的对象和列是否存在。硬解析还会检查执行 SQL 语句的用户是否拥有相应的权限，然后通过优化器创建一个最优的执行计划。因此，Oracle 数据库执行硬解析的成本很高。

使用绑定变量和游标共享的方式可以有效地避免硬解析。

下面通过一个具体的示例演示如何诊断共享池中是否存在 SQL 语句的硬解析以及如何优化硬解析。

（1）使用数据库管理员账户登录数据库。

```
SQL> conn / as sysdba
```

（2）清空共享池。

```
SQL> alter system flush shared_pool;
```

（3）执行以下语句，每次都会产生硬解析。

```
SQL> select count(*) from c##scott.emp where deptno=10;
SQL> select count(*) from c##scott.emp where deptno=20;
SQL> select count(*) from c##scott.emp where deptno=30;
```

（4）查询 v$sqlarea，获取相关的统计信息。

```
SQL> select sql_id, sql_text, loads,parse_calls,executions
    from v$sqlarea
    where sql_text like 'select count(*) from c##scott.emp where deptno%';
```

输出信息如下。

SQL_ID	SQL_TEXT	LOADS	PARSE_CALLS	EXECUTIONS
d11ukvwcyt9fz	select count(*) from c##scott. emp where deptno=10	1	1	1
764k29csa9t95	select count(*) from c##scott. emp where deptno=30	1	1	1
by8t6yns2b5bm	select count(*) from c##scott. emp where deptno=20	1	1	1

由于 Oracle 数据库的优化器只有在 SQL 文本完全相同的情况下才会重用 SQL 语句的执行计划，因此这里执行的三条查询语句完全不一样。从输出信息可以看出，每条语句都被加载了一次，解析了一次，最后执行了一次。因此可以得出结论：这里一共发生了三次硬解析。换句话说，每次执行 SQL 语句时都执行了硬解析。

（5）再次执行以下语句。

```
SQL> select count(*) from c##scott.emp where deptno=10;
SQL> select count(*) from c##scott.emp where deptno=10;
```

（6）查询 v$sqlarea，获取相关的统计信息。

```
SQL> select sql_id, sql_text, loads,parse_calls,executions
    from v$sqlarea
    where sql_text like 'select count(*) from c##scott.emp where deptno%';
```

输出信息如下。

SQL_ID	SQL_TEXT	LOADS	PARSE_CALLS	EXECUTIONS
d11ukvwcyt9fz	select count(*) from c##scott. emp where deptno=10	1	3	3
764k29csa9t95	select count(*) from c##scott. emp where deptno=30	1	1	1
by8t6yns2b5bm	select count(*) from c##scott. emp where deptno=20	1	1	1

从输出信息可以看出，SQL_ID 为 d11ukvwcyt9fz 的查询语句被加载了一次，解析了三次，执行了三次。因此可以得出结论：三次解析中一次是硬解析，而另外两次是软解析。

（7）使用绑定变量避免硬解析，首先清空共享池。

```
SQL> alter system flush shared_pool;
```

（8）定义绑定变量，并执行与步骤（3）中相同的 SQL 语句。

```
SQL> variable dno number;
SQL> exec :dno:=10;
SQL> select count(*) from c##scott.emp where deptno=:dno;
SQL> exec :dno:=20;
SQL> select count(*) from c##scott.emp where deptno=:dno;
SQL> exec :dno:=30;
SQL> select count(*) from c##scott.emp where deptno=:dno;
```

（9）查询 v$sqlarea，获取相关的统计信息。

```
SQL> select sql_id, sql_text, loads,parse_calls,executions
     from v$sqlarea
     where sql_text like 'select count(*) from c##scott.emp where deptno%';
```

输出信息如下。

SQL_ID	SQL_TEXT	LOADS	PARSE_CALLS	EXECUTIONS
7ctdv2mq0aas0	select count(*) from c##scott. emp where deptno=:dno	1	3	3

（10）再次执行以下语句。

```
SQL> exec :dno:=10;
SQL> select count(*) from c##scott.emp where deptno=:dno;
SQL> select count(*) from c##scott.emp where deptno=:dno;
```

（11）查询 v$sqlarea，获取相关的统计信息。

```
SQL> select sql_id, sql_text, loads,parse_calls,executions
     from v$sqlarea
     where sql_text like 'select count(*) from c##scott.emp where deptno%';
```

输出信息如下。

SQL_ID	SQL_TEXT	LOADS	PARSE_CALLS	EXECUTIONS
7ctdv2mq0aas0	select count(*) from c##scott. emp where deptno=:dno	1	5	5

对比步骤（9）和步骤（11）的输出信息可以看出，SQL_ID 为 7ctdv2mq0aas0 的查询语句被加载了一次，解析了多次，执行了多次。因此可以得出结论：在所有解析中只有一次是硬解析，而其他的解析都是软解析。

（12）使用游标共享避免硬解析，首先清空共享池。

```
SQL> alter system flush shared_pool;
```

（13）查看 cursor_sharing 参数。

```
SQL> show parameter cursor_sharing
```

输出信息如下。

NAME	TYPE	VALUE
cursor_sharing	string	EXACT

cursor_sharing 参数用于指定在什么条件下可以重用 SQL 语句的执行计划和共享游标。它有以下三个取值。

- exact: cursor_sharing 参数的默认值，它要求 SQL 语句的文本只有在完全相同时才会共享 SQL 语句的执行计划和共享游标；否则，SQL 语句会被重新执行硬解析操作。
- similar: 该参数值表示 Oracle 数据库认为某条 SQL 语句的谓词条件不会影响到它的执行计划时，就会共享 SQL 语句的执行计划和共享游标；否则，SQL 语句会被重新执行硬解析操作。
- force: 该参数值表示在任何情况下无条件重用 SQL 语句的执行计划和共享游标。

（14）开启游标共享。

```sql
SQL> alter system set cursor_sharing=similar;
```

此处将 cursor_sharing 参数设置为 force，也可以达到同样的效果。

（15）执行以下 SQL 语句。

```sql
SQL> select count(*) from c##scott.emp where deptno=10;
SQL> select count(*) from c##scott.emp where deptno=20;
SQL> select count(*) from c##scott.emp where deptno=30;
SQL> select count(*) from c##scott.emp where deptno=10;
SQL> select count(*) from c##scott.emp where deptno=10;
```

（16）查询 v$sqlarea，获取相关的统计信息。

```sql
SQL> select sql_id, sql_text, loads,parse_calls,executions
    from v$sqlarea
    where sql_text like 'select count(*) from c##scott.emp where deptno%';
```

输出信息如下。

SQL_ID	SQL_TEXT	LOADS	PARSE_CALLS	EXECUTIONS
d11ukvwcyt9fz	select count(*) from c##scott. emp where deptno=10	2	3	3
f78n74nj03f81	select count(*) from c##scott. emp where deptno=:"SYS_B_0"	1	2	2

2. 避免软解析

软解析是指当 Oracle 数据库执行具有相同文本的 SQL 语句时，会直接从存储在共享池的库缓存中取出 SQL 语句和对应的执行计划。因此，在软解析时不需要执行硬解析中烦琐的步骤，因而其执行的效率比硬解析高。但是，从库缓存中检索 SQL 语句和执行计划也是耗费资源的，因此软解析并不是最理想的执行方式。在实际的生产环境中应当尽量避免软解析。

关于如何优化软解析，将在 16.3.2 小节中进行介绍。

3. 避免碎片的产生

Oracle 数据库的服务器进程对共享池的分配、释放操作是相当频繁的，并且每次操作共享池时大小并不统一。这就容易使共享池产生内存碎片进而导致内存不足的问题。另外，如果在数据库运行过程中存在大量的硬解析操作，也会在共享池中产生大量的内存碎片。这时如果共享池需要分配一块大内存对一条复杂的 SQL 语句进行解析，也会产生共享池内存不足的问题。不管是哪一种情况，最终都有可能产生 ORA-04031 错误。

ORA-04031: unable to allocate 4096 bytes of shared memory.

要清理共享池中的内存碎片，最简单的方式是直接执行以下语句。

```
SQL> alter system flush shared_pool;
```

这条语句将直接释放共享池所占用的内存空间。这无疑将共享池中的碎片进行了清理，但同时也会将共享池中的 SQL 语句和执行计划清理掉。当再次执行 SQL 语句时就要进行硬解析了。因此，该条语句只能作为解决共享池内存碎片问题的一个应急办法。

为了避免共享池出现因为存在大量碎片而导致内存分配不足的问题，最好的办法是使用共享池中的保留池和大池。

以下语句将查看共享池中的保留池的大小。数据库管理员可以通过增大 shared_pool_reserved_size 参数的值使更多的共享池内存空间不会被 Oracle 数据库的服务器使用，这样就可以避免由于碎片导致内存不足时所产生的 ORA-04031 错误。

```
SQL> show parameter shared_pool_reserved_size
```

输出信息如下。

NAME	TYPE	VALUE
shared_pool_reserved_size	big integer	12M

shared_pool_reserved_size 参数用于指定共享池中预留空间的大小，一般情况下 shared_pool_reserved_size 的大小是 shared_pool_size 的 5%。

以下语句将查看大池的大小。通过 2.2.4 小节了解到，大池可以用于为某些大型操作（如备份与恢复操作、I/O 操作）提供大型内存的分配。当共享池内存不足时，Oracle 数据库会自动使用大池中的空间来分配内存。

```
SQL> show parameter large_pool_size
```

输出信息如下。

```
NAME                    TYPE              VALUE
----------------        ----------------  ----------
large_pool_size         big integer          0
```

4.【实战】诊断 SQL 查询结果高速缓存（Result Cache）

Result Cache 的作用是缓存查询结果或查询块，以供未来重用。因此，从功能上看，Result Cache 的作用类似于 Buffer Cache。但是要使用 Result Cache，必须在查询语句中使用 Oracle 数据库的/*+ result_cache */，才能将查询出的结果缓存到共享池中的 SQL 查询结果高速缓存中。

/*+ result_cache */是 Oracle 数据库提供的 hint（提示），它是 Oracle 数据库优化中很有特色的一个功能，也是数据库管理员优化 SQL 语句时经常采用的一个手段。使用 hint 可以很灵活地调整 SQL 语句的执行过程，以达到优化的目标。但是，hint 只是在执行 SQL 语句时给数据库优化器的一种建议，并不一定被优化器采纳。Oracle 数据库提供的 hint 有很多，经常使用的主要如下：

- /*+ALL_ROWS*/：代表以获取最佳吞吐量的方式执行 SQL 语句。
- /*+FIRST_ROWS*/：代表以获取最快响应时间的方式执行 SQL 语句。
- /*+USE_HASH(TABLE)*/：代表采用哈希连接方式执行表连接。
- /*+INDEX(TABLE INDEX_NAME)*/：代表对表选择索引的扫描方法。

下面通过一个简单的示例说明如何确定查询的结果是否来自 Result Cache。

（1）使用数据库管理员账户登录数据库。

```
SQL> conn / as sysdba
```

（2）使用 explain plan 语句输出查询语句的执行计划。

```
SQL> explain plan for select count(*) from c##scott.emp;
SQL> select * from table(dbms_xplan.display);
```

输出信息如下。

```
Plan hash value: 1006289799
---------------------------------------------------------------------------
| Id  | Operation            | Name   | Rows  | Cost (%CPU) | Time     |
---------------------------------------------------------------------------
|   0 | SELECT STATEMENT     |        |    1  |    2   (0)| 00:00:01 |
|   1 |  SORT AGGREGATE      |        |    1  |             |          |
|   2 |   INDEX FAST FULL SCAN |PK_EMP |   14  |    2   (0)| 00:00:01 |
---------------------------------------------------------------------------
```

（3）在查询中使用/*+ result_cache */，并重新输出 SQL 语句的执行计划。

```
SQL> explain plan for select /*+ result_cache */count(*) from c##scott.emp;
SQL> select * from table(dbms_xplan.display);
```

输出信息如下。

```
---------------------------------------------------------------------------
```

Id	Operation	Name	Rows	Cost (%CPU)	Time
0	SELECT STATEMENT		1	2 (0)	00:00:01
1	**RESULT CACHE**	**|2jwkhwz|**	**1**		
2	SORT AGGREGATE		1		
3	INDEX FAST FULL SCAN	PK_EMP	14	2 (0)	00:00:01

对比步骤（2）和步骤（3）输出的执行计划，可以看出在步骤（3）中多了一步缓存数据的操作。而该操作就是 Result Cache 将查询的结果存入了 SQL 查询结果高速缓存中。

16.2.4 使用共享池优化指导

与 Buffer Cache 类似，Oracle 数据库也提供了优化共享池的建议指导。通过查询数据字典 v$shared_pool_advice 可以获取 Oracle 数据库提供的 Shared Pool 的建议指导信息。执行以下语句。

```
SQL> select shared_pool_size_for_estimate,shared_pool_size_factor
    from v$shared_pool_advice;
```

输出信息如下。

SHARED_POOL_SIZE_FOR_ESTIMATE	SHARED_POOL_SIZE_FACTOR
272	.8947
288	.9474
304	**1**
320	1.0526
336	1.1053
352	1.1579
368	1.2105
384	1.2632
400	1.3158
416	1.3684
432	1.4211
448	1.4737
464	1.5263

与 Buffer Cache 类似，当手动设置共享池大小时，Oracle 数据库建议将其设置为性能影响因子为 1 时的预估大小，即 304MB。

16.3 优化 PGA 缓存区

程序全局区（PGA）是包含了某个 Oracle 数据库服务器进程的数据及其控制信息的内存区域。在 Oracle 数据库服务器专有模式下，一个客户端会话将对应一个 PGA 缓存区。

16.3.1 PGA 的内部结构

在默认情况下，Oracle 数据库采用专有服务器模式，即一个客户端会话对应一个 PGA，参考图 4-2。PGA 的内部结构主要由以下三部分组成。

（1）私有 SQL 区（Private SQL Area）：包含绑定变量的值和运行时期内存结构信息等数据。

（2）游标和 SQL 区（Cursors and SQL Areas）：该区域为打开游标和执行 SQL 语句提供必要的资源和空间内存。

（3）会话内存（Session Memory）：一段用于保存会话变量、登录信息和其他与会话相关的信息的内存。在专有服务器模式下，会话内存是每个 PGA 私有的；而在共享服务器模式下，各个 PGA 之间可以共享会话内存。

数据库管理员可以通过查询 Oracle 数据库提供的数据字典获取与 PGA 有关的信息。

（1）查询数据字典表获取有关 PGA 的数据字典信息。

```
SQL> select * from dict where table_name like '%PGA%';
```

输出信息如下。

```
TABLE_NAME                COMMENTS
------------------------  --------------------------------------------------------
DBA_HIST_PGASTAT          PGA Historical Statistics Information
DBA_HIST_PGA_TARGET_ADVICE PGA Target Advice History
CDB_HIST_PGASTAT          PGA Historical Statistics Information in all containers
CDB_HIST_PGA_TARGET_ADVICE PGA Target Advice History in all containers
GV$PGASTAT                Synonym for GV_$PGASTAT
GV$PGA_TARGET_ADVICE      Synonym for GV_$PGA_TARGET_ADVICE
V$PGASTAT                 Synonym for V_$PGASTAT
V$PGA_TARGET_ADVICE       Synonym for V_$PGA_TARGET_ADVICE
```

 与 PGA 相关且比较重要的数据字典是 V$PGASTAT 和 V$PGA_TARGET_ADVICE。

（2）查询动态性能视图 v$pgastat。

```
SQL> select name,value from v$pgastat;
```

 v$pgastat 中存储着一些与 PGA 使用情况有关的信息。该数据字典会在数据库实例启动后自动收集 PGA 的相关信息。

输出信息如下。

```
NAME                                      VALUE
---------------------------------------   ---------------------------------
aggregate PGA target parameter            671088640
aggregate PGA auto target                 398260224
global memory bound                       104857600
total PGA inuse                           228618240
total PGA allocated                       390565888
maximum PGA allocated                     570522624
total freeable PGA memory                 138608640
DGA allocated (under PGA)                 11079680
maximum DGA allocated                     13022208
MGA allocated (under PGA)                 0
maximum MGA allocated                     0
process count                             68
max processes count                       77
PGA memory freed back to OS               257032192
total PGA used for auto workareas         0
maximum PGA used for auto workareas       73048064
total PGA used for manual workareas       0
maximum PGA used for manual workareas     0
over allocation count                     0
bytes processed                           1603497984
extra bytes read/written                  370115584
cache hit percentage                      81.24
recompute count (total)                   7879
```

其中比较重要的参数如下：

● maximum PGA allocated：该参数值表示 PGA 曾经达到的最大值。

● over allocation count：该参数值表示 Oracle 数据库分配的 PGA 大小超过 pga_aggregate_target 参数设定的次数。通过这个参数可以判断 pga_aggregate_target 是否设置得太小。

● extra bytes read/written：该参数值表示当 PGA 的大小设置得不合适时，Oracle 数据库会出现额外数据的传输，参数记录的是自实例启动以来额外传输的数据总量。

（3）查询动态性能视图 v$pga_target_advice。

```
SQL> select pga_target_for_estimate,pga_target_factor from v$pga_target_advice;
```

v$pga_target_advice 中包含了 Oracle 数据库提供的优化 PGA 的建议指导信息。

输出信息如下。

```
PGA_TARGET_FOR_ESTIMATE      PGA_TARGET_FACTOR
---------------------------  -----------------------------------------
           83886080          .125
          167772160          .25
          335544320          .5
          503316480          .75
```

671088640	1
805306368	1.2
939524096	1.4
1073741824	1.6
1207959552	1.8
1342177280	2
2013265920	3
2684354560	4
4026531840	6
5368709120	8

与 Buffer Cache 和 Shared Pool 类似，当手动设置 PGA 大小时，Oracle 数据库建议将其设置为当性能影响因子为 1 时的预估大小，即 671088640（单位为字节）。

16.3.2 在 PGA 中优化软解析

16.2.3 小节介绍了如何避免 SQL 语句的硬解析，基本的原则是使用软解析代替硬解析。但是，软解析并不是最理想的方案，因为在共享池中检索 SQL 语句和 SQL 语句的执行计划也是需要耗费性能的。最理想的情况是在执行 SQL 语句时，没有硬解析，也没有软解析，Oracle 数据库可以直接执行 SQL 语句。因此，需要进一步避免软解析的产生，从而达到优化的目的。

要优化软解析，首先就需要了解 Oracle 数据库如何解析 SQL 语句，以及如何生成 SQL 语句的执行计划。图 16-5 展示了相应的过程。

UGA 是 User Global Area 的缩写，即用户的全局区。UGA 是客户端会话对应的内存，主要用于分配会话的变量、记录登录信息。换句话说，UGA 存储的就是会话的信息。在专有服务器模式下，UGA 位于 PGA 当中。

扫一扫，看视频

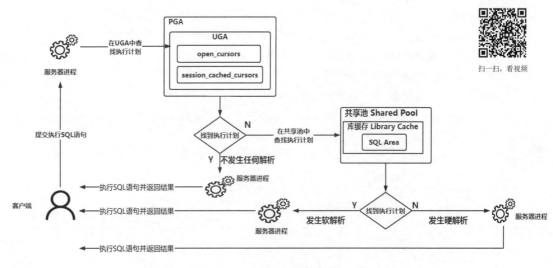

图 16-5 SQL 语句解析的过程

从图 16-5 可以看出，Oracle 数据库在执行 SQL 语句时首先会在 UGA 中查找所需要的 SQL 语句及其执行计划，然后才会去查找共享池中的库缓存。因此，增加客户端会话的缓存大小来让更多的 SQL 语句和执行计划缓存在 PGA 中，就可以优化软解析，从而达到避免软解析的目的。而通过增大 open_cursors 参数和 session_cached_cursors 参数的值可以实现增加客户端缓存大小。关于这两个参数的具体说明如下。

1）open_cursors 参数

该参数表示一个会话中最多能同时打开的游标数，默认值为 300。通过执行以下语句可以查看当前数据库中 open_cursors 参数的设置。

```
SQL> show parameter open_cursor
```

输出信息如下。

```
NAME                     TYPE         VALUE
--------------------    -----------   ------------------------------
open_cursors             integer      300
```

通过执行以下语句可以查看当前数据库实例已经打开的游标数。

```
SQL> select count(*) from v$open_cursor;
```

输出信息如下。

```
  COUNT(*)
---------------
   234
```

2）session_cached_cursors 参数

该参数表示一个会话中最多可以缓存多少个已关闭的游标。换句话说，在关闭游标后，该游标并不会立即被释放，而是可以缓存在 PGA 中，以供将来重用。该参数的默认值为 50。通过执行以下语句可以查看当前数据库中 session_cached_cursors 参数的设置。

```
SQL> show parameter session_cached_cursors
```

输出信息如下。

```
NAME                     TYPE         VALUE
------------------------ ----------- -----------
session_cached_cursors   integer      50
```

使用以下 SQL 语句可以判断 session_cached_cursors 参数的使用情况。如果 session_cached_cursors 参数的使用率为 100%，则需要增大这个参数的值。

```
SQL> select 'session_cached_cursors' parameter,lpad(value, 5) value,
        decode(value, 0, ' n/a', to_char(100 * used/value, '990') || '%') usage
       from (select max(s.value) USED
            from v$statname n, v$sesstat S
            where n.name = 'session cursor cache count'
               and s.statistic# = n.statistic#),
            (select value from v$parameter where name = 'session_cached_cursors');
```

输出信息如下。

```
PARAMETER                 VALUE       USAGE
----------------------    ----------  ----------
session_cached_cursors    50          98%
```

16.3.3 设置 PGA_AGGREGATE_TARGET 的初始值

由于在 Oracle 数据库中采用了自动内存管理（AMM）的方式，因此 PGA 的大小将由 Oracle 数据库自动分配。如果需要修改 PGA 的大小，则可以通过修改以下参数来实现。

```
SQL> show parameter PGA_AGGREGATE_TARGET
```

输出信息如下。

```
NAME                    TYPE            VALUE
--------------------    --------------  ----------
pga_aggregate_target    big integer     0
```

如果需要手动设置 PGA 的大小，建议将总内存的 80%分配给 Oracle 数据库实例使用，另外的20%分配给其他应用程序使用。在此基础上，再根据不同的系统类型设置 PGA 的大小。具体的设置规则如下。

- 对于 OLTP 系统：

```
pga_aggregate_target = (内存总大小 * 80%) * 20%
```

- 对于 OLAP 系统：

```
pga_aggregate_target = (内存总大小 * 80%) * 50%
```

16.4 本章思考题

1. Buffer Cache 内部可以分为哪几个缓存区？
2. 共享池的结构包含哪些部分？

第17章

影响 Oracle 数据库的优化器

在数据库中执行一条 SQL 语句，往往会经过编译、解析，并由 Oracle 数据库的优化器根据数据库的统计信息生成最终的执行计划。因此，优化器的行为对于 SQL 语句执行的效率非常重要。在实际的生产环境中，往往不能通过修改 SQL 语句达到优化 SQL 语句的目的，这时就只能通过改变优化器的行为来为 SQL 语句生成不同的执行计划。

本章重点与目标：

（1）理解 Oracle 数据库优化器的作用。
（2）掌握使用 Oracle hints。
（3）理解 SQL 语句访问路径对执行计划的影响。
（4）理解表的连接方式对执行计划的影响。

17.1 Oracle 数据库的优化器简介

Oracle 数据库的优化器（Optimizer）是一个 Oracle 数据库内置的核心子系统，负责解析 SQL 语句并为其生成执行计划。图 17-1 展示了优化器在 Oracle 数据库中的作用。

扫一扫，看视频

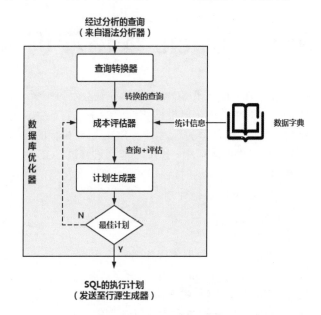

图 17-1　优化器的作用

从 Oracle 数据库的发展历史看，Oracle 数据库的优化器有两种不同的类型，即 RBO 方式的优化器和 CBO 方式的优化器。

RBO 是 Rule-Based Optimization 的简称，指 Oracle 数据库按照预先在数据库硬编码的一系列规则决定 SQL 的执行计划。

CBO 是 Cost-Based Optimization 的简称，是基于成本决定 SQL 语句的执行计划。因为在 SQL 语句执行过程中会将执行的相关信息缓存到 Oracle 数据库的数据字典中，这些信息包括执行路径的 I/O、网络资源、CPU 的使用情况等，其实这些信息就反映了 SQL 语句执行的成本。成本越低，效率就越高。

Oracle 数据库推荐使用 CBO 方式的优化器以获取最佳的 SQL 执行计划。RBO 方式的优化器几乎已经被淘汰。

如果 Oracle 数据库的优化器最终提供的 SQL 执行计划不能满足实际的需要，数据库管理员也可以通过数据库的参数控制优化器的行为。表 17-1 列举了影响 Oracle 数据库优化器的主要参数以及它们的含义。

表 17-1　优化器的主要参数

参　　数	参 数 含 义
cursor_sharing	用于设置游标共享
db_file_multiblock_read_count	一次 I/O 操作所读取的数据块数，该参数用于估计全表扫描和索引扫描的成本。参数值越大，表示一次读取的数据块越多，全表扫描的成本越低，说明数据库越倾向于全表扫描；参数值越小，则更倾向于索引扫描
optimizer_index_caching	表示在高速缓存区 Buffer Cache 中找到索引的百分比。默认值为 0，表示在 Buffer Cache 中找不到索引，需要进行物理读操作
optimizer_index_cost_adj	当选择不同访问路径时，对全表扫描和索引扫描进行评估。Oracle 数据库的优化器会把索引扫描的成本转换为全表扫描的成本，并与全表扫描的成本进行比较，这个参数就是转换时的因子。当索引扫描转换后的成本小于全表扫描的成本时，优化器将执行索引扫描。Oracle 数据库建议诊断不同的系统时设置不同的转换因子的值，一般的原则如下： ● OLTP 系统 optimizer_index_cost_adj 为 10～50 ● OLAP 系统 optimizer_index_cost_adj 为 60～100
pga_aggregate_target	分配给 PGA 的大小
optimizer_features_enable	使用 Oracle 数据库早期版本中的优化器，默认值即当前数据库的版本
optimizer_mode	设置优化器是以最快的响应速度，还是以获取最佳吞吐量为目的生成执行计划，它的取值可以是： ● FIRST_ROWS[_n]：以最快的响应速度。 ● ALL_ROWS：默认值，以获取最佳吞吐量

17.2　使用 Oracle hints

Oracle 数据库执行 SQL 语句时会通过优化器生成最佳的执行计划，但有时为了诊断和优化 SQL 语句，往往需要改变优化器的性能为 SQL 语句生成不同的执行计划。为了实现这样的目标，Oracle 数据库提供了 hints 来影响数据库的优化器行为。

17.2.1　Oracle hints 简介

Oracle hints（提示）是运行 SQL 语句时出现的一种 Oracle 数据库优化建议，但优化器是否采用该建议要取决于数据库本身。换句话说，Oracle 数据库在执行 SQL 语句时不一定采用 hints。因此，hints 一般多用于开发测试阶段，而不应该包含在最终的实际部署中。数据库管理员可以使用 hints 灵活地调整 SQL 语句的执行过程，从而达到优化 SQL 语句的目的。表 17-2 按照不同的功能特性列举了 Oracle 数据库提供的部分 hints。

表 17-2　Oracle 数据库提供的 hints

功能类别	hints
优化目标	all_rows hint
	first_rows hint
连接操作	use_band hint
	no_use_band hint
	use_cube hint

续表

功能类别	hints
	no_use_cube hint
	use_hash hint
	no_use_hash hint
	use_merge hint
	no_use_merge hint
	use_nl hint
	use_nl_with_index hint
	no_use_nl hint
...	...

17.2.2　【实战】使用 Oracle hints

在了解了什么是 Oracle 数据库 hints 以后，下面通过具体的示例演示如何使用它，并且通过查询 SQL 语句的执行计划确定 hints 如何影响 Oracle 数据库优化器的行为。这里将使用以下几个 hints 进行演示。

- /*+ index(表名 索引名)*/，表示执行 SQL 查询时，强制使用 hints 指定的索引。
- /*+ no_index(表名 索引名)*/，表示执行 SQL 查询时，强制不使用 hints 指定的索引。
- /*+ first_rows(n) */，表示以获取最快的响应时间为目的生成对应的执行计划。
- /*+ all_rows */，表示以获取最佳的吞吐量为目的生成对应的执行计划。

以下是具体的操作步骤和实验效果。

（1）使用 c##scott 用户登录。

```
SQL> conn c##scott/tiger
```

（2）在员工表的部门号上创建一个索引。

```
SQL> create index myindex on emp(deptno);
```

（3）不使用任何 hints，使用以下 SQL 语句查看执行计划。

```
SQL> explain plan for select * from emp where deptno=10;
SQL> select * from table(dbms_xplan.display);
```

输出信息如下。

```
PLAN_TABLE_OUTPUT
--------------------------------------------------------------------------------
Plan hash value: 3956160932


--------------------------------------------------------------------------------
| Id  | Operation                   | Name  | Rows  | Bytes | Cost(%CPU) |  Time     |
--------------------------------------------------------------------------------
|   0 | SELECT STATEMENT            |       |     3 |   261 |     2   (0) | 00:00:01  |
|   1 | TABLE ACCESS BY INDEX       | EMP   |     3 |   261 |     2   (0) | 00:00:01  |
```

```
|     |      ROWID BATCHED    |         |       |        |        |          |
|*  2 |    INDEX RANGE SCAN   |  |MYINDEX|    3 |   1  (0) | 00:00:01 |
-------------------------------------------------------------------------------

Predicate Information (identified by operation id):
---------------------------------------------------

PLAN_TABLE_OUTPUT
-------------------------------------------------------------------------------
    1 - filter("DEPTNO"=10)
```

从输出的执行计划可以看出，经过 Oracle 数据库优化器的评估和优化以后，计算出执行当前 SQL 语句的总成本 Cost(%CPU)为 2+2+1=5。

（4）在使用 hints 之前，先确定当前用户具有的索引。

```
SQL>select index_name,index_type from user_indexes;
```

输出信息如下。

```
INDEX_NAME       INDEX_TYPE
-------------    ----------------
PK_DEPT          NORMAL
PK_EMP           NORMAL
```

（5）在查询中使用 hints，这里使用 PK_EMP 的索引进行扫描，并生成执行计划。

```
SQL> explain plan for select /*+ index(emp PK_EMP)*/ * from c##scott.emp
where deptno=10;
```

这里的查询语句使用了/*+ index(表名 索引名)*/的 hints，这将使得 SQL 语句执行时按照员工表 emp 上的主键进行表的扫描。

（6）输出对应的 SQL 语句的执行计划。

```
SQL> select * from table(dbms_xplan.display);
```

输出信息如下。

```
PLAN_TABLE_OUTPUT
-------------------------------------------------------------------------------
Plan hash value: 2898514743
```

Id	Operation	Name	Rows	Bytes	Cost (%CPU)	Time
0	SELECT STATEMENT		3	261	42(0)	00:00:01
* 1	TABLE ACCESS BY INDEX ROWID BATCHED	EMP	3	261	42(0)	00:00:01
2	INDEX FULL SCAN	PK_EMP	14		2(0)	00:00:01

```
Predicate Information (identified by operation id):

PLAN_TABLE_OUTPUT
------------------------------------------------------------------------------

   1 - filter("DEPTNO"=10)
```

对比步骤（3）的输出可以看出，由于使用了 hints，执行当前 SQL 语句的总成本 Cost(%CPU)为 42+42+2=86。因此可以得到结论：当按照步骤（2）中的方式执行 SQL 语句时可以得到更好的效果。

（7）使用/*+ no_index(表名 索引名)*/的 hints，在执行查询时不使用步骤（2）的索引 myindex，并输出 SQL 语句的执行计划。

```
SQL> explain plan for select /*+ no_index(emp myindex)*/ *
        from c##scott.emp where deptno=10;
SQL> select * from table(dbms_xplan.display);
```

输出信息如下。

```
PLAN_TABLE_OUTPUT
------------------------------------------------------------------------------
Plan hash value: 3956160932


-------------------------------------------------------------------------------
| Id  | Operation         | Name | Rows  | Bytes | Cost(%CPU) | Time     |
-------------------------------------------------------------------------------
|   0 | SELECT STATEMENT  |      |     3 |   261 |     3   (0) | 00:00:01 |
|*  1 | TABLE ACCESS FULL | EMP  |     3 |   261 |     3   (0) | 00:00:01 |
-------------------------------------------------------------------------------


Predicate Information (identified by operation id):
------------------------------------------------------------------------------
PLAN_TABLE_OUTPUT
------------------------------------------------------------------------------
   1 - filter("DEPTNO"=10)
```

从输出的执行计划中可以看出，在不使用索引 myindex 的情况下，执行当前 SQL 语句的总成本 Cost(%CPU)为 3+3=6。

（8）使用 Oracle Database 11gR2 版本演示/*+ first_rows(n) */和/*+ all_rows */。

这里使用 Oracle Database 11gR2 中 sh 用户的 sales 表进行演示。sh 用户是 Oracle 数据库的 Example 用户。从 Oracle Database 11g 以后，Example 用户已经从安装包中移除，被统一放到了 Oracle Example 安装包中。如果想要使用 Example 用户及其数据，需要单独安装 Oracle Example 包。

（9）使用 sh 用户登录数据库。

```
sqlplus sh/sh
```

（10）确定 sales 表中的记录数。

```
SQL> select count(*) from sales;
```

输出信息如下。

```
  COUNT(*)
----------------------
    918843
```

（11）使用/*+ first_rows(n) */以获取最快的响应速度为目的输出执行计划。

```
SQL> explain plan for select /*+first_rows_10 */ * from sales;
SQL> select * from table(dbms_xplan.display);
```

输出信息如图 17-2 所示。

```
-----------------------------------------------------------------------------------
| Id | Operation           | Name  | Rows | Bytes | Cost (%CPU)| Time     | Pstart| Pstop |
-----------------------------------------------------------------------------------
|  0 | SELECT STATEMENT    |       |   10 |   290 |    2   (0)| 00:00:01 |       |       |
|  1 |  PARTITION RANGE ALL|       |   10 |   290 |    2   (0)| 00:00:01 |     1 |    28 |
|  2 |   TABLE ACCESS FULL | SALES |   10 |   290 |    2   (0)| 00:00:01 |     1 |    28 |
-----------------------------------------------------------------------------------
```

图 17-2　使用/*+ first_rows(n) */的执行计划

（12）使用/*+ all_rows */以获取最佳的吞吐量为目的输出执行计划。

```
SQL> explain plan for select /*+ all_rows */ * from sales;
SQL> select * from table(dbms_xplan.display);
```

输出信息如图 17-3 所示。

```
-----------------------------------------------------------------------------------
| Id | Operation           | Name  | Rows  | Bytes | Cost (%CPU)| Time     | Pstart| Pstop |
-----------------------------------------------------------------------------------
|  0 | SELECT STATEMENT    |       | 918K  |  25M  |   489  (2)| 00:00:06 |       |       |
|  1 |  PARTITION RANGE ALL|       | 918K  |  25M  |   489  (2)| 00:00:06 |     1 |    28 |
|  2 |   TABLE ACCESS FULL | SALES | 918K  |  25M  |   489  (2)| 00:00:06 |     1 |    28 |
-----------------------------------------------------------------------------------
```

图 17-3　使用/*+ all_rows */的执行计划

对比图 17-2 和图 17-3 可以发现，/*+ first_rows(n) */为了获取最快的响应速度，在执行计划中返回了最少的字节数（Bytes），并且 CPU 的 Cost 占用率也很小；相反，/*+ all_rows */为了获取最佳的吞吐量，会在每次读取数据时返回尽可能多的数据量，其 CPU 的 Cost 占用率比较大。

17.3　【实战】查看优化器的统计信息

优化器的统计信息是数据库和数据库对象详细资料的集合，这些统计信息用于查询优化器选择最优执行计划的依据。表 17-3 列举了与 Oracle 数据库优化器相关的数据字典。

表 17-3　与 Oracle 数据库优化器相关的数据字典

数据字典名称	说　明	详 细 说 明
dba_tables	表的统计信息	dba_tables 中包含所有表的以下信息： ● Number of rows（行数）。 ● Number of blocks（块数）。 ● Average row length（平均行长度）
dba_tab_columns	列的统计信息	dba_tab_columns 中包含所有列的以下信息： ● Number of distinct values in column（列中唯一值的数目）。 ● Number of nulls in column（列中空字符的数目）。 ● Data distribution（数据分布）。 ● Extended statistics（扩展统计信息）
dba_indexes	索引的统计信息	dba_indexes 中包含所有索引的以下信息： ● Number of leaf blocks（叶子块的数目）。 ● Levels（树的高度）。 ● Clustering factor（聚集因子）
sys.aux_stats$	系统的统计信息	sys.aux_stats$ 中包含系统的以下信息： ● I/O performance and utilization（I/O 性能和利用率）。 ● CPU performance and utilization（CPU 性能和利用率）

下面通过具体的查询语句查看表 17-3 中列举的优化器统计信息。

（1）查看 c##scott 用户下表的统计信息。

```
SQL> select table_name,status,num_rows,blocks,avg_row_len,buffer_pool
    from dba_tables where owner='C##SCOTT';
```

输出信息如下。

```
TABLE_NAME  STATUS  NUM_ROWS   BLOCKS    AVG_ROW_LEN   BUFFER_POOL
----------  ------  ---------  --------  ------------  ---------------
DEPT        VALID                                      DEFAULT
EMP         VALID                                      DEFAULT
BONUS       VALID                                      DEFAULT
SALGRADE    VALID                                      DEFAULT
```

 　　　输出的信息中包含表名、表的状态、表的行数、占用的数据块、行的平均长度以及表默认使用的缓冲区。由于没有收集数据块的统计信息，因此这里输出的结果并不准确。

（2）执行统计信息的收集。

```
SQL> exec dbms_stats.gather_schema_stats(OWNNAME=>'C##SCOTT');
```

（3）重新查看 c##scott 用户下表的统计信息。

```
SQL> select table_name,status,num_rows,blocks,avg_row_len,buffer_pool
    from dba_tables where owner='C##SCOTT';
```

输出信息如下。

```
TABLE_NAME  STATUS  NUM_ROWS   BLOCKS    AVG_ROW_LEN   BUFFER_POOL
----------  ------  ---------  --------  ------------  -------------
DEPT        VALID   4          5         20            DEFAULT
EMP         VALID   14         5         38            DEFAULT
```

| BONUS | VALID | 0 | 0 | 0 | DEFAULT |
| SALGRADE | VALID | 5 | 5 | 10 | DEFAULT |

 对比步骤（3）和步骤（1）的输出信息可以发现，由于执行了用户的统计信息收集，因此步骤（3）得到的统计信息更加准确。

（4）查看 c##scott 用户下所有列的统计信息，包括表名、列名、列的数据类型、列中唯一值的数目、列的最小值、列的最大值、列中空值的数目以及列的平均长度。

```
SQL>select table_name,column_name,data_type,
    num_distinct,low_value,high_value,num_nulls,avg_col_len
    from dba_tab_columns where owner='C##SCOTT';
```

输出信息如图 17-4 所示。

TABLE_NAME	COLUMN_NAM	DATA_TYPE	NUM_DISTINCT	LOW_VALUE	HIGH_VALUE	NUM_NULLS	AVG_COL_LEN
BONUS	ENAME	VARCHAR2	0			0	0
BONUS	JOB	VARCHAR2	0			0	0
BONUS	SAL	NUMBER	0			0	0
BONUS	COMM	NUMBER	0			0	0
DEPT	DEPTNO	NUMBER	4	C10B	C129	0	3
DEPT	DNAME	VARCHAR2	4	4143434F554E54494E47	53414C4553	0	10
DEPT	LOC	VARCHAR2	4	424F53544F4E	4E455720594F524B	0	8
EMP	EMPNO	NUMBER	14	C24A46	C25023	0	4
EMP	ENAME	VARCHAR2	14	4144414D53	57415244	0	6
EMP	JOB	VARCHAR2	5	414E414C595354	53414C45534D414E	0	8
EMP	MGR	NUMBER	6	C24C43	C25003	1	4
EMP	HIREDATE	DATE	13	77B40C11010101	77BB0517010101	0	8
EMP	SAL	NUMBER	12	C209	C233	0	4
EMP	COMM	NUMBER	4	80	C20F	10	2
EMP	DEPTNO	NUMBER	3	C10B	C11F	0	3
SALGRADE	GRADE	NUMBER	5	C102	C106	0	3
SALGRADE	LOSAL	NUMBER	5	C208	C21F02	0	4
SALGRADE	HISAL	NUMBER	5	C20D	C26464	0	4

图 17-4　列的统计信息

（5）查看系统的统计信息。

```
SQL> select * from sys.aux_stats$;
```

输出信息如下。

SNAME	PNAME	PVAL1	PVAL2
SYSSTATS_INFO	STATUS		COMPLETED
SYSSTATS_INFO	DSTART		07-27-2021 20:35
SYSSTATS_INFO	DSTOP		07-27-2021 20:35
SYSSTATS_INFO	FLAGS	1	
SYSSTATS_MAIN	CPUSPEEDNW	3306	
SYSSTATS_MAIN	IOSEEKTIM	10	
SYSSTATS_MAIN	IOTFRSPEED	4096	
SYSSTATS_MAIN	SREADTIM		
SYSSTATS_MAIN	MREADTIM		
SYSSTATS_MAIN	CPUSPEED		
SYSSTATS_MAIN	MBRC		
SYSSTATS_MAIN	MAXTHR		
SYSSTATS_MAIN	SLAVETHR		

其中，SNAME 表示操作系统统计信息；PNAME 表示参数名；PVAL1 和 PVAL2 表示参数值。

表 17-4 列举了在 sys.aux_stats$中包含系统的统计信息。

表 17-4　sys.aux_stats$中包含的系统的统计信息

系统的统计信息	说　明
CPUSPEEDNW	非工作量统计模式下 CPU 主频
IOSEEKTIM	I/O 寻址时间（ms）
IOTFRSPEED	I/O 传输速率（B/ms）
SREADTIM	读取单个数据块的平均时间
MREADTIM	读取多个数据块的平均时间
CPUSPEED	工作量统计模式下 CPU 主频
MBRC	一次读取的数据块个数
MAXTHR	最大 I/O 吞吐量（B/s）
SLAVETHR	平均 I/O 吞吐量（B/s）

17.4　SQL 语句的访问路径

Oracle 数据库的优化器会根据数据库的统计信息为 SQL 语句生成最佳的执行计划。换句话说，同一条 SQL 语句可能存在多个执行计划。因此，SQL 语句在访问表中数据时也就可能存在不同的访问路径。数据库最终会使用哪个执行计划访问表中的数据是由优化器决定的。

这里将使用 c##scott 用户下的员工表 emp 和部门表 dept 演示 SQL 语句在访问表中数据时使用的不同的访问路径，以及如何使用 explain plan 语句查看 Oracle 数据库优化器生成的执行计划。

17.4.1　【实战】全表扫描

SQL 语句在执行时如果发生了全表扫描，Oracle 数据库将读取表中所有行并检查每行是否满足语句的 where 限制条件。具体来说，Oracle 数据库会顺序地读取分配给表的每个数据块，直到读到表的最高水位线处。Oracle 数据库在读取过程中会由 db_file_multiblock_read_count 参数决定一次 I/O 操作能够读取的数据块个数。因此，当发生全表扫描时，可以适当增大该参数的值以提供数据库的性能。

高水位线（High Water Mark，HWM）标识了表中最后一个数据块的位置。

下面通过一个简单的示例演示表的全表扫描。

（1）查看 db_file_multiblock_read_count 参数的值。

```
SQL> show parameter db_file_multiblock_read_count
```

输出信息如下。

```
NAME                    TYPE    VALUE
```

```
----------------------- ----------- -------------------------------
db_file_multiblock_read_count integer 128
```

（2）查询员工表中的所有数据，并输出 SQL 语句的执行计划。

```
SQL> explain plan for select * from c##scott.emp;
SQL> select * from table(dbms_xplan.display);
```

输出信息如下。

```
PLAN_TABLE_OUTPUT
-------------------------------------------------------------------------
Plan hash value: 3956160932


-------------------------------------------------------------------------
| Id  | Operation         | Name | Rows | Bytes | Cost (%CPU) | Time     |
-------------------------------------------------------------------------
|  0  | SELECT STATEMENT  |      |   14 |   532 |    3   (0) |00:00:01  |
|  1  | TABLE ACCESS FULL | EMP  |   14 |   532 |    3   (0) | 00:00:01 |
-------------------------------------------------------------------------
```

17.4.2 【实战】rowid 扫描

Oracle 数据库表中的每行数据都有一个唯一的标识符，称为 rowid，也可以叫作行地址。通常使用 rowid 在 Oracle 数据库内部访问表中的数据。可以通过查询语句获取表中每行的 rowid 信息。由于 rowid 唯一标识了表中的一行记录，因此通过 rowid 访问表中数据是最快的一种方式。

下面通过一个简单的示例演示表的 rowid 扫描。

（1）获取员工表中每行的 rowid 地址信息。

```
SQL> select rowid,empno,ename,sal from c##scott.emp;
```

输出信息如下。

```
ROWID                EMPNO  ENAME        SAL
-------------------- ------ ------------ ----------
AAAStzAAHAAAAFrAAA    7369  SMITH        800
AAAStzAAHAAAAFrAAB    7499  ALLEN        1600
AAAStzAAHAAAAFrAAC    7521  WARD         1250
AAAStzAAHAAAAFrAAD    7566  JONES        2975
AAAStzAAHAAAAFrAAE    7654  MARTIN       1250
AAAStzAAHAAAAFrAAF    7698  BLAKE        2850
AAAStzAAHAAAAFrAAG    7782  CLARK        2450
AAAStzAAHAAAAFrAAH    7788  SCOTT        3000
AAAStzAAHAAAAFrAAI    7839  KING         5000
AAAStzAAHAAAAFrAAJ    7844  TURNER       1500
AAAStzAAHAAAAFrAAK    7876  ADAMS        1100
AAAStzAAHAAAAFrAAL    7900  JAMES        950
AAAStzAAHAAAAFrAAM    7902  FORD         3000
AAAStzAAHAAAAFrAAN    7934  MILLER       1300
```

从输出信息中可以看出，rowid 的表现形式其实就是一个字符串。

（2）通过 rowid 访问表中的数据。

```
SQL> select empno,ename,sal from c##scott.emp where rowid='AAAStzAAHAAAAFrAAE';
```

输出信息如下。

```
     EMPNO    ENAME          SAL
---------- ------------- --------
      7654    MARTIN        1250
```

（3）通过执行计划查看 rowid 扫描。

```
SQL> explain plan for select * from c##scott.emp where rowid='AAAStzAAHAAAAFrAAE';
SQL> select * from table(dbms_xplan.display);
```

输出信息如下。

```
PLAN_TABLE_OUTPUT
------------------------------------------------------------------
Plan hash value: 1116584662


--------------------------------------------------------------------------
| Id  | Operation                     | Name  |Rows |Bytes|Cost(%CPU)| Time    |
--------------------------------------------------------------------------
|  0  | SELECT STATEMENT              |       |  1  |  38 |  1 (0)   |00:00:01 |
|  1  | TABLE ACCESS BY USER ROWID    | EMP   |  1  |  38 |  1 (0)   |00:00:01 |
--------------------------------------------------------------------------
```

17.4.3　索引扫描

索引是 Oracle 数据库对象之一，用于加快数据检索的速度，其工作原理类似于书的目录。创建适当的索引可以减少数据库程序在查询时读取的数据量，从而提高效率。索引是建立在表上的可选对象，并且在逻辑上和物理上都与相关的表和数据无关。

1. 索引简介

索引也可以看作一张表，简称为索引表，而索引表中存储的就是表中行的 rowid，如图 17-5 所示。

在默认情况下，Oracle 数据库采用的是 B 树索引，图 17-6 展示了一个普通的 B 树结构。

B 树类似于二叉查找树，能够让查找数据、插入数据及删除数据的操作在短时间内完成，在最差的情况下也能在对数时间内完成。图 17-6 是一棵简单的 B 树，可见，B 树与二叉树最大的区别是它允许一个节点有多于两个的元素，每个节点都包含 key 和数据，查找时可以使用二分法快速搜索数据。

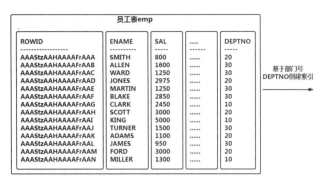
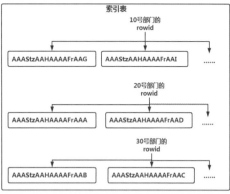

图 17-5　索引的工作原理

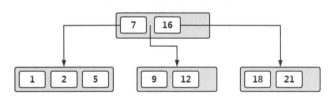

图 17-6　B 树索引

2.【实战】索引扫描

在 Oracle 数据库中，索引扫描类型主要分为索引唯一扫描 、索引范围扫描、索引跳跃式扫描、索引快速完全扫描和索引连接扫描。下面通过几个具体的示例演示索引扫描的执行计划。

1）索引唯一扫描

索引唯一扫描需要一个相等谓词。具体来说，只有当查询的条件使用等号运算符引用了唯一索引键中的所有列时，数据库才执行唯一扫描。下面通过一个具体的示例演示索引唯一扫描。

（1）使用 c##scott 用户登录数据库。

```
sqlplus c##scott/tiger
```

（2）执行下面的查询语句，并输出 SQL 语句的执行计划。

```
SQL> explain plan for select * from c##scott.emp where empno=7839;
SQL> select * from table(dbms_xplan.display);
```

输出信息如下。

```
PLAN_TABLE_OUTPUT
--------------------------------------------------------------------
Plan hash value: 2949544139


--------------------------------------------------------------------------
| Id  | Operation                   |Name |Rows|Bytes|Cost(%CPU)|  Time   |
--------------------------------------------------------------------------
|  0  | SELECT STATEMENT            |     | 1  | 38  |1   (0)   | 00:00:01 |
|  1  | TABLE ACCESS BY INDEX ROWID| EMP | 1  | 38  |1   (0)   | 00:00:01 |
```

```
|*  2 |    INDEX UNIQUE SCAN           | PK_EMP | 1|      |0   (0)| 00:00:01 |
-------------------------------------------------------------------------------

Predicate Information (identified by operation id):

PLAN_TABLE_OUTPUT
----------------------------------------------------------
   2 - access("EMPNO"=7839)
```

 由于查询语句使用了员工表的主键进行查询，而主键具有唯一性，因此这里通过使用索引唯一扫描了表中的数据。

2）索引范围扫描

索引范围扫描不仅可以针对唯一索引，也可以针对非唯一索引。从结果集看，可以是一条记录，也可以是多条记录。下面通过一个具体的示例演示索引范围扫描。

（1）使用 c##scott 用户登录数据库。

```
sqlplus c##scott/tiger
```

（2）创建一张新表 emp2，并在新表的工资（sal）列创建一个索引。

```
SQL> create table c##scott.emp2 as select * from c##scott.emp;
SQL> create index c##scott.myindex2 on c##scott.emp2(sal);
```

（3）执行以下查询语句，并输出 SQL 语句的执行计划。

```
SQL> explain plan for select * from c##scott.emp2 where sal>2000;
SQL> select * from table(dbms_xplan.display);
```

输出信息如下。

```
PLAN_TABLE_OUTPUT
--------------------------------------------------------------------
Plan hash value: 2735411955


-------------------------------------------------------------------------------
| Id | Operation              | Name     | Rows |Byte | Cost (%CPU) | Time    |
-------------------------------------------------------------------------------
|  0 | SELECT STATEMENT       |          |  10  | 380 |  2   (0) | 00:00:01 |
|  1 |  TABLE ACCESS BY INDEX | EMP2     |  10  | 380 |  2   (0) | 00:00:01 |
|    |      |ROWID BATCHED     |          |      |     |          |          |
|*  2 |   INDEX RANGE SCAN     |MYINDEX2  |  10  |     |  1   (0) | 00:00:01 |
-------------------------------------------------------------------------------


Predicate Information (identified by operation id):

PLAN_TABLE_OUTPUT
----------------------------------------------------------


   2 - access("SAL">2000)
```

3）索引跳跃式扫描

该索引扫描方式主要发生在组合索引上，且组合索引的第一列未被指定在查询条件中的情况下发生。索引跳跃式扫描适用于第一列重复值高，第二列值比较单一的情况。下面通过一个具体的示例演示索引跳跃式扫描。

（1）使用 c##scott 用户登录数据库。

```
sqlplus c##scott/tiger
```

（2）创建一张新表 emp3，并在新表的部门号和工资（deptno，sal）两列上创建一个索引。

```
SQL> create table c##scott.emp3 as select * from c##scott.emp;
SQL> create index c##scott.myindex3 on c##scott.emp3(deptno,sal);
```

（3）执行以下查询语句，并输出 SQL 语句的执行计划。

```
SQL> explain plan for select * from c##scott.emp3 where sal<3000;
SQL> select * from table(dbms_xplan.display);
```

输出信息如下。

```
PLAN_TABLE_OUTPUT
-----------------------------------------------------------------
Plan hash value: 2902981744


---------------------------------------------------------------------------
| Id  | Operation                   | Name     | Rows |Byte |Cost(%CPU)|   Time      |
---------------------------------------------------------------------------
|  0  | SELECT STATEMENT            |          |   7  | 266 |  2  (0)  | 00:00:01 |
|  1  |  TABLE ACCESS BY INDEX      | EMP3     |   7  | 266 |  2  (0)  | 00:00:01 |
|     |     ROWID BATCHED           |          |      |     |          |          |
|* 2  |   INDEX SKIP SCAN           |MYINDEX3  |   7  |     |  1  (0)  | 00:00:01 |
---------------------------------------------------------------------------


Predicate Information (identified by operation id):

PLAN_TABLE_OUTPUT
--------------------------------------------------

   2 - access("SAL"<3000)
       filter("SAL"<3000)
```

4）索引快速完全扫描

索引快速完全扫描不是使用索引来探测表，而是读取索引就可以获取到所需要的所有数据。其本质是将索引当作表来使用。下面通过一个具体的示例演示索引快速完全扫描。

 为了看到索引快速完全扫描的效果，这里就使用 Oracle Database 11gR2 中 sh 用户下的 sales 表进行演示。

（1）使用 sh 用户登录数据库。

```
sqlplus sh/sh
```

（2）执行以下语句创建一张新表，并在新表的 CUST_ID 列上创建索引。

```
SQL> create table sales1 as select * from sales;
SQL> create index myindex4 on sales1(CUST_ID);
```

（3）执行查询，并输出相应的执行计划。

```
SQL> explain plan for select CUST_ID from sales1;
SQL> select * from table(dbms_xplan.display);
```

输出信息如下。

```
PLAN_TABLE_OUTPUT
-----------------------------------------------------------------------
Plan hash value: 2901037818


-----------------------------------------------------------------------------
| Id | Operation          | Name     | Rows  | Bytes|Cost(%CPU) |  Time     |
-----------------------------------------------------------------------------
|  0 | SELECT STATEMENT   |          | 993K  |  12M |  545 (1)  | 00:00:07  |
|  1 |INDEX FAST FULL SCAN|MYINDEX4  | 993K  |  12M |  545 (1)  | 00:00:07  |
-----------------------------------------------------------------------------


PLAN_TABLE_OUTPUT
-----------------------------------------------------------------------
   - dynamic sampling used for this statement (level=2)
```

 由于在 myindex4 索引中已经包含了查询语句所需要的数据，因此通过执行计划可以看出查询语句只扫描了索引，而没有扫描表。

5）索引连接扫描

索引连接扫描是多个索引的哈希连接，它们一起返回查询请求的所有列。Oracle 数据库在执行查询时，不需要访问表，直接访问索引即可，因为所有数据都是从索引中检索的。

下面通过一个具体的示例演示索引连接扫描。

（1）使用 c##scott 用户登录数据库。

```
sqlplus c##scott/tiger
```

（2）基于员工表 emp 和部门表 dept 创建两张新表，并在新创建的表上创建索引。

```
SQL> create table c##scott.emp1 as select * from c##scott.emp;
SQL> create table c##scott.dept1 as select * from c##scott.dept;
SQL> create index c##scott.myindex5 on c##scott.emp1(empno,deptno);
SQL> create index c##scott.myindex6 on c##scott.dept1(deptno);
```

 这里执行的 SQL 语句在 emp1 表的 empno 和 deptno 两列上新创建了索引；在 dept1 表的 deptno 列上新创建了一个索引。

（3）执行以下查询语句，并输出 SQL 语句的执行计划。

```
SQL> explain plan for select /*+ USE_HASH(e d)*/ e.empno,d.deptno
```

```
    from c##scott.emp1 e,c##scott.dept1 d where e.deptno=d.deptno;
SQL> select * from table(dbms_xplan.display);
```

输出信息如下。

```
PLAN_TABLE_OUTPUT
----------------------------------------------------------------------
Plan hash value: 1869553555


----------------------------------------------------------------------
| Id | Operation          | Name     |Rows | Bytes |Cost (%CPU)| Time      |

|  0 | SELECT STATEMENT   |          |  14 |  140  |   2   (0)| 00:00:01 |
|* 1 |  HASH JOIN         |          |  14 |  140  |   2   (0)| 00:00:01 |
|  2 |   INDEX FULL SCAN  |MYINDEX6  |   4 |   12  |   1   (0)| 00:00:01 |
|  3 |   INDEX FULL SCAN  |MYINDEX5  |  14 |   98  |   1   (0)| 00:00:01 |
----------------------------------------------------------------------


PLAN_TABLE_OUTPUT
----------------------------------------------------------------------
Predicate Information (identified by operation id):
----------------------------------------------------------------------

   1 - access("E"."DEPTNO"="D"."DEPTNO")

Hint Report (identified by operation id / Query Block Name / Object Alias):
Total hints for statement: 1 (U - Unused (1))
----------------------------------------------------------------------


   2 - SEL$1 / "D"@"SEL$1"
     U - USE_HASH(e d)
```

17.5 表的连接方式

除了不同的访问路径会使 Oracle 数据库的优化器生成不同的执行计划以外，表的连接方式也会使同一条 SQL 语句生成不同的执行计划。在 Oracle 数据库中，表的连接方式主要有三种：嵌套循环连接、散列连接、排序合并连接。

以下演示的具体示例使用的是 c##scott 用户下的员工表 emp 和部门表 dept。其中，员工表中有默认的 14 条记录，部门表中有默认的 4 条记录。

17.5.1 【实战】嵌套循环连接

嵌套循环连接（Nest Loops）是指使用驱动表中的每条记录去匹配被驱动表中的每列，如果匹配到了相应的记录，则返回。因此，当被驱动表的数据集较小时，嵌套循环连接是较好的选择。下面通过一个具体的示例演示嵌套循环连接。

（1）使用大表作为驱动表。

```
SQL> explain plan for select /*+ leading(e) use_nl(d)*/ *
    from c##scott.emp e,c##scott.dept d where e.deptno=d.deptno;
```

 这里使用的 hints 是/*+ leading(e) use_nl(d)*/，它表示驱动表是 e 表，并使用嵌套循环的方式连接 d 表。

（2）查看输出的执行计划。

```
SQL> select * from table(dbms_xplan.display);
```

输出信息如图 17-7 所示。

```
PLAN_TABLE_OUTPUT
----------------------------------------------------------------------------------
Plan hash value: 3625962092


----------------------------------------------------------------------------------
| Id  | Operation                     | Name    | Rows | Bytes | Cost (%CPU) | Time     |
----------------------------------------------------------------------------------
|   0 | SELECT STATEMENT              |         |   14 |  1638 |    17   (0) | 00:00:01 |
|   1 |  NESTED LOOPS                 |         |   14 |  1638 |    17   (0) | 00:00:01 |
|   2 |   NESTED LOOPS                |         |   14 |  1638 |    17   (0) | 00:00:01 |
|   3 |    TABLE ACCESS FULL          | EMP     |   14 |  1218 |     3   (0) | 00:00:01 |
|*  4 |    INDEX UNIQUE SCAN          | PK_DEPT |    1 |       |     0   (0) | 00:00:01 |
|   5 |    TABLE ACCESS BY INDEX ROWID| DEPT    |    1 |    30 |     1   (0) | 00:00:01 |
----------------------------------------------------------------------------------
```

图 17-7　嵌套循环连接时大表作为驱动表的执行计划

（3）使用小表作为驱动表。

```
SQL> explain plan for select /*+ leading(d) use_nl(e)*/ *
    from c##scott.emp e,c##scott.dept d where e.deptno=d.deptno;
```

（4）查看输出的执行计划。

```
SQL> select * from table(dbms_xplan.display);
```

输出信息如图 17-8 所示。

 对比图 17-7 和图 17-8 可以得出结论：当表的连接方式是嵌套循环时，使用小表作为驱动表可以使性能更好。

```
PLAN_TABLE_OUTPUT
----------------------------------------------------------------------
Plan hash value: 4192419542


----------------------------------------------------------------------
| Id | Operation          | Name | Rows | Bytes | Cost (%CPU)| Time     |
----------------------------------------------------------------------
|  0 | SELECT STATEMENT   |      |   14 |  1638 |   10   (0) | 00:00:01 |
|  1 |  NESTED LOOPS      |      |   14 |  1638 |   10   (0) | 00:00:01 |
|  2 |   TABLE ACCESS FULL| DEPT |    4 |   120 |    3   (0) | 00:00:01 |
|* 3 |   TABLE ACCESS FULL| EMP  |    4 |   348 |    2   (0) | 00:00:01 |
----------------------------------------------------------------------
```

图 17-8　嵌套循环连接时小表作为驱动表的执行计划

17.5.2 【实战】散列连接

散列连接也叫作 Hash Join，指先对每张表各做一次 Hash 运算，再进行一次连接操作。散列连接的优点在于当执行连接操作时，每张表只访问一次。因此，散列连接适合操作连接的都是小表的情况。因为小表可以直接放在内存中，便于进行 Hash 运算。下面通过一个具体的示例演示散列连接。

（1）使用大表作为驱动表进行散列连接。

```
SQL> select /*+ leading(e) use_hash(d)*/ *
    from c##scott.emp e,c##scott.dept d
    where e.deptno=d.deptno and d.dname='SALES';
```

（2）得到步骤（1）中 SQL 语句的 ID。

```
SQL> select sql_id,sql_text from v$sql where sql_text like '%where e.deptno=
d.deptno and%';
```

输出信息如下。

```
SQL_ID
-------------
SQL_TEXT

23hqs668wv6vx
select /*+ leading(e) use_hash(d)*/ * from c##scott.emp e,c##scott.dept d
where e.deptno=d.deptno and d.dname='SALES'
```

（3）获取步骤（1）中 SQL 语句的执行计划，并显示最新的统计信息。

```
SQL> select * from table(dbms_xplan.display_cursor('23hqs668wv6vx',0,
'allstats last'));
```

输出信息如下。

```
Plan hash value: 1123238657


-------------------------------------------------------------------------
| Id  | Operation           | Name  |E-Rows|  OMem  | 1Mem |Used-Mem|
-------------------------------------------------------------------------
|   0 | SELECT STATEMENT    |       |      |        |      |        `
|*  1 |  HASH JOIN          |       |    5 | 1098K  | 1098K|748K(0) |
|   2 |   TABLE ACCESS FULL | EMP   |   14 |        |      |        |
|*  3 |   TABLE ACCESS FULL | DEPT  |    1 |        |      |        |
-------------------------------------------------------------------------
```

（4）使用小表作为驱动表进行散列连接，并重复步骤（2）和步骤（3）获取执行计划。

```
SQL> select /*+ leading(d) use_hash(e)*/ *
    from c##scott.emp e,c##scott.dept d
    where e.deptno=d.deptno and d.dname='SALES';
```

输出信息如下。

```
-------------------------------------------------------------------------
```

```
| Id  | Operation          | Name  |E-Rows|  OMem    |  1Mem   |Used-Mem|
-----------------------------------------------------------------------------
|   0 | SELECT STATEMENT   |       |      |          |         |        |
|*  1 |   HASH JOIN        |       |    5 | 1476K    |  1476K  | 479K(0)|
|*  2 |    TABLE ACCESS FULL| DEPT |    1 |          |         |        |
|   3 |    TABLE ACCESS FULL| EMP  |   14 |          |         |        |
-----------------------------------------------------------------------------
```

对比步骤（3）和步骤（4）可以得出结论：当表的连接方式是散列连接时，使用小表作为驱动表可以得到更好的性能。

17.5.3 【实战】排序合并连接

通常情况下散列连接的性能比排序合并连接（Sort Merge Join）的性能要好。但是，如果连接的表已经被排过序，当执行排序合并连接时就不需要再排序了，这时排序合并连接的性能会优于散列连接。排序合并连接适用于等值连接，以及 < 和 >的不等值连接，但不支持其他连接操作。下面通过一个具体的示例演示排序合并连接。

（1）使用大表作为驱动表，并输出 SQL 语句的执行计划。

```
SQL> explain plan for select /*+ leading(e) use_merge(d)*/ *
    from c##scott.emp e,c##scott.dept d
    where e.deptno=d.deptno;
SQL> select * from table(dbms_xplan.display);
```

输出信息如下。

```
------------------------------------------------------------------------------
| Id  | Operation          | Name  |Rows | Bytes |Cost(%CPU) | Time     |
------------------------------------------------------------------------------
|   0 | SELECT STATEMENT   |       |  14 | 1638  |   8  (25) | 00:00:01 |
|   1 |  MERGE JOIN        |       |  14 | 1638  |   8  (25) | 00:00:01 |
|   2 |   SORT JOIN        |       |  14 | 1218  |   4  (25) | 00:00:01 |
|   3 |    TABLE ACCESS FULL| EMP  |  14 | 1218  |   3   (0) | 00:00:01 |
|   4 |   SORT JOIN        |       |   4 |  120  |   4  (25) | 00:00:01 |
|   5 |    TABLE ACCESS FULL| DEPT |   4 |  120  |   3   (0) | 00:00:01 |
------------------------------------------------------------------------------
```

（2）使用小表作为驱动表，并输出 SQL 语句的执行计划。

```
SQL> explain plan for select /*+ leading(d) use_merge(e)*/ *
    from c##scott.emp e,c##scott.dept d
    where e.deptno=d.deptno;
SQL> select * from table(dbms_xplan.display);
```

输出信息如下。

```
------------------------------------------------------------------------------
| Id | Operation          | Name  | Rows | Bytes |Cost(%CPU) |   Time   |
------------------------------------------------------------------------------
```

```
| 0 | SELECT STATEMENT  |      | 14 | 1638 |   8 (25) | 00:00:01 |
| 1 | MERGE JOIN        |      | 14 | 1638 |   8 (25) | 00:00:01 |
| 2 |  SORT JOIN        |      |  4 |  120 |   4 (25) | 00:00:01 |
| 3 |  TABLE ACCESS FULL | DEPT |  4 |  120 |   3  (0) | 00:00:01 |
|* 4 |  SORT JOIN       |      | 14 | 1218 |   4 (25) | 00:00:01 |
| 5 |  TABLE ACCESS FULL | EMP | 14 | 1218 |   3  (0) | 00:00:01 |
```

　　　排序合并连接的对比效果不是很明显。要把握一个基本的原则：不管表的连接方式是哪一种，以小表作为驱动表更好。

17.6　本章思考题

1. 什么是 Oracle hints？
2. 索引的扫描方式有哪几种？
3. 表的连接方式有哪几种？

思考题参考答案

第1章

1. 简述安装 OracleDatabase 21c 的主要步骤。

参考答案

安装 Oracle 数据库 21c 主要有以下几个步骤：

（1）安装并配置 CentOS 操作系统；

（2）安装 Oracle Database 21c 数据库软件；

（3）使用 NetManager 创建监听器；

（4）使用 DBCA 创建数据库；

（5）使用客户端工具操作数据库。

2. 简述安装 Oracle 数据库的主要的客户端工具及其特点。

参考答案

Oracle 数据库提供的客户端工具主要有：

（1）SQL*Plus：Oracle 数据库自带的命令行工具，是操作 Oracle 数据库的主要工具；

（2）Oracle Enterprise Manager Database Express：Oracle Enterprise Manager Database Express 简称 EM，是 Oracle 数据库自带的 Web 操作工具；

（3）Oracle SQL Developer：Oracle SQL Developer 是 Oracle 数据库官方提供的图形化客户端工具，基于 Java 语言开发，它需要单独进行安装。

第2章

1. 什么是数据库？什么是数据库实例？

参考答案

数据库是一个物理概念，指的是硬盘上存储的各种数据库文件，包括数据文件、控制文件、日志文件等。

数据库实例是一个逻辑概念，它由内存结构和进程结构两部分组成。可以把数据库实例理解为数据库在内存中的镜像。

2. 简述 Oracle 数据库的存储结构及其组成部分。

参考答案

Oracle 数据库的存储结构包括逻辑存储结构和物理存储结构。其中，逻辑存储结构有表空间、段、区、块；而物理存储结构包括数据文件、控制文件、日志文件、参数文件等。

3. 简述 Oracle 数据库的内存结构及其组成部分。

参考答案

Oracle 数据库的内存结构由系统全局区 SGA 和程序全局区 PGA 组成。其中，SGA 包括数据库高速缓冲区（Buffer Cache）、共享池（Shared Pool）、重做日志缓冲区（Log Buffer）、大型池（Large Pool）、Java 池和流池（Java Pool and Streams Pool）。

第 3 章

1. 简述存储过程与存储函数的相同点和不同点。

参考答案

相同点：存储过程和存储函数都是完成特定功能的 PL/SQL 程序。

不同点：存储过程不能通过 return 子句返回值；而存储函数可以通过 return 子句返回一个函数的值。

2. 简述 Oracle 数据库中触发器的类型。

参考答案

Oracle 数据库触发器分为语句级触发器和行级触发器。

语句级触发器是指在指定的操作语句之前或之后执行一次，不管这个操作影响了多少行记录。换句话说，语句级触发器针对的是表。

行级触发器是指触发语句作用的每条记录都被触发。换句话说，行级触发器针对的是表中的每行。

第 4 章

1. 简述 Oracle 数据库客户端与服务器端连接建立的过程。

参考答案

客户端发送连接请求到监听器。监听器解析连接请求中的信息。如果连接信息正确，数据库服务器将创建服务器进程和 PGA，并接收客户端后续发送的 SQL 语句。

2. 简述数据库服务器静态注册和动态注册的区别。

参考答案

数据库服务的静态注册是通过修改监听器的配置文件 listener.ora，将数据库服务注册到相应的监听器上完成的。

数据库服务的动态注册是通过 PMON 进程来完成数据库服务的注册。在默认情况下，数据库服务动态注册只能注册到 1521 端口。动态注册通过修改参数 service_names 实现。

3. 简述 Oracle 数据库的服务器共享模式。

参考答案

Oracle 数据库可以配置为共享服务器模式，即多个客户端会话共享一个服务器进程。在客户端会话提出连接请求，监听器接收到连接请求后，会从可调度的分发器（Dispatcher）中选择一个，并将连接端口等信息返回给客户端会话。分发器此时便在相应的端口等待。当客户端会话与该分发器进行连接时，分发器会将客户端请求转入 SGA 的请求队列中，并等待有空闲的共享服务器进程处理这个请求。当服务器进程处理完成后，它会将结果放在响应的队列中。分发器则会一直监听响应队列。一旦分发器发现响应队列中有服务器进程处理的结果，便就会把结果传给客户端会话。

第 5 章

1. 一个 Oracle 数据库的用户账户应该具备哪些特征？

参考答案

唯一的用户名、验证用户的方法、默认的表空间、临时表空间和用户概要文件。

2. 概要文件的作用是什么？

参考答案

概要文件的作用就是可以限制用户所使用的系统资源，并可以管理用户的密码。

3. 系统权限和对象权限的区别是什么？

参考答案

系统权限是针对数据库特定操作的操作行为；对象权限是用户可以使用它操作特定的数据库对象。

4. 保护数据库的角色有几种不同的方式？

参考答案

使角色成为非默认角色、通过密码保护角色和通过存储过程保护角色。

第 6 章

1. Oracle 数据库支持的审计类型有哪些？

参考答案

强制审计、标准审计、基于值的审计、细粒度审计、DBA 审计。

2. Oracle 数据库强制审计会审计哪些信息？

参考答案

启动和关闭数据库实例、以 sysdba 身份登录到数据库。

第 7 章

1. 事务具有哪些特征？

参考答案

数据库的事务应当具备 4 个不同的特性，即事务的 ACID 特性。ACID 分别代表原子性（Atomicity）、一致性（Consistency）、隔离性（Isolation）和持久性（Durability）。

2．Oracle 事务支持哪些隔离级别？

参考答案

读已提交（READ-COMMITTED）、可序列化读（SERIALIZABLE）、只读（READ-ONLY）和读写（READ-WRITE）。

3．监控 Oracle 数据库的锁比较重要的数据字典有哪些？

参考答案

v$lock 和 v$enqueue_lock。

第 8 章

1．多租户容器数据库的体系架构中包含哪几个部分？

参考答案

Root 根数据库、PDB Seed 和 PDB 数据库。

2．多租户容器数据库中，公用用户和本地用户的区别是什么？

参考答案

公用用户是在 Root 根数据库中和所有 PDB 数据库中都存在的用户，并且公用用户必须在 Root 根数据库中创建。

本地用户指的是在 PDB 中创建的普通用户，只有在创建它的 PDB 中才会存在该用户，并且 PDB 中只能创建本地用户。

第 9 章

1．数据库的故障类型有哪些？

参考答案

语句错误、用户进程错误、网络故障、用户错误、实例错误和介质故障。

2．什么是 Oracle 数据库的归档日志模式？

参考答案

归档日志模式与非归档日志模式相对应，它会保留所有重做日志的历史。这种日志操作模式不仅可用于保护实例失败，还可以用于保护介质损坏的情况。

第 10 章

1．Oracle 数据库的闪回技术有哪些优点？

参考答案

不需要恢复整个数据库或文件、不需要检查数据库日志中的每项更改、闪回技术恢复的速度很快、闪回技术只恢复更改的数据、闪回技术不涉及复杂的多步骤过程、闪回命令易于操作。

2．Oracle 数据库支持哪些类型的闪回？

参考答案

闪回查询（Flashback Query）

闪回版本查询（Flashback Version Query）

闪回表（Flashback Table）

闪回数据库（Flashback Database）

闪回删除（Flashback Drop）

闪回事务查询（Flashback Transaction Query）

闪回数据归档（Flashback Data Archive）

第 11 章

1．Oracle 数据库用户管理的备份与恢复的本质是什么？

参考答案

用户管理的备份与恢复都是手动执行的，其本质是通过操作系统的复制命令完成。

2．什么是高可用模式的恢复？

参考答案

高可用模式的恢复是指先打开数据库，再执行数据库的恢复。因此，使用高可用模式进行恢复对应用程序的影响最小。

第 12 章

1．RMAN 的体系架构包含哪几个部分？

参考答案

目标数据库（Target Database）、目录数据库（Catalog Database）和 RMAN 客户端。

2．什么是差异增量备份？什么是累计增量备份？

参考答案

差异增量备份是在备份时，只备份级别等于或小于当前级别的所有变化的数据块信息。差异增量备份是 RMAN 默认的增量备份方式，它具有备份工作量少，但恢复速度慢的特点。

累计增量备份是在备份时，只备份级别小于当前级别的所有变化的数据块信息。累计增量备份的工作量大，但是恢复时的速度很快。

3．什么是 RMAN 的目录数据库？

参考答案

Oracle 数据库可以使用一个专门用于存储 RMAN 备份的元信息，这就是 RMAN 的目录数据库（Catalog Database），它用于取代控制文件。

第 13 章

Oracle 数据库提供的基本性能诊断工具有哪些？

参考答案

基本的性能诊断工具主要包括告警日志、统计信息、执行计划、跟踪文件、autotrace 和动态性能视图。

第 14 章

1．Oracle 数据库的告警日志会记录哪些信息？

参考答案

数据库的启动和关闭信息、死锁的信息、更改数据库结构的信息。

2．什么是 SQL 语句的执行计划？

参考答案

SQL 语句的执行计划用于记录并描述一条查询语句在 Oracle 数据库中执行的过程或访问的路径。在 Oracle 数据库中可以通过 explain plan 语句获取执行计划，也可以通过查询数据字典 v$sql_plan 获取执行计划。执行计划通常以表格的形式展示，但实际上为树形查询。

3．什么是自动跟踪？

参考答案

autotrace 也叫作自动跟踪，它是分析 SQL 语句的执行计划和执行效率时非常方便的一个工具。利用 autotrace 工具提供的执行计划和执行状态可以为诊断和优化 SQL 语句提供依据，也可以进行优化效果的对比。

第 15 章

1．Oracle 数据库的性能报告有哪些？

参考答案

AWR 报告、ADDM 报告和 ASH 报告。

2．数据库性能基线的作用有哪些？

参考答案

对于数据库性能诊断来说，使用基线可以指导数据库管理员设置预警的度量阈值并进行性能的监控；数据库管理员也可以使用基线对比数据库的性能报表。

3．什么是 AWR 报告？

参考答案

AWR 报告简称 AWR，它是为 Oracle 数据库组件提供服务的基础结构。AWR 报告主要用于收集、维护和利用统计信息以检测问题并进行自优化。

第 16 章

1．Buffer Cache 内部可以分为哪几个不同的缓存区？

参考答案

DEFAULT 缓存区、KEEP 缓存区、RECYCLE 缓存区和 nK 缓存区。

2．共享池的结构包含哪些部分？

参考答案

库缓存（Library Cache）、数据字典缓存（Dictionary Cache）和查询结果高速缓存（Result Cache）。

第 17 章

1．什么是 Oracle hints？

参考答案

Oracle hints（提示）是在运行 SQL 语句时出现的一种 Oracle 数据库优化建议，但优化器是否采用该建议要取决于数据库本身。换句话说，Oracle 数据库在执行 SQL 时不一定采用 hints。

2．索引的扫描方式有哪几种？

参考答案

索引扫描类型主要分为索引唯一扫描、索引范围扫描、索引跳跃式扫描、索引快速完全扫描和索引连接扫描。

3．表的连接方式有哪几种？

参考答案

嵌套循环连接、散列连接、排序合并连接。